E-Book inside.

Mit folgendem persönlichen Code
können Sie die E-Book-Ausgabe
dieses Buches downloaden.

1018r-65p6y-
j1600-rj2w1

Registrieren Sie sich unter
www.hanser-fachbuch.de/ebookinside
und nutzen Sie das E-Book
auf Ihrem Rechner*, Tablet-PC
und E-Book-Reader.

Der Download dieses Buches als E-Book unterliegt gesetzlichen Bestimmungen bzw. steuerrechtlichen Regelungen, die Sie unter www.hanser-fachbuch.de/ebookinside nachlesen können.

* Systemvoraussetzungen: Internet-Verbindung und Adobe® Reader®

Anke Sommer

Schlachtfeld Arbeitsplatz

Anke Sommer

Schlachtfeld Arbeitsplatz

Das Praxishandbuch für Konfliktmanagement im Unternehmen

HANSER

Die Autorin:
Anke Sommer, Berlin

Bibliografische Information der Deutschen Nationalbibliothek:

Die Deutsche Nationalbibliothek verzeichnet diese Publikation in der Deutschen Nationalbibliografie; detaillierte bibliografische Daten sind im Internet über <http://dnb.ddb.de> abrufbar.

Print-ISBN 978-3-446-45872-7
E-Book-ISBN 978-3-446-45965-6
ePub-ISBN 978-3-446-46018-8

Dieses Werk wurde vermittelt durch Aenne Glienke | Agentur für Autoren und Verlage,
www.AenneGlienkeAgentur.de.

www.hanser-fachbuch.de
Lektorat: Lisa Hoffmann-Bäuml, Damaris Kriegs
Herstellung und Satz: le-tex publishing services GmbH
Illustrationen: Tim Weiffenbach
Coverrealisation: Stephan Rönigk
Druck und Bindung: Hubert & Co. GmbH & Co. KG BuchPartner, Göttingen
Printed in Germany

MIX
Papier aus verantwortungsvollen Quellen
FSC® C016439

Widmung

Dieses Buch widme ich allen, die sich aufmachen, ihre Persönlichkeit zu entwickeln, und ins Positive und Förderliche streben. Für mich hängen Konflikte mit der eigenen Haltung zur Welt zusammen. Sie haben etwas mit der Geschichte zu tun, die wir mit uns tragen. Sie haben täglich die Entscheidung zu fällen, was Sie mit der eigenen Haltung heute für eine Spur hinterlassen. Das, was Ihnen am meisten diesen Weg erschwert, sind Ihre alten Muster. Deshalb appelliere ich hier immer auch an die Eigenverantwortung, kenne aber den Druck, den alte Muster auf Sie ausüben. Je älter Sie werden, desto mehr leben Sie die alten Pfade Ihrer Familie, es sei denn, Sie sagen hier: „Nicht mit mir." Diese Kraft brauchen Sie, um Hinderliches nicht länger als Teil des eigenen Lebens zu akzeptieren. Ich wünsche Ihnen, diesen Entwicklungsweg, haben Sie ihn einmal eingeschlagen, nicht mehr zu verlassen. Auch wünsche ich Ihnen, in jedem Alter das Abenteuer Entwicklung einzugehen. Lassen Sie sich von hartnäckigen und langwierig erscheinenden Entwicklungsphasen nicht von Ihrem positiven Weg abbringen. Oft ähnelt die persönliche Verantwortungsübernahme einem teils steinigen Weg. Wollen Sie das Grüne und Wohlige wieder erreichen, erkennen Sie an, dass ein Nichthandeln Situationen verschlechtern kann. So können Konflikte mutieren und in Ihnen ein Gefühl auslösen, das eher einem kriegerischen Szenario zugeschrieben werden kann als unserem Leben in einer Wohlstandsgesellschaft. Das liegt an den alten Informationen. Von diesen alten Informationen kursiert eine Menge innerhalb aller Gesellschaftsformen. Packen Sie es an und steigen Sie aus den Hamsterrädern heraus. Genießen Sie jeden Entwicklungsschritt in die förderliche Richtung, dann trägt Sie Ihr Herz auf Händen.

Vorwort

„Führen Sie den Konflikt, ansonsten führt er Sie." Anke Sommer

Ich werde oft gefragt, weshalb ich ausgerechnet ein Buch über Konflikte schreiben wollte. Doch dies hat einen ganz einfachen Grund: In meinen Augen ist jede Lebensminute verschenkt, die wir mit einem Konflikt verbringen. Konflikte binden Kraft und beherbergen eine ideale Plattform für allerlei unbewusste Themen. Mit dem Aggressionslevel steigt der Krankenstand, und die Hoffnungslosigkeit vieler Mitarbeiter schlägt in Widerstand und Boykott um. Leistungsträger werden zum Außenseiter, Betriebsräte zum Gegner der Organisation, aggressive Mitarbeiter finden Gehör, während die stillen, loyalen Kollegen in Vergessenheit geraten. Führungskräfte springen zwischen diktatorischen, autoritären und hilflosen Führungsstilen hin und her. Unternehmen verlieren durch dieses „interne Konfliktchaos" Monat für Monat Wirtschaftskapital. Die Organisation erkrankt.

Die meisten berufstätigen Menschen verbringen mehr Zeit an ihrem Arbeitsplatz als zu Hause mit ihrem Partner und der Familie. Um Sie vor unbewusster Belastung und deren Akzeptanz zu schützen, habe ich dieses Buch geschrieben. Ihr Schutz wird darin bestehen, selbst nicht länger Teil kaputt machender Systematiken zu sein. Dieses Buch möchte Sie dabei unterstützen, zu entdecken, wo in Ihrem Leben zerstörerische Mechanismen an Ihren Kräften zehren. Ich möchte Sie dazu einladen, mit dem Hinterfragen zu beginnen.

Mit diesem Buch erhalten Sie, lieber Leser, liebe Leserin, eine Leitlinie, mit der Sie zumindest einen Teil komplexer Störungen in Ihrer Firma erkennen und entfernen können. Das ist immer dort möglich, wo die entstörenden Handlungen unabhängig von der Teilnahme und den Handlungen anderer funktionieren. Sie alleine sind Initiator und durchführende Person. Seien Sie eingeladen, meinem Motto als Leadership-Coach „Aus negativ mach positiv" zu folgen.

Dieses Buch baut auf Erfahrungen auf, die ich über Jahrzehnte bei Beratungen, Leadership-Coachings, Change-Management-Prozessen, Teamentwicklungen, Vortrags- sowie Prozessbegleitungstätigkeiten sammeln durfte. Aus Gründen der Vertraulichkeit wurden in sämtlichen Fallbeispielen Namen, Geschlechter und die Unternehmenstätigkeit verändert, sodass keinerlei Rückschlüsse auf bestehende

Firmen und Unternehmen gezogen werden können. Sofern Sie meinen, jemanden zu erkennen, so ist das rein zufällig. Die Fallbeispiele sollen zur Veranschaulichung von Ursache und Wirkung der Konflikte dienen und eine Bewusstwerdung bewirken.

„Teil I: Dem Konflikt auf der Spur" führt in das Thema Konflikte ein, schult Ihr Bewusstsein und fördert Ihre Leadership-Entwicklung. Viele Praxisbeispiele lassen Sie erkennen, wie Konflikte wachsen und was sie anrichten. Eine Vorlage zur Teilentstörung von Störungsbildern, die durch Konflikte entstanden sind, finden Sie im zweiten Teil des Buches. Zahlreiche Tipps und Regelungen zur Schaffung eines konstruktiven Arbeitsverhältnisses regen Sie an, selbst aktiv zu werden.

Zu jedem Kapitel gibt es einleitende Fragen, die Sie anregen sollen, gedanklich mitzuarbeiten. Alle Antworten finden Sie in der Zusammenfassung am Schluss eines jeden Kapitels sowie in den Zwischenreflexionen.

Benutzen Sie das Buch als Schulung und Ideensammlung für die Verbesserung Ihrer zwischenmenschlichen, geschäftlichen Beziehung oder als Hilfsmittel, wenn Sie statt des Konflikts wieder Ihre eigentliche Arbeit im Mittelpunkt sehen wollen. Das Buch informiert außerdem darüber, wo externe Unterstützung hilfreich ist, den Prozess in ein störungsarmes Unternehmen zu verkürzen. Hinweise, welche Maßstäbe Sie bei der Wahl Ihrer Begleitung anlegen sollten, finden Sie im gesamten Buch.

Ich wünsche Ihnen viel Erfolg und nicht zuletzt zahlreiche Erkenntnisse, denn jeder Erkenntnis folgt eine nachhaltige Veränderung.

Ihre Anke Sommer

Besuchen Sie gern die Website zum Buch mit weiteren Themen zum Konfliktmanagement: www.institut-sommer.de/buch

Hier finden Sie unter anderem ein Interview mit mir, Hörproben sowie Termine zu Online-Lesungen. Außerdem erhalten Sie den Kontakt zu mir und Unterstützung für Ihre Konfliktentstörung.

Inhalt

TEIL I
Dem Konflikt auf der Spur

TEIL II
Eine Vorlage zur Teilentstörung von Konflikt(folg)en

TEIL I

Dem Konflikt auf der Spur

1 Wirkungen von Störungen

Wer streitet, verliert Kraft

Wissen Sie, dass Konflikte eine Unternehmenskultur nachhaltig verändern?

Wissen Sie, was passiert, wenn Sie in einer Störung bleiben?

Was haben Rollen mit Konflikten zu tun?

Weshalb machen ungelöste und emotionale Konflikte auf Dauer eine Zusammenarbeit unmöglich?

Netzwerkliches Arbeiten in Erfolgsgemeinschaften wird auf unternehmerischer Ebene immer wichtiger. Wissensaustausch, -ergänzung, Vertrauen und gegenseitige Förderung sowie Wertschätzung bilden heute die Säulen einer guten Zusammenarbeit, die damit ein stärkeres soziales Gewicht erhält. Eine gute Beziehung am Arbeitsplatz ist schon lange nicht mehr reine Privatsache. Wir rücken zusammen. Globalisierung und Vernetzung lassen die Geschäfte komplexer und damit die Schnittstellen Mensch und Kommunikation als Wirtschaftsfaktor umso wichtiger werden. Führungskräfte in Unternehmen haben neben der Führungsverantwortung, die sie tragen, auch die unternehmensinternen Prozesse zu führen. Je größer ein Unternehmen wird, desto mehr kontroverse Gedanken vereint es. Sogenannte kommunikative Schnittstellen entstehen am laufenden Meter neu. Unternehmen, die schnell gewachsen sind, können davon ein Lied singen. Am Anfang kannte man sich noch, aber dann blieb ein fremdes Gesicht auf dem Flur keine Ausnahme mehr, es wurde zur Alltäglichkeit. Ein Unternehmen wächst nie ohne Grund. Die Arbeitsflut möchte bewältigt werden, also werden neue Mitarbeiter benötigt. Doch wo viel Arbeit ist, da ist auch Druck, und wo Druck ist, gibt es früher oder später Probleme. Persönliche Verletzungen und Konflikte sind hier nicht fern.

Die meisten Menschen haben eine konkrete Vorstellung von einer idealen Zusammenarbeit. Einige verbinden eine gute Zusammenarbeit mit der Vorstellung von Harmonie. In oberen Führungsebenen geht es im Bestfall darum, die geschäftlichen Beziehungen lukrativ und harmonisch zu halten. In einem Großteil des geschäftlichen Zusammenwirkens sieht der Alltag aber leider genau umgekehrt aus. Statt von einem Antriebseffekt zu profitieren, durchläuft ein Großteil der Zusammenschlüsse Prozesse gegenseitiger Schädigung. Sind die Verantwortungsträger in eine Störung verwickelt, leidet das gesamte Unternehmen unter den Folgen. Förderliche Projekte kommen nun gar nicht mehr zustande. Der Blick für das Wesentliche, das Geschäft, geht verloren. Die kommunikativen Schnittstellen im Unternehmen verfangen sich in verletzenden Gesprächen und Diskussionen, die in den Beteiligten weiterschwelen. Zum Schluss gelangt kaum ein Wort zum Gegenüber, das nicht schon durch den bestehenden Konflikt verfälscht empfangen wird. So erwachsen aus Kleinigkeiten Produktivitätshindernisse.

Willkommen in der Konfliktmühle beziehungsweise: **Willkommen im Schlachtfeld Arbeitsplatz.**

1.1 Vier Gründe, warum Sie Konflikte beheben sollten

1.1.1 Konflikte verstärken sich

Ungeklärte Konflikte zermürben und erzeugen neben dem Druck auf das Alltagsgeschäft eine Eskalationsgefahr für die Zukunft, die umso schwerer einschätzbar wird, je länger der Konflikt nicht geklärt wird. Ein ungeklärter Konflikt kann sich jederzeit entladen, ein Umstand, der in verantwortungsstarken Berufen der Detonationskraft von Dynamit gleichkommen kann. Am Beispiel einer ärztlichen Gemeinschaftspraxis lässt sich das gut erkennen:

Praxisbeispiel: Ärztliche Gemeinschaftspraxis

Der Arzt haftet immer, und bei Konflikten in der Kooperation kann diese Haftungsfrage plötzlich sehr virulent im Raum stehen. Herr Dr. A. weiß das nur zu gut. Deshalb bemüht er sich, das zunehmend gereizter werdende Verhältnis zu seiner Partnerin in der Gemeinschaftspraxis, Frau Dr. S., zu ignorieren. „Im Falle eines Konflikts besteht immer die Gefahr“, so Herr Dr. A., „dass hintenherum Gerüchte gestreut werden bei den Institutionen, die dafür zuständig sind, Kunstfehler zu bearbeiten.“ Schon allein die Angst, dass Frau Dr. S. eines Tages diese Waffe gegen ihn benutzen könnte, veranlasst Herrn Dr. A., dem Konflikt aus dem Weg zu gehen, auch wenn es schon längst zwischen den beiden Partnern bröckelt und er sich dem Konflikt stellen müsste. Stattdessen ignoriert Herr Dr. A. die zunehmend aggressiven Reaktionen auf sein Erscheinen. Er geht auch darüber hinweg, als er plötzlichen, wütenden Attacken vor seinem Praxisteam ausgesetzt ist. Etwa zwei Jahre später musste er einen Rechtsanwalt beauftragen, um der Klage seiner Kollegin, er habe im Falle einer seiner Patientinnen fahrlässig gehandelt, Herr zu werden. Was er nicht bemerkt hatte, im Laufe des Konflikts hatte Frau Dr. S. begonnen, auch auf seine Patienten zuzugehen und sie zum Verhalten von Herrn Dr. A. zu befragen. Erst als die zweite Klage eintraf, bat Herr Dr. A. um eine professionelle Begleitung des Konflikts.

Nicht geklärte Konflikte und unausgesprochene Befürchtungen machen angreifbar und beeinflussen störungsverstärkendes Verhalten. Nichthinsehen bannt keine Eskalationsgefahr.

1.1.2 Konflikte verändern die Unternehmenskultur

Bei einem prozessorientierten Einsatz in einem großen Unternehmen fand sich folgende Dynamik:

Praxisbeispiel: Mittelständisches Unternehmen in der Medienbranche

Das Team sitzt beieinander. Schnell ist zu erkennen, dass es einen „Sündenbock" gibt. Im Sekundentakt wird diese Person reglementiert; ihr wird der Mund verboten, und setzt sie dennoch zum Sprechen an, folgt die Reaktion auf dem Fuß: Sie wird unterbrochen, es wird mit den Augen gerollt, gestöhnt und gepöbelt. Zwischendurch wird beschwichtigt. Alles halb so wild: „Wir machen nur Spaß." Auf die Frage, wie lange dieser „spaßhafte" Umgang miteinander bereits gepflegt wird, folgt die Antwort: „Seit der Druck in der Firma so groß geworden ist, ist es nur noch mit Humor auszuhalten." Statt Streiten und Ankeifen sei das hier die bessere Lösung.

Dieses Beispiel zeigt, was passiert, wenn Konflikte und gereizte Situationen als gegeben hingenommen werden. Signale werden übergangen, und deren Ursache kann sich ungestört weiter ausbreiten. In diesem Fall setzte eine Mobbingdynamik ein, die die Unternehmenskultur maßgeblich negativ beeinflusste.

1.1.3 Konflikte machen krank

Konflikte produzieren Stress, stoßen interne Schmerzpunkte an und erinnern an schlechte Erlebnisse, kurz, sie machen etwas mit uns. Alles, was etwas in uns anstößt, zeigt sich auch von außen. Wir signalisieren eine Reaktion auf den Konflikt, und irgendwann zeigen sich Symptome wie Kopfschmerzen, Rückenleiden, Verdauungsbeschwerden und Co.

Praxisbeispiel: Mittelständisches Unternehmen im Informationswesen

Herr L. ist seit Kurzem Geschäftsführer eines mittelständischen Unternehmens. Vor seinen Mitarbeitern in Aktion fiel auf, dass er sich recht steif bewegte und immerzu lächelte. Dazu stand ihm der Schweiß auf der Stirn. Seine Kommunikation war gestelzt, und die Reaktionen auf ihn waren dementsprechend. Er bat darum, ihn zu einem guten Einstand in der neuen Firma zu begleiten. Mit dieser Ausstrahlung hätte das nicht geklappt. Ein kurzes Zwischengespräch mit Herrn L. brachte hervor, dass sein Ausscheiden aus der Vorgängerfirma nicht freiwillig war. Er wurde gegangen, nachdem sich seine Kollegen gegen ihn gestellt hatten. Dieser Konflikt mit der damit einhergehenden Verletzung wirkte noch nach und produzierte zahlreiche Folgesignale, die sich in Magenkrämpfen, Schwindelanfällen und Kopfschmerzen äußerten.

Ungelöste, unverarbeitete sowie nicht entschärfte Konflikte wirken nicht nur psychisch sowie physisch weiter, sie finden auch ihren Ausdruck im eigenen sowie im Reaktionsverhalten anderer.

1.1.4 Konflikte gefährden Existenzen

Praxisbeispiel: GmbH & Co. KG im Bauwesen

Zwei Unternehmer sind überzeugt, gemeinsam sei man doppelt so stark. Also schließen sie sich zu einer GmbH & Co. KG zusammen. Zunächst scheint alles gut zu gehen, doch dann schleichen sich Differenzen ein.

Zum Zeitpunkt meines Einsatzes sind beide Geschäftspartner bereits nicht mehr souverän. Das Level der Reizbarkeit ist hoch. Wenn einer nur den Mund aufmacht, ist der andere schon total aufgebracht und schreit. Auffallend ist eine krasse und vulgäre Wortwahl, obwohl beide Partner hochgebildet sind. Frau R. reagiert stark emotional und sprengt jegliche sachliche Ebene; sie springt immer wieder auf und droht, den Raum zu verlassen. Herr M. ist darüber verzweifelt und schwankt zwischen Flehen und Wut. Beide Seiten wollen nur noch eins: sich trennen und dem anderen nichts lassen. Die Situation ist das Ergebnis eines verschleppten Konflikts, verursacht durch Überbeanspruchung und einen äußerst hohen Stresspegel. Diesen Zustand stehen beide Partner etwa vier Jahre durch, bis die Situation endgültig entgleist: Es werden Schläge angedroht und Mitarbeiter „zur Sau" gemacht. Selbst die Anwesenheit von Kunden ist kein Hinderungsgrund mehr, aufeinander loszugehen.

Es kommt zu einer Kündigungswelle. Die Gesellschafter bewältigen die Arbeit nicht mehr; erst als die Firma hochwertige Aufträge verliert, suchen die Partner Hilfe. ■

Zusammenfassung

Konflikte verschwinden nie von alleine. Lässt man sie laufen, dann erzeugen sie Druck, binden Arbeitskraft und -zeit, verursachen Kosten, machen krank, greifen durch geschäftsschädigende Verhaltensweisen die Existenzgrundlage an und verändern diese auf Dauer. ■

■ 1.2 Der mutierte Konflikt

Die Wirkung von Konflikten wird unterschätzt. Die Praxis zeigt, dass Konflikten mit methodischen Ansätzen nicht beizukommen ist. Da sie in den Unternehmen als Ursache schwerster geschäftlicher Schäden nicht erkannt werden, mutieren sie zu erheblichen Risikofaktoren. Die Konflikte werden durch fehlendes Handeln sich selbst überlassen. Hilfe wird oftmals zu spät gerufen: In der Regel zu dem Zeitpunkt, an dem nichts mehr geht. Die geschäftliche Existenz wurde längst untergraben, die Betroffenen sind krank geworden, gute Mitarbeiter gehen, verbleibende Mitarbeiter polarisieren sich, und die Unternehmenskultur zeigt Burn-out-Signale. In diesem Klima gedeihen Störungen aller Art, auch Störungen, die sich auf der zwischenmenschlichen Ebene austoben. Eine Mobbing- und Intrigenkultur zum Beispiel entsteht dort, wo auch die entsprechenden Rollen vorhanden sind. Unter „Rollen“ versteht man all die Aspekte, die durch nicht aufgegriffene und schwer verdauliche Informationen quasi eine Gestalt erhalten haben, in die die stressgeplagten Chefs, Kollegen und Mitarbeiter hineinschlüpfen, wenn sie mit dieser Rolle in ihrer Vergangenheit bereits zu tun hatten und wenn sie durch diese Rolle verletzt wurden. Im Falle einer sich bildenden Mobbing- und Intrigenkultur bekommen wir es etwa mit Rollen wie „der Denunziant“, „der Unterdrücker“, „der Wütende“ und „die graue Eminenz“ zu tun.

> In einem Konflikt geht es weniger um Fakten, sondern um die Folgen von persönlichen Verletzungen. Doch darüber wird nicht gesprochen, es wird vielmehr so getan, als ob es um Fakten ginge. Jeder ist besonders dort verletzbar, wo er über eine (frühere) Verletzung nicht hinweggekommen ist. Dieses „Damals“ liegt häufig in der Kindheit und ist etwas „nicht Verdautes“ oder stammt von den Eltern oder den Generationen davor.

1.3 Störungsfolgen

Auseinandersetzungen allein machen nicht krank, es ist vielmehr die Unveränderlichkeit der Störsignale, die dabei entstehen. Über Tage, Wochen und Monate setzen diese Signale dem Arbeitenden zu, so lange, wie er in der Situation verharrt. Nicht jeder hat Neutralisierungsmechanismen entwickelt, die eine erfahrene Ungerechtigkeit, eine empfundene Demütigung und aufgestauten Ärger bereinigen. Die Störung beginnt, dauerhaft zu wirken. Über die Atmosphäre im Büro und auf den Fluren werden Störsignale ausgesandt. Das schwächt, führt zu Fehlverhalten und macht auf Dauer krank.

Führungspositionen, wie Geschäftsführer, Abteilungsleiter, Vorstände, aber auch Steuerberater, Rechtsanwälte und Ärzte, weisen vermehrt das Merkmal von mangelnder Selbstfürsorge und Härte gegen sich selbst auf, wenn Stress und Druck überhandnehmen. Führende vergessen sich selbst, indem sie ihren Gefühlen nicht folgen, sondern rational darüber hinweggehen.

Das Beispiel eines Rechtsanwalts zeigt die Folgen eines Kreislaufs aus Wut, Aushalten und Verharren in einer zermürbenden Situation.

Praxisbeispiel: Rechtsanwaltskanzlei

Ein betroffener Rechtsanwalt erzählt: „Bei mir begann es schleichend. Nach über sieben Jahren war dann Schluss. Meine Natur ist eher robust, und ich besitze so etwas wie einen tiefen Gerechtigkeitssinn. Nicht umsonst habe ich diesen Beruf gewählt. Beruflich verbringe ich einen Großteil meiner Zeit mit dem Umgang mit kontroversen Meinungen. Umso mehr hat es mich erstaunt, dass mich die Zusammenarbeit mit meinem früheren, von mir hochgeschätzten Kollegen derart angegriffen hat. Fachlich haben wir uns perfekt ergänzt. Im Nachhinein gesehen hatten wir beide keine Chance, da keiner von uns bereit war, einzulenken. Wir blieben bei unserer Meinung einfach stehen, und jeder war vom anderen enttäuscht, nur gesagt hat keiner was. Vordergründig ging es nur um das Geschäft. Da haben wir beide unermüdlich geschuftet. Das Persönliche war nicht ein einziges Mal Thema. Das hat alles nur noch schwerer gemacht.

Gesundheitlich gelitten habe ich schon im zweiten Jahr unserer Zusammenarbeit, aber da war es noch nicht so tragisch. Heute kommt mir alles vor wie in einem schlechten Film. Im Krankenhaus erfuhr ich, dass ich einen Herzinfarkt hatte, mit 39 Jahren! Das war für mich ein Grund, alles Bisherige zu überdenken. Der andauernde Stress, das Nichts-dagegen-Tun und die permanenten Angriffe meines Kollegen haben mir zugesetzt. Ich habe nach sieben Jahren die Sozietät ohne Klärung verlassen, und selbst das macht mich wütend."

Die Bewusstwerdung der Konsequenzen von lang anhaltenden Störungen, als Folge von ungeklärten Konflikten, ist der erste Schritt zur Handlung. Erkennen alleine genügt jedoch nicht. Ein Ausstieg aus einem lang anhaltenden Konflikt geschieht in mehreren Schritten. Das Verlassen der Situation ist nicht immer die richtige Lösung, manchmal aber der einzige Weg, der die nötige Distanz zur verheerenden Konfliktfolge schafft. Hinter jedem Ausstieg stehen eine Selbstaufgabe und das Gefühl, gescheitert zu sein. Deshalb darf es nur dann dazu kommen, wenn es als Ergebnis dieses Schrittes eine positive Konsequenz gibt. Das Gehen wird sonst zum Teil des gefühlten Misserfolgs. Die ausbleibende Klärung lässt alle Handlungsschritte als Versagen erscheinen.

1.4 Tabuisierung der Konfliktfolgen

Konflikte hat jeder, aber kaum jemand legt sie offen. Hilfe wird, wenn überhaupt, erst dann geholt, wenn nichts mehr geht oder die Zusammenarbeit schon als gescheitert gilt. Das ist ein Problem. Kaum einer zeigt sich mit den Folgen eines

Konflikts im Außenverhältnis. Und das, obwohl die Störungen, die durch den Konflikt verursacht wurden, immer heftiger werden. In der Praxis zeigen sich vier Hauptgründe für diese Tabuisierung:

1. Man ist sich der Reichweite der Konsequenz nicht bewusst.
2. Die Arbeit auf dem eigenen Schreibtisch und der Druck, der durch Liegengebliebenes steigt, schieben sich vor die Beendigung des Konflikts. Je länger der Konflikt andauert, desto mehr bleibt liegen.
3. Ein Offenlegen wird als Schwäche empfunden. Die Folge sind die Tabuisierung eines weitverbreiteten Phänomens und das Verharren in der Störung.
4. Der Konflikt zieht den Fokus immer stärker von der rationalen Ebene fort zugunsten einer emotional gefärbten Sichtweise. Dadurch entsteht Isolation. Die „heile" Welt wird immer unerreichbarer. Die Konfliktbeteiligten sind durch die hohe Emotionalität für sachliche Hinweise zunehmend nicht mehr erreichbar.

Sind Sie Chef oder Chefin eines kleinen oder mittelständischen Betriebs, wird es noch einmal komplizierter. Die Hemmschwelle, sich zu öffnen, geschweige denn unterstützen zu lassen, steigt für gewöhnlich mit dem Anstieg der Hierarchieebene. Erfahrungswerte zeigen, dass Großunternehmen und deren Spitzen hier im Vorteil sind. Dort ist der Umgang mit Konflikten alltäglicher und daher die Finanzierung schnell einkalkuliert. In kleinen und Mittelstandsunternehmen hingegen gehört es noch nicht zur Kultur, Konfliktentstörung als Teil des Geschäftserhalts zu sehen.

Die Darstellungen einer Steuerberaterin und einer Ärztin zeigen einige Auswirkungen der Tabuisierung:

Praxisbeispiel: Vereinigung von Wirtschaftsprüfern

Ein Wirtschaftsprüfer erzählt: „Bei meinem zweiten Kooperationsversuch erwischte es mich kalt. Ich war mit meinem geschäftlichen Partner in einem Entmachtungsprozess gefangen und musste quasi von außen mit anschauen, wie ich immer weniger auf meine Stärken zugreifen konnte. Ich bin von einem Umsatz von 750 000 Euro gegen null gefahren. Zum Schluss konnte ich nicht mal mehr einen Kunden gewinnen, was früher für mich kein Problem darstellte. Im fünften Kooperationsjahr habe ich die Kanzlei „freiwillig" verlassen und mein Investitionsvolumen von über 500 000 Euro dort gelassen. Mit all dem wollte ich nichts mehr zu tun haben. Im Nachhinein konnte ich feststellen, dass ich den Partnerstatus nicht erlangen konnte, auch wenn außen immer dargestellt wurde, dass wir auf Augenhöhe arbeiten. Das Schlimmste für mich ist nicht einmal der finanzielle Verlust, sondern miterlebt zu haben, wie ich immer mehr zum Gelähmten wurde und nichts Gescheites dagegenhalten konnte."

Praxisbeispiel: Arztpraxis

Frau Dr. K. ist in ihrem Erscheinungsbild eine äußerst sympathische Ärztin. Sie hat es dennoch schwer. Ihre Praxis läuft zwar recht gut, doch für sie alleine sind die Kosten zu hoch und die Patientenzahlen seit über zwei Jahren tendenziell rückläufig. Die Praxis wurde als Praxisgemeinschaft aufgebaut und konzipiert. Aber die Position des Partners steht wieder einmal offen. Liest man in den Büchern dieser Praxis, so fällt auf, dass Frau Dr. K. seit über 15 Jahren in der Praxis ist, während der zweite Platz spätestens nach vier Jahren wechselt. Oft bleiben ihre Partner nicht länger als zwei Jahre. Frau Dr. K. berichtete, dass keiner ihrer Partner den Sprung in die erfolgreich laufende Allgemeinpraxis schaffte. Das gemeinsame Wartezimmer sei zwar meistens voll, nur gehörten die meisten dieser Patienten zu ihr.

Immer wieder kommt es vor, dass sie von ihren Patienten nach Gründen gefragt wird, warum es denn keiner bei ihr aushalten würde? Infolgedessen vermutet Frau Dr. K., dass die zurückgehenden Patientenzahlen auf den häufigen Wechsel ihrer jeweiligen Partner zurückzuführen seien. Alleine die ungleiche Patientenanzahl führt nach spätestens einem Dreivierteljahr zu zermürbenden Konflikten mit ihren jeweiligen Partnern. Je nach Partner wird der Konflikt unterschiedlich ausgetragen. „Von Anbrüllen vor gefülltem Wartezimmer, rüdem Umgang mit meinem Personal, monatelangem Ausbleiben der vereinbarten Kostenzahlung bis hin zu Drohbriefen eines Praxispartners habe ich schon alles erlebt“, fasst Frau Dr. K. die Erlebnisse zusammen. „Meine Patienten abzugeben sehe ich jedoch nicht ein. Zwei können davon nicht leben.“

Beide Fälle zeigen die Macht von ungelösten Störungen. Ein Zuhörer könnte meinen, dass beide Erzähler der Situation gegenüber ausgeliefert zu sein scheinen. Die Praxis zeigt, dass ein nicht gelöster, verjährter Konflikt das Gefühl bei den Betroffenen erzeugt, nicht wirklich etwas dagegen unternehmen zu können. Der Konfliktbeteiligte erhält die Zuschreibung, Auslöser der Probleme zu sein, und somit sind die Fronten zwischen Schuld und Unschuld gezogen. Die emotionale Betroffenheit verdeckt das Sachproblem und damit die vordergründige Handlungsmöglichkeit. Das Tabu hat Folgen:

- Verlust von Kompetenzen auf Partner-/Chefebene sowie auf der Mitarbeiterebene: Ganz nach dem Motto, die Besten gehen zuerst.
- Werden in der Führungsebene die Konflikte nicht gelöst, nehmen die Mitarbeiter die Störung auf.

Die Gründung eines Betriebsrats kann eine Folge von ungelösten Konflikten auf Chefebene darstellen: Die Chefs werden als Bedrohung für das Firmenwohl angesehen.

Zusammenfassung

Die direkten Folgen von Konflikten erstrecken sich von Kapitalverlust bis hin zur Unfähigkeit, sachlich an den Konflikt heranzugehen. Die Unsachlichkeit führt zum negativ veränderten Umgang miteinander. Die Emotionalität steigt und damit auch die Wirkung auf das gesamte Umfeld. Die Konfliktbeteiligten bringen unbewusst ihr Thema mit ein. Je erbitterter der Kampf ist, desto höher auch die Wahrscheinlichkeit, dass eine alte Verletzung mitspielt. Das kreiert sogenannte Rollen. Oft sind es Rollen, die streiten, während der Sachverhalt immer mehr ins Abseits gerät. Beginnen sogenannte Rollenspiele, verändert sich die gesamte Organisation. Somit hat ein Konflikt die Macht, Realitäten negativ zu verändern. Ein Konflikt kann hier nicht mehr isoliert betrachtet werden. Die Firma wird Leidtragender des Konflikts, sie wird zur Nebensache. Sofern die Störung nicht aufgegriffen und damit beendet wird, schreitet dieser zerstörerische Prozess voran. Für die Zusammenarbeit bedeutet es das Aus, denn die zwischenmenschliche Ebene wird vergiftet.

1.5 Reflexion: Wie wirkt der Konflikt?

Diese Frage sollten Sie sich unbedingt stellen. Um eine förderliche geschäfts- und firmeninterne Beziehung zu Kollegen, Partnern und Chefs leben zu können, bedarf es einer inneren Haltung, die nicht bereit ist, innerhalb eines Konflikts zu verharren. Sie müssen Verantwortung für den gesamten Konflikt übernehmen. Erst dann sind Sie in der Position des Handelnden. Auf dieser Basis sollten Sie den vorliegenden Konflikt betrachten.

- Glauben Sie daran, selbst an Ihrer Situation etwas verändern zu können? Wenn ja, was?
- Was sind vier Gründe, die es nötig machen, Ihren firmeninternen Konflikt zu beenden? Fangen Sie mit dem Wichtigsten an.
- Wie stark ist Ihr Wille zur Veränderung, und was sind Sie bereit, dafür zu investieren?
- Welche Schlussfolgerungen ziehen Sie aus Ihren Antworten?

2 Konflikt und Beziehung

Ein anhaltender Konflikt hinterlässt ein Beziehungschaos

Was passiert, wenn die Autonomie innerhalb der Führungsspitze nicht aufrechterhalten werden kann?

Kennen Sie die Kraft von Intrigen?

Wie wirkt sich der Faktor Macht auf Ihre Führungsverantwortung aus?

Was passiert, wenn die Sachlichkeit aus Beziehungen zunehmend verschwindet?

Im Mittelpunkt eines Konflikts stehen immer Beziehungen, sei es im Arbeits- oder im Privatleben, schließlich sind es Menschen, die handeln und streiten. Auch wenn der Klärungsrahmen bewusst sachlich gehalten wird, kann es keine Schlichtung geben, wenn die Beziehungen untereinander nicht geklärt sind. Von einer geklärten Beziehung können wir erst dann sprechen, wenn die vorhandene Emotionalität neutralisiert wurde. Zwischenmenschliche und dazu emotionalisierte Beziehungen bergen viel „Sprengstoff". Dies gilt es zu erkennen, nur dann können wir im Vorfeld einer Explosion diese „Bombe" auch entschärfen.

2.1 Der Zündstoff von Arbeitsbeziehungen

Jegliche Zusammenarbeit ist eine Form der Beziehungsführung. Wir treten mit unserem Gegenüber in eine Beziehung, und allein dies öffnet die Tür für zahlreiche Konfliktmöglichkeiten. Beziehungen sind immer auch etwas Privates. Je mehr wir die Distanz zum Gegenüber verlieren, umso mehr beginnen wir, in „Muster" zu verfallen, deren Ursprung erkennbar in der Vergangenheit liegt und nicht im Alltag der Firma. Wenn wir es schaffen, unser Gegenüber mit Freundlichkeit und Wärme im Bereich Arbeit zu belassen, sinkt die Wahrscheinlichkeit eines nicht enden wollenden Konflikts. Denn je emotionaler dieser ausgetragen wird, desto mehr verliert sich auch die notwendige Distanz. Vermischen sich dazu noch Arbeits- und Privatleben, wird es umso komplizierter.

Am Arbeitsplatz treten zehn Problemklassiker auf, die das zum Erfolg gehörende Gleichgewicht stören. Alle zusammen werden zu Hürden, die eine Zusammenarbeit erschweren oder auf Dauer unmöglich machen.

2.1.1 Eigenverantwortung und Autonomie

Mit dem Eingehen einer Partnerschaft gehen Sie, ebenso wie innerhalb einer Doppelspitze in einem Unternehmen, immer einen Kompromiss ein. Sie können nicht mehr alleine entscheiden. Sie sind nicht mehr Ihr eigener Chef, sondern auf Abstimmung angewiesen. Das ist nicht nur für Individualisten schwer: Das Aufeinander-angewiesen-Sein schränkt ein und reduziert den Entscheidungsspielraum. Die eigene Kompetenz steht nun nicht mehr im Mittelpunkt, sondern im Abgleich mit der Kompetenz und dem Ansehen des Partners oder Kollegen. Doppelspitzen sind auch deshalb so gefährdet, was ihre Stabilität und Bewährung betrifft, da sich stets eine Dynamik zwischen den Akteuren aufbaut. Diese ist nicht immer positiv. Inhaber und Geschäftsführer geraten häufig in ein solch dynamisches Verhältnis, ebenso kooperierende Partner oder ein durch Fusionen erzwungenes Miteinander.

Praxisbeispiel: Fusion im Eventbereich

Die Arbeit in der Eventbranche ist aufwendig und stressbeladen. Frau P. und Herr I. entscheiden daher, ihre Kompetenzen zu vereinen. Beide Personen besitzen ein eigenes Unternehmen und sind daher Selbstbestimmung gewohnt. Frau P. ist sehr mobil und entscheidet sich daher, in die schon 25 Jahre bestehende Firma von Herrn I. einzusteigen. Sie bringt ihr gesamtes Know-how mit ein. Herr I. hat seinen Schwerpunkt in der Eventbranche, Frau P. im Consulting und in der Betriebswirtschaftslehre.

Beide Personen sind Einzelkämpfer. Daraus resultierend gibt es immer wieder Konfrontationen und Machtgerangel. Mit der Zeit verschwindet der Gewinn der Fusion aus dem Blickfeld, und der Kampf um Gleichberechtigung rückt ins Zentrum. Es fällt auf, dass Frau P. kaum noch die Fassung wahren kann, sobald Herr I. sich ihr nähert. Mit der Zeit ist gleichgültig, wo dies passiert – Frau P. rastet aus, wird ausfallend und äußerst zynisch. Ein Raum voller Kunden wird ebenso Zeuge dieses Spektakels wie auch die Mitarbeiter des Unternehmens. Das Aggressionslevel steigt stetig. Herr I. kontrolliert seine Wut zunächst, kann diese aber zeitweise nicht mehr beherrschen, was dazu führt, dass Inventar durch die Luft fliegt oder eine Tasse samt Inhalt gegen die Wand donnert.

2.1.2 Kostenrisiko und Abhängigkeit

Stellen Sie sich vor, Ihr Kooperationspartner kann gerade seinen Teil der Miete nicht bezahlen, da er einige Kunden verloren hat. Sie als kooperierender Partner müssen finanziell einspringen, denn nicht immer können Rücklagen für die Miete aufgewendet werden. Auch wenn später ausgeglichen wird, Ihnen als zahlendem Partner fehlt jetzt das Geld. Dieser Umstand wirkt sich nicht nur auf der sachlichen Ebene aus. Er schafft Abhängigkeiten auf beiden Seiten. Das Gleichgewicht einer geschäftlichen Beziehung wird gestört.

Praxisbeispiel: Unternehmensberatung

Fünf Berater aus unterschiedlichen Branchen, tätig für die verschiedensten Industriezweige, haben sich für ein Kooperationsmodell entschieden, das auf Autonomie und Eigenverantwortlichkeit setzt. Durch die Zusammenlegung der Ressourcen können sie sich attraktive Räumlichkeiten leisten. Das kostet. Die Zahlungen sind genauestens geregelt. Zwei Mitarbeiter im Empfangsbereich sowie die Räumlichkeiten samt Nebenkosten sind die einzigen zu teilenden Faktoren. Für alles andere ist der Berater selbst zuständig.

Womit keiner gerechnet hatte, ist der Umstand, dass zwei Berater immer wieder Schwierigkeiten haben, ihrer Beteiligung nachzukommen. Die Regelungen sagen aus, dass bei ausbleibenden Zahlungen dem Berater gekündigt werden darf. Die eingegangenen Verpflichtungen und Beziehungen machen jedoch das Befolgen dieser Regel schwer. So kommt es wiederholt vor, dass die anderen der Gemeinschaft die Kosten übernehmen. Bereits dieser Umstand führt zu einem wachsenden Druck in den Beziehungen aller Beteiligten. Es entstehen Fronten, die in zahlungsfähig und -unfähig unterteilen. Diese Unterscheidung wirkt sich auf die Beziehungen untereinander aus. Die Zahlungsunfähigen stehen verstärkt unter Druck, was zu einer Verstärkung des Konfliktpotenzials führt. Der Druck wirkt sich darüber hinaus negativ auf den Grund der Zahlungsunfähigkeit aus. Der Fokus liegt jetzt auf der Auseinandersetzung mit den geprellten Partnern, statt sich der Akquise fehlender Aufträge zu widmen.

2.1.3 Mangelnde Absprachen und Alleingänge

Hier handelt es sich um einen Problemklassiker, der regelmäßig zur Eskalation führt und jegliche Beziehung emotional belastet. In dessen Folge können später aus kleinen Anlässen plötzlich existenzbedrohende Auseinandersetzungen entstehen. Es gilt festzustellen, dass Alleingänge oft als Grenzübertretung empfunden werden. Das Ausgeben gemeinschaftlicher Gelder ohne vorherige Absprache verschärft Situationen selbst dann, wenn tatsächlich Bedarf bestand. Aus sachlich begründeten Handlungen werden hier Beziehungskiller.

Praxisbeispiel: Bürogemeinschaft mit Kostenteilung

In einer Bürogemeinschaft hat ein Partner sich vorgenommen, die Präsentationstechnik aufzurüsten. Dies war nicht nur aus seiner Sicht dringlich notwendig. Er fuhr deshalb spontan zu einem Spezialanbieter und kaufte auf Firmenkosten einen Beamer, einen Overheadprojektor, ein Flipchart, eine Präsentationsleinwand, ein Aufnahmegerät etc. Das Problem: Er hatte den Einkauf vorher nicht mit seinen Kollegen abgesprochen. Diese reagierten daraufhin so verärgert, dass kurzzeitig die gesamte Kooperation auf dem Spiel stand. Der Alleingang wurde als Grenzüberschreitung angesehen. Die eigenmächtige Ausführung ließ den Sachverhalt des tatsächlich vorhandenen Bedarfs und die Bemühungen des Alleingängers in den Hintergrund treten.

2.1.4 Geschäftsschädigende Handlungen

Konflikte entstehen auch dann, wenn Stress den Aggressionspegel nach oben schraubt. Daher braucht es keinen triftigen Grund, um einen geschäftsschädigenden Konflikt auf Beziehungsebene entstehen zu lassen. Aufgestaute Konflikte schränken die Kommunikation zwischen den Arbeitskollegen jeglicher Hierarchieebene erheblich ein. Werden sie nicht gelöst, entsteht eine Konfliktspirale, die Störungen im Zwischenmenschlichen produziert. Sie entwickeln sich zu „Störern" des täglichen Ablaufs und unterlaufen jegliche rational nachvollziehbare Handlung. Infolgedessen kommt es zu immer mehr geschäftsschädigenden Handlungen. Jeder neue Vorfall erzeugt erneut geschäftsschädigende Handlungen. Der Konflikt schaukelt sich hoch.

Praxisbeispiel: Versicherungsgesellschaft

Die Abteilung für Katastrophenschutz ist schon lange ein Hort gereizter und überarbeiteter Kollegen. Der Krankenstand ist hoch, die Atmosphäre angespannt. Überall gibt es Konflikte, die als Teil der Arbeitsüberlastung angesehen und daher nicht beachtet werden. Die Mitarbeiter fühlen sich nicht wohl. Die Führungskräfte arbeiten zurückgezogen, anstatt sich bei den Kollegen sehen zu lassen, um gemeinsam für Abhilfe zu sorgen. So kommt es zu folgender Szene:

Ein Kunde von Herrn X. sitzt draußen im Wartezimmer. Sein Kollege und auch diverse andere Mitarbeiter sagen ihm nicht Bescheid, obwohl der Kollege diesen Kunden selbst hereingelassen hat und weiß, dass die Informationskette zu Herrn X. gestört ist, da die Dame am Empfang krank ist.

Folge: Der Kunde wartet etwa 40 Minuten, bis Herr X. ahnungslos am Warteraum vorbeigeht. Staunend entdeckt er seinen Kunden. Verdattert ruft er ihn in sein Zimmer. Der Kunde ist genervt, weil er Besseres zu tun hat, als zu warten. Herr X. ist sprachlos. Am liebsten würde er „ausrasten“ (O-Ton). Aber er hält sich zurück. Er kann nicht verstehen, weshalb ihm kein Kollege Bescheid gesagt hat. Er fasst diesen Vorfall als persönlichen Angriff auf, schweigt sich darüber aber aus. Denn in seinen Augen hat es keinen Sinn, die Verantwortlichen anzusprechen, zumal es mehrere Mitarbeiter waren, die den Kunden im Wartezimmer sitzen sahen. Das Ausharren in dieser negativen Situation führt zu einer Verschärfung des Umgangs miteinander. Als er sein Arbeitszimmer nach dem Kundengespräch verlässt, wechselt er kaum noch ein Wort mit seinen Kollegen. Daraufhin wird er als unfreundlich angesehen und zunehmend gemieden. Der eigentliche Konflikt tritt in den Hintergrund, der Beziehungskonflikt nach vorne.

2.1.5 Konflikte an der Grenze zur Intrige

Mit die größte Sprengkraft entfalten in der Zusammenarbeit Intrigen. Im Umfeld der Zielperson produzieren sie gleich mehrere Konflikte. Zielperson wird meist derjenige, den der Neid des Intriganten trifft. Die Kommunikation rund um die Zielperson wird unterwandert. Wer sich mit dem Ursprung von Intrigen auseinandergesetzt hat, weiß, dass Intrigen sogenannten Gewaltfeldern entspringen. In ein verständliches Deutsch übersetzt heißt das, dass eine Intrige zum Ziel hat, den anderen „plattzumachen“, ihm Schaden zuzufügen; seine Integrität ebenso zu unterwandern wie sein Ansehen und seine Persönlichkeit. Folge einer Intrige ist immer Zerstörung, und damit zählt die Intrige zur Gruppe der Gewalt. Der Zielperson wird Gewalt angetan. Erkennt die Zielperson nicht, dass sie Ziel einer Intrige ist, wird sie handlungsunfähig.

Das Bezeichnende an einer Intrige ist, dass der Betroffene sie zwar spüren, aber schlecht greifen kann. Man weiß nicht, wie einem geschieht. Über lange Strecken zweifelt man, ob es sich um Argwohn handelt oder ob die Vermutung, einer Intrige aufzusitzen, womöglich der eigenen Einbildung entspringt. Das liegt daran, dass der Intrigant hinter dem Rücken der Zielperson arbeitet. Häufig ist er seiner Zielperson gegenüber sehr freundlich. Lediglich hinter seinem Rücken versprüht er Gift.

Zur „grauen Eminenz“ wird ein Intrigant, wenn er nicht mehr zu entdecken ist, da er sich sogenannter Läufer bedient. Diese Läufer verstreuen das Gift. Nicht selten erkrankt die Zielperson an einer Intrige. Durch die gestörte Kommunikation rund um die Zielperson wird sie immer mehr vom alltäglichen Geschäft isoliert. Hinter der Krankheit der Zielperson stehen Signale, die uns unser Körper sendet, als direkte Reaktion auf das vorhandene (unsichtbare) Gewaltfeld. In der Regel kommen Intrigen zunächst sehr harmlos daher, bis sie ihr Ziel der Zerstörung erreicht haben.

Praxisbeispiel: Steuerberaterkanzlei

Ihr Partner vertritt Sie bei einem Ihrer Mandanten, während Sie verreist sind. Das ist schön, denn so können Sie entspannt in den Urlaub fahren, und Ihre Mandanten sind versorgt. Nach ihrem Urlaub sitzen Sie wieder Ihrem Mandanten gegenüber.

Das Problem ist allerdings, dass wesentliche Informationen aus den Vertretungsgesprächen nicht an Sie weitergegeben wurden, wie etwa der Ratschlag an Ihren Mandanten, aus steuerrechtlichen Gründen ein Auto zu kaufen. Als Ihr Mandant freudestrahlend von seinem neuen Auto berichtet und sich für den äußerst guten Tipp Ihres Partners bedankt, sind Sie vollkommen verdattert. Sie sind in den Fall eingearbeitet und halten einen Autokauf für keine gute Idee. Warum hat Ihr Partner Ihnen gegenüber kein Wort darüber verloren? Sie verhaspeln sich, wirken zerstreut; in Ihrem Kopf entsteht Misstrauen Ihrem Partner gegenüber. Sie geben vor, voll informiert zu sein. Doch Ihr Mandant reagiert verdutzt und irritiert auf Ihr Verhalten. Er merkt, dass Sie nicht ganz bei der Sache sind. Sie selbst kämpfen mit Ihrer Irritation und wissen nicht, ob Ihr Partner Ihnen bewusst schaden wollte, indem er Informationen zurückhält, oder ob die Unterlassung auf eine erhöhte Arbeitsbelastung zurückzuführen ist.

Bei nächster Gelegenheit sprechen Sie Ihren Partner darauf an. Dieser zeigt sich völlig irritiert und entschuldigt sich für die fehlende Information. Er gibt Ihnen klar zu verstehen, dass er nicht wissen konnte, dass gerade diese Information für Sie so wichtig ist. Also legen Sie den Vorfall zu den Akten. Sie bearbeiten die Mandanten weiter, denen Ihr Kollege in Ihrer Abwesenheit zur Seite stand. Als Wochen später einer dieser Mandanten plötzlich den Antrag stellt, zum Kollegen überzuwechseln, stellen Sie zunächst keine Verbindung zur damaligen Urlaubsvertretung her. Auch können Sie sich nicht erklären, weshalb Ihre Mitarbeiter Ihnen gegenüber immer wortkarger zu werden scheinen. Und es fällt Ihnen nicht direkt auf, dass die Kommunikation zwischen Ihren Mitarbeitern und Ihrem Kollegen eine Veränderung vollzogen hat. Das Vertrauen Ihnen gegenüber schwindet zugunsten Ihres Partners. Ihre Versuche, diesen Prozess offen anzusprechen, scheitern, da Ihnen lediglich Verwunderung entgegenschlägt. Sie haben zunehmend den Eindruck, Sie bilden sich alles nur ein.

2.1.6 Veränderungen von Beziehungen durch Macht

Der Vergleich verschiedener Prozesse der Persönlichkeitsentwicklung lässt folgendes Fazit zu: Setzen wir einen Entwicklungsprozess auf eine Zeitlinie, so nimmt er zumindest mehrere Jahre in Folge in Anspruch, wenn nicht sogar bis zum Ende des Lebens. Je näher die Analyse dieses Prozesses an den Anfang der Entwicklung rückt, desto mehr spielt das Thema Macht eine Rolle.

Das ist auch ein Grund dafür, warum Machtspiele in Arbeitsfeldern, aber auch in Beziehungen jeglicher Art so weitverbreitet sind. Auf der Beziehungsebene verbirgt sich hinter dem Wort Macht eine Klassifizierung in stark und schwach, in oben und unten, in Täter und Opfer, also in überlegen und unterlegen. Das Verhalten gegenüber Macht verändert sich erst dann, wenn der persönliche Prozess einen so weit gebracht hat, den Hunger nach Macht kritisch zu sehen und Größe nicht durch Über- oder Unterordnung, sondern durch den Nutzen, den die eigene Stärke bringt, zu definieren. Der Weg dorthin führt über Selbsterkenntnis.

Wo Macht ist, gibt es auch Ohnmacht. Diese Mischung lässt Konflikte, bei denen Macht eine Rolle spielt, so brisant werden. Es geht quasi um Leben und Tod, um Existenz oder deren Zerstörung. Das erklärt auch die Heftigkeit mancher Konflikte. In Chefetagen, aber auch in Vorständen, Gewerkschaften, Kliniken und Vereinen spielt das Thema Macht eine große Rolle. Wir sehen, dass das Thema Macht nicht nur in kapitalstarken Unternehmen platziert ist. Selbst sozial orientierte Vereine sind oft von bitteren Machtkämpfen durchzogen.

Praxisbeispiel: Gutshaus und Ferienanlage

Frau E. ist Besitzerin einer großen Ferienanlage mit integriertem Gutshaus. Ihr unterstehen 73 Mitarbeiter. Sie hat das Unternehmen geerbt und braucht eine gewisse Zeit der Einarbeitung. Respekt erkämpft sie sich durch schrille und kurze Machtansagen, weshalb sie bei den Mitarbeitern als launisch gilt. Mit den Feriengästen kommt es immer wieder zu Reibereien, da Frau E. es mit den Rechnungen nicht ganz so genau nimmt. Schnell stellt sie Stornorechnungen, weil der Gast angeblich nicht rechtzeitig storniert hat. Auch mit den Getränken nimmt sie es nicht so genau, auf Feiern entstehen Rechnungen, die keiner mehr nachvollziehen kann. Gegenüber dem Kunden werden Absprachen nicht eingehalten. Sie scheint das Recht auf ihrer Seite gepachtet zu haben.

Die schöne Umgebung und auch der hübsche Gutshof machen das Verhalten von Frau E. zunächst wett. Doch ihr geschäftsschädigendes Gebaren zeigt sich zunehmend in sinkenden Umsätzen. Der eingesetzte Geschäftsführer Herr L. versucht, an Frau E. heranzukommen, hat aber keine Chance. Frau E. lässt ihn schnell spüren, dass sie keinerlei Einmischung duldet. Sie degradiert ihn vor den Mitarbeitern und spricht hinter seinem Rücken permanent schlecht über ihn. Sie bildet Allianzen mit einigen Mitarbeitern und nutzt diese als Entmachtungsinstrument Herrn L. gegenüber. Nach zweieinhalb Jahren großer Demütigungen kündigt Herr L. seine Stellung. Befragt man Frau E. nach ihrer Einschätzung der Lage, sieht sie in Herrn L.s Arbeit den Grund für die sinkenden Umsätze. Sie klagt und verfällt in einen Wechsel aus Wut, Angst vor der Zukunft und Tatendrang. Schnell ist eine Nachfolgerin gefunden. Es fällt auf, dass Frau E. keinerlei Kritik an sich heranlässt. Sie redet sich ihre Handlungen immer wieder schön, selbst dann, wenn kurz Zweifel in ihr aufkeimen. Die Nachfolgerin von Herrn L. erlebt zunächst eine nette Chefin, doch schon in der ersten Woche setzt eine ähnliche Dynamik wie bei ihrem Vorgänger ein. Auch die Nachfolgerin wird nun in Anwesenheit der Mitarbeiter vorgeführt. ■

2.1.7 Rang und Position

Die Vermischung von Rang und Position führt zu zahlreichen Konflikten auf der Beziehungsebene und zu kontraproduktiven Handlungen. Die eigene Einstellung zu der Position, die man in einer Firma innehat, entscheidet über die Art und Weise des Auslebens dieser Position. Konflikte, die durch das Phänomen Rang und Position entstanden sind, haben eines gemeinsam: Die zugewiesene Position (zum Beispiel die der Führungskraft) wurde als den anderen übergeordnet verstanden. Die weiter reichende Bedeutung der Position einer Führungskraft kam gar nicht zum Zuge. Eine Führungsposition zeichnet sich durch die Verantwortung aus, die man in dieser Funktion trägt. Die Verantwortung einer Führungskraft besteht vor allem darin, den ihr anvertrauten Bereich „gesund" und störungsfrei am Laufen zu halten, gegebenenfalls auch für Wachstum zu sorgen, neben weiteren im Vertrag fixierten Leistungsbeschreibungen. Wer diesen förderlichen Rahmen verlässt, ist dabei, Konflikte im Miteinander zu schaffen. Zum Verständnis: Die Position ist immer größer als die Person, die hineingeht. Der Rang umschreibt die Macht, die man durch diese Position erhält.

Je bewusster man Positionen einnimmt, desto geringer wird die Wahrscheinlichkeit, diese Funktion samt dem damit einhergehenden Rang unbewusst zur Selbsterhöhung zu nutzen. Die meisten Führungskräfte mit einem autoritär-cholerischen Führungsstil gaben an, dass sie es nicht gewohnt seien, Führung anderweitig auszugestalten, da beispielsweise schon ihr Chef diesen Stil innehatte und damit (vermeintlich) erfolgreich war. Auch herrscht die Überzeugung vor, Autorität habe noch niemandem geschadet, sondern diene vielmehr dazu, Ordnung zu schaffen und Einmischungen zu verhindern.

Dieser Sichtweise fehlt der Blick auf die Konsequenzen dieses Führungsstils. Schließlich ist Führungsarbeit immer auch Beziehungsarbeit. Eine gleichberechtigte, mündige Beziehung ist mittels Über- und Unterordnung nicht zu führen. Ist man sich hingegen darüber bewusst, dass eine Führungsposition dem Ausübenden lediglich Verantwortung und für die Erfüllung dieser Verantwortung auch Macht in Form eines Ranges erteilt, entfällt der Gedanke von Über- und Unterordnung.

Praxisbeispiel: Bank

In einer Filiale wechselt der Filialleiter. Seit diesem Wechsel ist nichts mehr, wie es vorher war. Die Vorgängerin ist in den Ruhestand getreten. Ihr Nachfolger ist um einiges jünger und kommt aus einer anderen Filiale. Er ist äußerst autoritär und wird schnell laut und aggressiv, wenn die Dinge nicht nach seinen Vorstellungen laufen. Das hat Auswirkungen auf die gesamte Filiale. Die einst gute Stimmung verwandelt sich in eine beklemmende Atmosphäre. Einladungen ins Chefzimmer nehmen fortan den Charakter einer bevorstehenden Hinrichtung an. Dass sie einen sachdienlichen Zweck erfüllen, nämlich laufende Projekte zu erörtern und zu verbessern, wird nicht mehr wahrgenommen. Bei den meisten Mitarbeitern löst dieser Stimmungswechsel eine Lähmung aus. Infolgedessen sind die Inhalte des Besprochenen im Chefzimmer nachher nur noch bruchstückhaft abzurufen. Somit dauern die Umsetzungen von Zielvorgaben unnötig lange, die Fehlerquote steigt und eine „duckmäuserische Haltung“ dem Chef gegenüber ist die Regel. Der Chef ärgert sich über das vermeintliche Unvermögen seiner neuen Mitarbeiter. Ein Teil der Untergebenen umgarnt den Chef und zeigt sich vorauseilend gehorsam, der andere Teil sondert sich zunehmend ab. In dem Maße, wie das Gerede hinter seinem Rücken zunimmt, gehen Arbeitsfreude und Engagement verloren. ■

2.1.8 Unmut im Arbeitsalltag

Ein oft unterschätztes Phänomen stellen Alltagsprobleme dar. Das fehlende Klopapier, der nicht ausgeräumte Geschirrspüler, der unterschiedliche Geschmack bei der Einrichtung des Büros etc. sind Gegenstand vieler Auseinandersetzungen. Unterschiedliche Vorstellungen von Ordnung, zum Beispiel leere Kaffeetassen im Empfangsbereich oder verwelkte Pflanzen, führen zu Anspannung und Missstimmung zwischen den Kollegen. Geprellt ist der, den es stört. Genau hier, bei den unterschiedlichen Empfindlichkeiten, entsteht ein Konflikt, der sehr persönlich werden kann.

Praxisbeispiel: Abteilung einer großen Firma

Die Chefin, Frau B., dreht ihre Runde und kommt dabei auch an der Kaffeeküche vorbei. Wie fast jeden Abend bietet sich ein unordentliches Bild. Dreckige Kaffee- und Teetassen stehen herum, Teebeutel fanden nicht den Weg in den Mülleimer und Zuckerkrümel zieren die Kaffeebar. Ein ähnlich unordentliches Bild bietet sich ihr immer wieder auch in den Sanitärräumen. Sie stört es sehr, denn diese Bereiche sind den Kunden ebenso zugänglich. Auch diesmal räumt sie wieder Tassen in den Geschirrspüler, schaltet das Reinigungsprogramm ein und füllt auch noch rasch die fehlenden Toilettenpapierrollen auf, da der Kundenverkehr noch andauert.

Frau B. ist frustriert. Die Regeln der Sauberkeit hängen in der Kaffeeküche für die Mitarbeiter aus, sie wurden diverse Male in Dienstbesprechungen thematisiert, aber selbst ihre Kollegen aus der Führungsriege sind nachlässig. Schneidet sie das Thema an, merkt sie förmlich, wie die anderen mit den Augen rollen. "Am liebsten würde ich losschreien, aber das bringt ja nichts. Letztendlich nimmt man mich hier nicht ernst." Frau B. ist zu diesem Zeitpunkt noch nicht bewusst, dass sich die wiederholende Frustration auf ihre Beziehung zu den Mitarbeitern sowie zu den anderen Führungskräften auswirkt. Die Haltung verändert sich. Die Nachlässigkeit wandelt sich zum persönlichen Angriff. Dieser Prozess geschieht unbewusst und entzieht sich somit der Handlungsebene. Im fortgeschrittenen Stadium tritt die Enttäuschung nach vorne, der Sachverhalt gerät in den Hintergrund. Das Sachproblem bleibt also bestehen, anstatt es durch zielführende Handlungen aus dem Weg zu räumen. Frau B. wird indirekt immer mehr als nervige und ordnungsversessene Chefin abqualifiziert. Das wiederum erhöht die persönliche Betroffenheit von Frau B., die das zu spüren bekommt. Der einstmals harmlose Konflikt wird zum persönlichen Angriff.

2.1.9 Atmosphärische Störungen

Die Atmosphäre ist ein wesentlicher Faktor der Performance in Unternehmen. Sie entsteht aus der Summe aller unternehmerischen Prozesse und bildet einen Querschnitt der gegenwärtigen Situation ab.

Besonders unbearbeitete Informationen sind geradezu körperlich wahrnehmbar, meist als Störgefühl: Druck, Stress, Unausgesprochenes und vor allen Dingen Wut finden wir in den Atmosphären von Firmen wieder. Dennoch wird die Atmosphäre als Träger von Störungen jeglicher Art unterschätzt, obwohl sie sich auf die Mitarbeiter überträgt und deren Stimmung beeinflusst. Sie wirkt sich auf das Körperbewusstsein der Mitarbeiter aus, das bei jedem Einzelnen zudem zahlreiche nicht aufgearbeitete Informationen aus der persönlichen Vergangenheit beherbergt. Diese verbinden sich dann mit ähnlichen Informationen aus der Atmosphäre des Unternehmens. Dieser Umstand erklärt, weshalb im Kollegenkreis unterschiedlich auf die Stimmung im Unternehmen reagiert wird.

Je nachdem, wie Ihre Mitarbeiter und Kollegen und Sie selbst geprägt sind, reagieren Sie körperlich auf die Informationen, die sich in der Atmosphäre niederschlagen. Sie bekommen beispielsweise Kopfschmerzen, Magendrücken, Hautausschlag oder verfallen in eine Rückzugstendenz, je nachdem, wie Sie geprägt wurden. Haben Sie diese Prägungen noch nicht verarbeitet, erwischt es Sie nun unbewusst. Atmosphärischen Störungen kann keiner entkommen. Unser vegetatives Nervensystem ist empfänglich für Umwelteinflüsse jeglicher Art. Rational können wir mit vielen Dingen umgehen, emotional ist das schwieriger. Der permanente Einfluss einer gestörten Atmosphäre belastet uns. Beziehungen ändern sich, Vertrauen schwindet.

Selbst Außenstehende wie Kunden, Mandanten und Patienten nehmen über die Atmosphäre Störungen wahr, von denen ihnen niemand etwas erzählt hat. Eine Sozietät kann einen Millionengewinn machen, doch wenn das Klima nicht stimmt, kann der Erfolg nicht genossen werden. Gefühlsmäßig überwiegt die Belastung. Menschen, die in Konflikten stecken, bestätigen das. Das Gegenüber kann bald nicht mehr ertragen werden. Das folgende Beispiel veranschaulicht dies.

Praxisbeispiel: Architektensozietät

„Ich konnte meinen Verdienst gar nicht mehr schätzen. Meine Gedanken drehten sich nur noch um die nervigen Querelen mit meinem Partner ... Bereits wenn ich das Architektenbüro betrat, begann es schon in meinem Magen zu ziehen. Nach drei Jahren wollte ich mich nur noch trennen. Der Erfolg interessierte mich nicht mehr. Ich reagierte bereits allergisch auf meinen Partner. Ich konnte weder seinen Anblick noch seine Präsenz ertragen“, berichtet der Architekt. „Die Situation wurde immer unerträglicher. Als mich ein Kunde ansprach, ob wir uns nicht außerhalb des Büros treffen könnten, wurde ich hellhörig. Ich konnte zwar eine Brücke zur Stimmung in der Sozietät bauen, aber nicht den Rückschluss auf meine eigene Beteiligung und Handlungsmöglichkeiten ziehen. Ich fühlte mich wie ausgeliefert. An Handeln habe ich gar nicht mehr gedacht.“

Im nun folgenden Beispiel einer Gemeinschaftspraxis ist die Wahrscheinlichkeit groß, dass beide Ärzte über kurz oder lang Patienten verlieren werden. Die gesamte Praxis leidet unter diesem Zustand, und nicht nur der „unbeliebte“ Arzt wird seine Kunden verlieren. Denn nicht jeder ist bereit, sich unangenehmen Stimmungen auszusetzen. Das gemeinsame Wartezimmer lässt jedoch alle an der Stimmung teilhaben, und auch der Kollege wird die Auswirkung mittragen müssen, denn seine Patienten sitzen ebenfalls dort. Das Vertrauen, und damit die Basis einer gesunden Beziehung zwischen Patient und Arzt, wird von den atmosphärischen Störungen untergraben.

Praxisbeispiel: Gemeinschaftspraxis

Ein etwas älterer Patient kommt ins gefüllte Wartezimmer und bemerkt die gespannte Atmosphäre. Dann bekommt er noch mit, wie „sein" Arzt die Sprechstundenhilfe des anderen Arztes anschnauzt und vor allen Anwesenden herunterputzt. Spätestens jetzt wird er als Beobachter unruhig. Er wurde ungefragt und ungewollt in eine Auseinandersetzung hineingezogen. Er fragt sich nun, wie konzentriert der Doktor wohl sein kann, wenn er ihn heute behandelt. Ob er vielleicht etwas unsanfter ist als normal? Auch das Warten beruhigt ihn keineswegs. Die Stimmung aller Patienten ist angespannt und gedämpft. Sie müssen das rotgefleckte Gesicht der Sprechstundenhilfe ertragen, die unbeholfen weiter ihrer Arbeit folgt und keinen Augenkontakt mehr herstellen kann. Neu dazukommende Patienten haben das Ursprungserlebnis zwar nicht miterlebt, leiden aber ebenso unter der gedrückten Atmosphäre. Sie fühlen sich unwohl. Dieses Unwohlsein bleibt bestehen, nachdem sie die Praxis verlassen haben. Fortan werden sie dieses Gefühl mit dieser Praxis verbinden.

2.1.10 Die Kombination von Arbeit und Liebe

Die Kombination „Arbeit und Liebe" gestaltet Konflikte besonders dramatisch. Hierbei ist es irrelevant, ob zuerst die Arbeits- oder die Liebesbeziehung bestanden hat. Allein die Vermischung von Arbeits- und Gefühlsleben sorgt für Sprengstoff. Der Konflikt schafft Fronten, wobei der primär geschädigte Part häufig die Negativrolle einnimmt. Eine Konfliktlösung gelingt hierbei nie über den Faktor Gerechtigkeit, sondern immer über das Trennen von emotionaler und sachlicher Ebene. Erst dann kann diese Art von Konflikt bewältigt werden.

Die Verbindung von Liebe und Beruf funktioniert dann vorwiegend gut, wenn die liebende Person von der arbeitenden Person getrennt wahrgenommen werden kann. Gelingt es, die Sach- von der emotionalen Ebene zu trennen, kann eine Kombination von Berufs- und Privatleben erfolgreich werden.

Diese Trennung ermöglicht es, eventuelle Fehlentscheidungen später zu revidieren. So kann ein Geschäft oder eine Arbeitsbeziehung selbst dann gut weiter funktionieren, wenn die Liebesbeziehung beendet wurde. Gelingt diese Trennung nicht, werden emotionale Verletzungen und erfahrene Kränkungen zum Initiator geschäftsschädigender Handlungen aller Art, die keinem helfen, sondern nur zerstören. Auch können bei einer Trennung von persönlicher und sachlicher Ebene Verbindungen aufgelöst werden, ohne dass Gefühle wie Wut notwendige Korrekturen verhindern. Häufig werden die geschädigten Personen von Außenstehenden eher als unangenehm und negativ wahrgenommen als die andere Seite des Konflikts. Grund dafür sind die Verletzungen auf der Gefühlsebene sowie die empfundene Ohnmacht, die meist zu irrationalen und verbitterten Handlungen führen. Eine Trennung zwischen Sach- und Gefühlsebene findet hier nicht statt. Der Konfliktpart, der den anderen willentlich schädigt, kommt in der Außenwahrnehmung besser weg, denn der Schädiger weiß, was er will.

Praxisbeispiel: Immobiliengesellschaft

Das Unternehmen hat Rang und Namen und besteht nun schon seit 25 Jahren. Mittlerweile sind 34 Mitarbeiter beschäftigt. Frau und Herr K. haben es damals direkt nach ihrem Studium gegründet. Herr K. übernahm die Position des Inhabers, und sie hielt sich, was finanzielle Verantwortung betraf, eher im Hintergrund. Sie traute sich damals die Verantwortung nicht zu, agierte aber im Sinne einer Geschäftsführerin. Nur benannte sie ihre Position nicht so. Das erste Kind wurde geboren. Frau K. konnte nun nicht mehr zu 100 Prozent in der Firma arbeiten, verbrachte aber viel Zeit im Homeoffice, hielt ihrem Mann den Rücken frei und beteiligte sich mit ihren innovativen Gedanken am Wachstum des Unternehmens. Sie besorgte Aufträge und gestaltete Marketingkonzepte.

Mit dem zweiten gemeinsamen Kind kam die erste existenzbedrohende Krise ins Unternehmen. Herr K. fühlte sich häufig von seiner Frau im Stich gelassen und litt unter ihren, wie er meinte, zu hohen Ansprüchen. Frau K. litt ihrerseits unter einem ähnlichen Gefühl. Sie liebte es, in der Firma zu arbeiten, statt „nur“ für die Kinder da zu sein. Daher forderte sie ihren Partner zunehmend auf, mehr Verantwortung im Haushalt und bei der Erziehung zu übernehmen. Dieser hatte aber so viel in der Firma zu tun, dass er sich nicht imstande fühlte, dem Verlangen seiner Frau nachzukommen. Ihren fehlenden Platz in der Firma übernahm eine neue Mitarbeiterin, die sich mit ihrem Engagement schnell nach oben arbeitete. Einige Jahre später stand sie an der Seite von Herrn K., zunächst als Geschäftsführerin, später auch als Lebenspartnerin. Frau K. reagierte geschockt. Erst jetzt wurde ihr bewusst, dass der fließende Übergang in eine Lebensbeziehung ihr die Sicht auf das Geschäft versperrt hatte. Sie hatte über vieles hinweggesehen, was sachlich gesehen zu ihren Ungunsten lief. Ihr Vertrauen in die Beziehung ließ sie diesen Zustand über Jahre hinweg aufrechterhalten.

Es entstand eine Kette von geschäftsschädigenden Aktionen. Durch die tiefe Verletzung, die Frau K. empfand, war sie es, die durch einen äußerst scharfen Ton ihrem Mann gegenüber auffiel. Sie tauchte nun auffallend oft in der Firma auf, kommandierte die Mitarbeiter herum, schüttelte mehrmals den Kopf, wenn ihr Mann sprach, und unterbreitete im Gegenzug lauter Angebote, was sie für die Firma noch alles tun könne. Ihr Mann jedoch grenzte sie immer stärker von allen Mitarbeitern ab und verkündigte in der Firma bereits die Trennung von seiner Frau, noch bevor er mit ihr darüber gesprochen hatte. Immer mehr geriet Frau K. so in die Defensive. Jede ihrer Handlungen erreichte das Gegenteil von dem, was sie wollte. Sie wollte wieder Teil der Firma sein, geriet aber durch ihre Art immer weiter ins Abseits. Die meisten Mitarbeiter standen auf der Seite von Herrn K., der im Umgang mit den Mitarbeitern viel sympathischer auftrat und eher Mitleid erregte. ■

Zusammenfassung

Wichtig ist die Bewusstwerdung des Ausmaßes von Konflikten. Die Konsequenzen von nicht aufgegriffenen Konflikten, die sich auf alle Beziehungen an einem Arbeitsplatz auswirken, selbst wenn diese nicht direkt mit dem Konflikt verbunden sind, sind weitreichend. Ein Konflikt greift immer auch das Unternehmen in seiner gesamten Integrität an. Konflikte verzerren die Realität und verdrängen die Sachebene. Darüber hinaus veranschaulicht dieses Kapitel, dass Führung als Überordnung über andere missverstanden werden kann und welche konfliktfördernden Folgen das für die Gesamtatmosphäre mit sich bringt. Wie wichtig der Erhalt einer sachlichen und toleranten zwischenmenschlichen Beziehungsebene im Unternehmen ist, wird erst durch die Folgen einer Emotionalisierung sichtbar. Die Emotionalisierung versperrt den Blick auf sich selbst. Schädigende Handlungen entstehen. Jegliche Autonomie verschwindet. Gestörte sowie emotionalisierte Beziehungen beinhalten ebenso die Vorlage zur intriganten Umgangsweise. Ein herzliches sowie verantwortungsvolles Miteinander hat hier keine Chance mehr. ■

■ 2.2 Reflexion: Sachlichkeit im Unternehmen

Bei der Entstörung von Organisationen wird deutlich, dass zunächst einmal „Sachlichkeit“ definiert werden sollte, denn in vielen Unternehmen ist sie gar nicht mehr vorhanden, was den zwischenmenschlichen Kontakt der zusammenarbeitenden Personen betrifft, wenn diese in einem angespannten Verhältnis zueinander stehen. Diese Tatsache ist den Beteiligten allerdings nicht bewusst, denn die Sachlichkeit ging schleichend verloren.

Sachlichkeit liegt auf der zwischenmenschlichen Ebene dann vor, wenn die Gefühls- und die Sachebene jederzeit zu trennen sind und als zwei unabhängige Faktoren erkannt werden. Die Sachebene bildet die Realität ab. Abweichungen von der Realität sind Verzerrungen, die durch unterschiedliche, persönliche Erfahrungen entstanden sind. Durch diese Gefühle wird die Realität emotional gefärbt und damit „verzerrt".

Die Bewusstwerdung des vorhandenen Prozesses führt zu einer versachlichten Sicht auf die Dinge. Hier nun ein paar Fragen, die Ihnen helfen, Ihre derzeitige Situation besser einschätzen zu können:

- Wie würden Sie als Kunde oder Außenstehender Ihr Unternehmen empfinden?
- Mögen Sie Ihre Firma? Wenn nein, warum nicht?
- Wie müsste die Beziehung zu Ihren Kollegen, Partnern, Vorgesetzten und Mitarbeitern sein, damit Sie sich wohlfühlen?
- Was steht zwischen Ihnen und Ihrem Wohlbefinden?

3 Die Hintergründe von Disputen

Jeder Konflikt hat eine Historie

Was sind Rollen?

Welche Rollen sind hauptsächlich in Firmen vorhanden?

An welchen Indizien erkennen Sie Rollen?

Wie geht man mit Rollen von Mitarbeitern um?

Innerhalb von Change-Management-Prozessen geht es immer auch um die Geschichte des Unternehmens. Die Geschichte hat schließlich das System eines Unternehmens geformt, und so spiegeln sich in ihr auch dessen Konflikte wider. Für Interne ist das kaum bis gar nicht wahrnehmbar, denn der Konflikt durchlief zahlreiche Entwicklungsstufen, sodass die eigentliche Ursache für diesen Konflikt bald nicht mehr erkennbar ist. Die Atmosphäre sowie das Klima eines Unternehmens und die Dynamik, die sich zwischen Führungskräften und Mitarbeitern entwickelt hat, sind wichtige Informationen. Es braucht keinerlei zusätzliche Berichte, um zu begreifen, was der wahre Konflikt in einem Unternehmen ist. Der Hintergrund zeigt sich durch das Deuten der Signale, die sämtliche Mitarbeiter sowie die Führungsverantwortlichen aussenden.

Am Beispiel eines Führungskräftewechsels lässt sich die Natur von Disputen gut erklären.

3.1 System und Konflikt

Die Gedanken und Handlungen an der Spitze eines Unternehmens bilden sich im Unternehmen ab. Es entsteht ein System von Automatismen und Reaktionen. Je beständiger die Spitze ist, desto deutlicher ist ihr „Fingerabdruck" im Unternehmen sichtbar. Dieser Fingerabdruck sorgt für die Entwicklung einer unternehmerischen Kultur. Diese Kultur bildet das System ab. In Großfirmen lassen sich solche Fingerabdrücke gut in den einzelnen Abteilungen beobachten. Die Abteilungen funktionieren je nach Leitung unterschiedlich und beherbergen daher auch unterschiedliche Kulturen, sprich Fingerabdrücke.

Praxisbeispiel: Architekturbüro

Bei einem Change-Management-Prozess ging es um die Verkraftung eines Führungswechsels. Das Unternehmen war knapp 30 Jahre alt und gut etabliert. Die neuen Chefs wussten dennoch nicht, wie ihnen geschah, denn sie bekamen keinen Boden unter die Füße. Die Neuen übernahmen die Führungstätigkeit in dem Unternehmen noch zu Zeiten des Alt-Chefs, der Inhaber und Gründer des Unternehmens war, und genau deshalb konnten sie die Vorgänge nicht nachvollziehen. Der Alt-Chef hatte verfügt, dass seine Nachfolge mit einer Doppelspitze besetzt wird, und hatte zwei Personen ausgewählt. Doch bereits am Tag der Übernahme separierten sich die Mitarbeiter von den neuen Chefs. Der Alt-Inhaber wandelte schließlich noch über die Gänge des Unternehmens, schaute nach dem Rechten. Er war immer noch der Besitzer des Grund und Bodens und wohnte in unmittelbarer Nachbarschaft.

Seine Frau arbeitete zudem weiter im Unternehmen. Schaute man sie an, demonstrierte ihr Auftreten eine leidvolle Qual. Keine Neuerung wurde angenommen, ohne im Hintergrund ihre Antipathie darüber zu verbreiten. Die meisten Mitarbeiter öffneten sich den Neu-Chefs nicht und gaben ihnen keine Möglichkeit, an sie heranzukommen. Vor allem die Frau des Alt-Inhabers begann, sich zum Zeitpunkt des Wechsels zu verändern. Sie machte ihre Arbeit nicht mehr, bot allen möglichen Mitarbeitern das Du an, ein Verhalten, das in der jahrzehntelangen Vorgeschichte nicht einmal vorgekommen war, und reichte vermehrt Krankenscheine ein. Die Neu-Chefs gerieten immer stärker in die Defensive. Versuchten sie, diesen Zustand anzusprechen, ging niemand darauf ein. Die indirekte Kommunikation nahm zu. Die Neu-Chefs gerieten nun selbst in Gefahr, gegeneinander zu arbeiten, statt miteinander vorzugehen. Durch den ständigen Ausfall der Frau des Ex-Chefs blieb wichtige Arbeit liegen. Die Neu-Chefs rannten dem liegen gebliebenen Alltagsgeschäft hinterher und machten unzählige Überstunden. Für die Führung des Unternehmens in eine neue Epoche hatten sie keine Zeit mehr.

In diesem Beispiel hat der Alt-Chef dem Unternehmen unbewusst zwei Grenzen gesetzt. Die von ihm bestimmten Nachfolger sollten das Unternehmen in seinem Sinne weiterführen, daher reichte sein Denken nicht über den Wechsel hinaus. Er dachte stetig nur bis zu seinem Ausscheiden. Zum anderen wollte er die Führung nicht wirklich abgeben. In seiner Vorstellung würden die Neu-Chefs zwar die Geschicke übernehmen, doch er achtete darauf, dass diese Führungskräfte ihm loyal gegenüberstanden und in seinen Augen leicht zu führen waren. Sie stellten für ihn seine verlängerten Arme dar. Doch die beiden neuen Führungskräfte hatten kaum Gemeinsamkeiten und standen nicht im Schulterschluss oben an der Spitze. Das genau wollte der alte Chef. Dadurch hatte er mehr Einfluss, denn seine Anteile steckten im Unternehmen. In seiner Vorstellung behielt er die Führung, ähnlich wie ein Puppenspieler, in der eigenen Hand. Unten dran „hingen“ die neuen Chefs wie Marionetten. Dem Alt-Inhaber war nicht bewusst, dass seine beiden Grenzen der gesamten Firmenentwicklung ein Ende setzen. Er dachte nicht daran, dass eine neue Spitze autonom funktionieren muss, damit das Unternehmen den Wechsel verkraften kann. Und ihm war nicht bewusst, dass die Kultur im Unternehmen bislang aus Selbsterhalt und „Schäfchen ins Trockene bringen“ bestand, wodurch er die Firma zu einer wachstumsfeindlichen Unternehmung gestaltet hatte. Die Haltung der Mitarbeiter spiegelte dieses System, indem jede Neuerung als Gefahr angesehen wurde.

Eine neue Spitze braucht eine Kultur, die wachstumsorientiert und auf jüngere Mitarbeiter ausgerichtet ist. Doch so weit reichte das alte System nicht. Die neuen Chefs hatten im Grunde keine Chance, dies zu erkennen, denn die Spirale an Konflikten, die mit ihrer Amtsübernahme begann, hielt sie in Trab und von der dringend notwendigen Führungs- und Gestaltungsarbeit ab. Der Change-Management-Prozess griff die Altlast des Unternehmens auf, stärkte die Führungskräfte darin, ihre eigene Kultur aufzubauen und die Verflechtungen zwischen dem alten und den neuen Chefs aufzulösen. Dem Alt-Chef wurde ein konsequenter Abschied möglich gemacht, jetzt konnte er loslassen. Der Unternehmensumbau funktionierte auch ohne seine Anwesenheit. Die neuen Chefs wurden entlastet und durch Umstrukturierungen von Alltagsarbeiten so weit befreit, dass für sie die Führungsarbeit beginnen konnte.

3.2 Rollen und Konflikt

Hinter der Natur von Disputen verstecken sich sogenannte Rollen. Es gibt auch positive Rollen, nur sind diese systemisch gesehen unproblematisch. In der Persönlichkeitsentwicklung beschäftigen wir uns daher mit der Entkräftung von negativen Rollen.

> Eine Rolle besteht aus einer Ansammlung von Informationen, die in der Vergangenheit nicht aufgearbeitet und dadurch bewältigt wurden. Deshalb sind alle problematischen Rollen von Natur aus eine Ansammlung negativer Informationen. Alle Rollen beinhalten Aspekte, die von der jeweiligen Person nicht bewusst wahrgenommen werden. Daher sind sie sekundär, das heißt, sie wirken im Hintergrund. Personen, die aus der Balance (aus der eigenen Mitte) geraten sind, agieren besonders stark durch Rollen. Durch ihre Instabilität werden sie quasi in ihre Rolle gezogen. Das gestaltet den Umgang mit ihnen für nahestehende Personen sowie für Kollegen schwierig.

Rollen existieren seit Urzeiten, sie sind größer und auch komplexer als die jeweilige Person, die in sie schlüpft. Das erklärt auch die Namen, die solche Informationsansammlungen tragen. Sie klingen oft altertümlich, doch sie bringen die Natur der Handlungen, die aus der jeweiligen Rolle erwachsen, auf den Punkt. Begibt sich ein Mensch häufig in eine Rolle, verschmilzt er mit ihr. Das bedeutet, dass sein wahrer Charakter in den Hintergrund tritt. Die Bezeichnung der Rolle benennt das Thema der dort ansässigen Informationen. Rollen beeinflussen unsere Handlungen, ohne dass es uns bewusst ist. Das macht die Auseinandersetzung mit Rollen so komplex. Für ein ungeübtes Auge sind sie nicht erkennbar. Bei meiner Arbeit hat sich gezeigt, dass jeder Mensch mit etwa sieben aktiven Rollen konfrontiert ist. Er besitzt aber in der Regel mehr Rollen als die sieben aktiven. Die Rollen, die er nicht bedient, sind inaktiv. Aktiv werden Rollen, sobald der Mensch das Verhalten der einzelnen Rollen annimmt. Eine der aktiven Rollen ist „der Drahtzieher" unter allen Rollen. Diese Drahtzieherrolle steht über allen anderen und wird am meisten aktiv gelebt. Diese eine gilt es zu erkennen und später dann zu führen, denn sie beeinflusst alle weiteren anwesenden Rollen. Sie ist die stärkste und beherbergt die meisten unbewussten Informationen. Ist diese Rolle abgearbeitet, zeigen sich nacheinander die jeweils stärksten Rollen, die „dem Drahtzieher" untergeordnet waren.

Da ein Konflikt etwas Unangenehmes ist und in den seltensten Fällen wirklich aufgelöst wird, beinhalten Konflikte in Unternehmen auch eine Reihe von Auskünften über die Rollen, die in der jeweiligen Firma kursieren. Die Rollen sind älter als die Personen, die in sie schlüpfen.

Die nun folgenden Kurzbeschreibungen zeigen die Rollenbilder auf, die am häufigsten auftreten – die Hauptrollen. Hiervon lassen sich dann etliche Ableitungen erkennen. Die Ableitung entsteht durch die jeweilige charakterliche Färbung desjenigen, der eine solche Rolle übernommen hat. Rollen sind schwer zu greifen, denn selten hat derjenige, der in eine geschlüpft ist, einen direkten Bezug zu dieser Rolle. Man bewegt sich vielmehr in seinem früheren Familienumfeld. Irgendwer brachte diese Rolle einst anhand eines Ereignisses in die Familie hinein, nun wird sie von Generation zu Generation weitergegeben. Es sei denn, jemand greift die negativen Informationen auf. Dann werden die Informationen verarbeitet und entkräftet. Die Rolle bleibt weiterhin bestehen, aber sie wird nicht mehr „gefüttert", indem man sich in sie hineinbegibt.

3.2.1 Der Ganove

Dieser Rolle steht man kritisch gegenüber. Man vertraut der Person, die sie einnimmt, nicht wirklich. Man fühlt sich von ihr bedrängt, findet aber keinen Ansatzpunkt, das zu verändern, denn man fühlt sie eher, als dass man ihr Fakten zuordnen kann. Wird demjenigen, der sie ausübt, nicht bewusst, dass er in dieser Rolle steckt, wird sich dieser Mensch ewig darüber wundern, warum ihm in letzter Konsequenz stets das Vertrauen entzogen wird. Diese Rolle sendet Warnsignale nach außen, das heißt, das Gegenüber empfindet eine Gefahr, sobald er sich der Person nähert, die diese Rolle eingenommen hat.

3.2.2 Der Diktator

Der Diktator macht Unterschiede im Umgang mit anderen. Diese Rolle droht mit Konsequenzen und hält sich bedeckt, was ihre eigenen Gefühle betrifft; sie ist sich ihrer Position und Macht bewusst und setzt diese auch ein. Freundlichkeit bleibt in dieser Rolle aufgesetzt und wird nicht ehrlich gelebt. Personen, die sich in diese Rolle begeben, sind anfällig für Druck. Der Ausweg aus diesem Druck wird mittels Schärfe und einem autoritären Gebaren gesucht. Die Rolle verlangt Unterordnung, zeigt dies aber nicht immer offen. Menschen in dieser Rolle besitzen immer ein erhöhtes Potenzial an ungezügelter Wut. Diese Wut wird in der Regel nicht offen ausgelebt, zeigt sich aber in den Handlungen, insbesondere in den Sanktionen, die verteilt werden. Diese Rolle lässt die Worte der Person, die sie übernommen hat, scharf, die Ansagen direktiv und die Entscheidungen unerbittlich werden. Wird die Rolle des Diktators voll ausgelebt, duldet derjenige, der sie einnimmt, keinen Widerspruch mehr.

3.2.3 Der Demütiger

Der Demütiger reagiert auf Unrechtssysteme und wechselt zugleich die Seiten, indem er unter der Prämisse der Gerechtigkeit vor Erniedrigung und Herabsetzung anderer nicht zurückschreckt. Die Vorstellung von Gerechtigkeit wirkt hier wie eine Blendung. Das eigene Verhalten wird nicht gesehen. Personen, die in diese Rolle gehen, kämpfen mit einer persönlichen Verletzung, die vom Kampf um Gerechtigkeit verdeckt wird. Diese Verletzung führte überhaupt erst zu diesem Kampf. Möchten Personen diese Rolle verlassen, hilft eine Bewusstwerdung über die Hässlichkeit des eigenen Verhaltens. Das Schwierige an dieser Rolle ist, dass die Intension, mit der man sich in sie hineinbegibt, so wirkmächtig ist. Der Kampf verschleiert das eigene Verhalten. Je stressgeplagter die ausübende Person ist, desto höher wird der Grad der Demütigung, die von ihr ausgeht. Sie ist sich der eigenen negativen Art nicht bewusst, da sie selbst ja glaubt, für das Recht zu kämpfen. Das eigene demütigende und arrogant erscheinende Verhalten wird nicht infrage gestellt.

3.2.4 Der Intrigant

Diese Rolle zählt zu den gewaltigen Rollen. Gewaltig deswegen, weil die Konsequenz der Handlung eines Intriganten die Unterlaufung und Schädigung einer anderen Person ist. Der Zielperson wird erheblicher Schaden zugefügt. Dieser Schaden kennt keine Grenzen. Ein Akteur in der Rolle des Intriganten steckt viel Energie hinein, eine andere Person fertigzumachen. Ins Visier dieser Rolle geraten oft Personen, die der Intrigant insgeheim beneidet oder denen er in irgendeiner anderen Weise etwas missgönnt. Auf Dauer ist derjenige, der in der Rolle des Intriganten lebt, einsam. Der Intrigant wirkt vordergründig freundlich, und hinterrücks verrät er. Er lässt sich nicht ertappen, sondern bedient sich sogenannter Läufer, die zu seinen Verbündeten werden. Nur diejenigen, die selbst in Kontakt mit dem Thema Intrige stehen, verweilen in der Nähe eines Intriganten. Andere Personen werden sich im Laufe der Zeit von der Rolle des Intriganten distanzieren, für sie ist die Nähe zu ihm auf Dauer nicht zu ertragen. Die Rolle des Intriganten ist durch willkürliches Handeln gekennzeichnet. Die Praxis zeigt, dass Verbündete selbst zu Intriganten werden, wenn sie lange genug im Schatten eines Intriganten verweilen. Die Rolle des Intriganten kann nur dann eingenommen werden, wenn einem der eigene Wert nicht bewusst ist.

3.2.5 Der Aggressor

Der Aggressor strahlt in seiner Rolle Aggressivität aus, ohne sich dessen bewusst zu sein. Deshalb wird die Person in dieser Rolle oft als überheblich und von oben herab empfunden, auch wenn sie das gar nicht ist. Auf diese Rolle wird man aufmerksam gemacht, wenn man beispielsweise Ignoranz vorgeworfen bekommt, ohne dass man sich erklären kann, wie der andere dazu kommt. Auch sollte man sich darüber bewusst werden, dass die Ausstrahlung dieser Rolle bedrohlich wirkt und dass selbst leise Töne innerhalb dieser Rolle noch als Bedrohung empfunden werden. Der überhebliche Aggressor prägt sein Umfeld durch seine Mimik, Gestik und Körperhaltung. Er baut sich auf und bedroht wort- und tatenlos. Die Rolle signalisiert Gefährlichkeit, auch wenn sie vom Aggressor in der Regel nicht aktiv ausgelebt wird. Was übrig bleibt, ist der Gefahrenimpuls, der nach außen gesendet wird. Das macht den Umgang mit Menschen, die in diese Rolle schlüpfen, sehr anstrengend. Das Gegenüber kann nicht einschätzen, ob es zu einem Ausbruch von Gewalt kommt.

3.2.6 Der Inquisitor

Die Rolle des Inquisitors erkennt man an der Härte und den Gefahrenimpulsen, die von Personen ausgehen, die in eine solche Rolle schlüpfen. Es ist unangenehm, in ihrer Nähe zu verweilen, man fühlt sich nicht sicher. Diese Rolle wird oft mit der des Intriganten verwechselt, da der Inquisitor ebenfalls indirekt agiert und dabei einen großen Schaden verursacht. Er lässt sich kaum entdecken und richtet meist blitzschnell über Geschicke, indem er Vorgesetzte beeinflusst. Ist er selbst Machthaber, fallen seine Entscheidungen unerbittlich aus. Einmal gefällt, ist seine Entscheidung unwiderruflich. Die Urteile, die aus dieser Rolle heraus gefällt werden, sind hart. In ihr steckt ein hoher Machtfaktor, und die Entscheidungen, die getroffen werden, ziehen negative Konsequenzen nach sich. Der Inquisitor stellt sich ins Zentrum der Macht, das macht ihn so gefährlich.

3.2.7 Der Peiniger

Zunächst vermutet man im Peiniger jemanden, der andere peinigt. Das tut derjenige, der in dieser Rolle steckt, jedoch nur indirekt. Der Peiniger peinigt sich selbst und quält darüber sein Umfeld. Er leidet und zeigt dieses Leiden offensiv, wobei er stets den Eindruck hinterlässt, ein anderer sei schuld an seinem Leid. Auf diese Weise manipuliert er sein gesamtes Umfeld. Führungskräfte, die diese Rolle ausleben, sind unterdrückt weinerlich, klagen ununterbrochen und arbeiten stark mit den Schuldgefühlen der Kollegen und Mitarbeiter. Sie scheinen unerlässlich zu arbeiten, jedoch ist die Produktivität in dieser Rolle gering. Andererseits suggerieren sie, dass nichts ohne sie geht. In dieser Rolle steckt ein hohes Maß an verdeckter Aggression, die über das Leiden ausgelebt wird. In dieser Rolle wird die Stimme gedämpft eingesetzt. In der Nähe eines Peinigers fühlt man sich unwohl und schnell für das Leid des anderen verantwortlich. Das gesamte Umfeld entwickelt eine Antihaltung, die aber lediglich zur Verstärkung der Rolle führt.

3.2.8 Der Widerständler

Die Rolle des Widerständlers ist dort dominant vertreten, wo ein starker Wandel vollzogen wurde. Darunter fallen schnell wachsende Unternehmen wie auch Firmen, die aufgrund rasanter Veränderungen unter einem hohen Stresspegel leiden. Wenn Mitarbeiter in die Rolle des Widerständlers gehen, akzeptieren sie Vorgesetzte nicht mehr. Mit ihrem Aufstand boykottieren sie die Arbeit, wobei sie ihre Revolte hinter mehr oder weniger sachlichen Argumentationen verstecken. Der Aufstand gilt nur vermeintlich einem Missstand. In Wirklichkeit stecken hinter dem Widerstand persönliche Befindlichkeiten. Nach außen hin gibt sich die Person in dieser Rolle als

„Robin Hood“, als Kämpfer um Gerechtigkeit. Diese Rolle schwächt die Firma, da sie ein hohes Maß an Aufmerksamkeit auf sich lenkt. Sie unterdrückt ihr Umfeld und drängt loyale und fleißige Mitarbeiter in den Hintergrund. Eine klassische Folge von einem starken Widerständler-Rollenaufkommen ist es, dass tatsächliche Leistungsträger vermehrt krank werden und immer mehr ins Abseits geraten. Die Praxis zeigt zudem, dass die Burn-out-Rate in solchen Unternehmen wächst. Außerdem lässt die Rolle des Widerständlers keinen Raum für positive Sichtweisen. Personen mit unterdrückter, aber ausgeprägter Wut werden von dieser Rolle angezogen. Eine vornehmlich negative Sicht auf unterschiedliche Belange ist eine weitere Gemeinsamkeit der Personen, die sich in diese Rolle hineinbegeben. Die Konsequenzen der Handlungen der Menschen, die in dieser Rolle stecken, sind immer negativ.

3.2.9 Der Sadist

Wer in diese Rolle schlüpft, trägt nicht verarbeitete Gewalt in sich. Oft sind es Informationen, die der Träger von seiner Familie mitbekommen hat. Dabei muss er nicht selbst unter Gewalt gelitten haben, meist trugen die Eltern diese unverarbeitete Information bereits in sich. Diese Rolle tritt besonders häufig bei Personen auf, deren Eltern den Krieg miterlebt haben oder vergleichbar gewalttätige Erfahrungen machen mussten. Bei der Rolle des Sadisten steht die Qual beziehungsweise das Quälen im Zentrum. In Unternehmen, in denen diese Rolle vertreten ist, tritt die Problematik des Mobbings und des vorauseilenden Gehorsams auf. Wird die Rolle dahinter nicht erkannt, bekommt man das Mobbinggeschehen nicht in den Griff. Diejenigen, die der Qual entgehen wollen, nehmen häufig eine unterwürfige Haltung ein, was das Denunzieren anderer zur Folge hat. Der Sadist agiert nie offen, sondern immer im Hintergrund. Die Rolle vertritt klare Vorstellungen von gut und schlecht. Ihre Sanktionen treffen das Gegenüber immer mit Qual. Zielpersonen wissen nicht, wie ihnen geschieht. Sie quälen sich nur noch am Arbeitsplatz, und in der Regel erkranken sie fortlaufend. Das Quälen, das von dieser Rolle ausgeht, ist immer perfide, das heißt, gemein und hinterlistig. Wenn Verantwortungsträger sich in diese Rolle hineinbegeben, schaden sie der Firma erheblich, denn je machtvoller die Position ist, desto größer ist auch der Streuungsgrad der Qual.

3.2.10 Gevatter Tod

Die Rolle des Gevatters Tod schnürt Firmen die Luft ab. Was verloren geht, ist das Lebhafte, die Kreativität und die Eigenständigkeit der Gedanken. Unternehmen, deren Chef in dieser Rolle steckt, produzieren Mitarbeiter, die in blindem Gehorsam agieren. In einem schleichenden Prozess verlieren die Mitarbeiter jegliches eigenständige Denken. Übernimmt ein Verantwortungsträger diese Rolle, bemerkt man das im Laufe der Zeit häufig auch an Äußerlichkeiten. Die Bewegungen sind verhalten, der Verstand kontrolliert den gesamten Körper. Das hinterlässt Spuren. Die Räumlichkeiten einer Firma spiegeln diese Rolle ebenso wider, indem alles steif und fad wirkt. Übernimmt ein Neu-Chef die Führung einer solchen Firma, sollte er unbedingt mit dieser Rolle arbeiten und sie entkräften. Ansonsten werden die Mitarbeiter, die schon jahrelang in dieser Firma verweilen, den Wechsel in eine autonome Entwicklung der Firma hinein nicht vollziehen können. Ganz im Gegenteil wird dann die Lebendigkeit, einhergehend mit eigenständigem Handeln, als Gefahr angesehen. In der Praxis wird hiervon betroffenen Unternehmen innerhalb eines Change-Management-Prozesses geholfen, ihre Starrheit und die Ablehnung von Veränderungen aufzugeben.

3.2.11 Der Attentäter

Der Attentäter ist als Rolle ein Zerstörer, wobei die Zerstörung immer ein erhebliches Ausmaß annimmt. Es bleibt nicht bei einem schädigenden Ereignis. Die Zerstörung wurde im Vorfeld geplant. Personen, die in diese Rolle schlüpfen, sind nicht einschätzbar. Auf Mitarbeiterebene handeln sie eher im Hintergrund, sind also von außen kaum als potenzielle Gefahr zu erkennen, außer für diejenigen, die Signale gut erkennen können. Praxiserfahrungen zeigen, dass heiße Konflikte in Chefetagen häufig einen der Verantwortungsträger in diese Rolle schlüpfen lassen können. In dieser Rolle mutiert der Akteur zunehmend zu einem hinterhältig planenden Zerstörer. Der geschäftliche Partner sieht sich nur noch Schädigungen ausgesetzt, die kein Ende nehmen wollen. Das Wohl der Firma spielt in dieser Phase des Konflikts schon lange keine Rolle mehr. Der Antrieb der Menschen, die sich in der Rolle des Attentäters im Umfeld einer Firma bewegen, lässt sich weitgehend auf Wut und Rache reduzieren als Folge einer zuvor empfundenen Verletzung und Ungerechtigkeit. In der Praxis gehen immer wieder Menschen in dieser Rolle auf, die in ihrem Kern anständige und arbeitsame Personen waren. Der Sog in eine blinde Zerstörungswut ist in dieser Rolle groß. Je mehr aus ihr heraus agiert wird, umso weniger wird dabei emotional empfunden. In der Konsequenz steigt die Gefährlichkeit der Handlungen. Rückt das geplante Attentat in Form einer massiven Zerstörung näher, nimmt das Fühlen des Attentäters rapide ab.

3.3 Der Umgang mit Rollen

Die oben beschriebenen Rollenbilder werden vermehrt eingenommen, wenn Stress und Druck in einer Firma überhandnehmen. Durch Stress bündeln sich die unbewussten Anteile unseres Handelns in einer Rolle. Sie versammelt nicht aufgegriffene Informationen und wird auch von anderen Personen bezogen, wenn diese eine vergleichbare Erfahrung mit dem internen Rollenaspekt gemacht und diesen nie verarbeitet haben. Eine nicht verarbeitete Erfahrung ist der Grund, weshalb man in eine solche Rolle hineingezogen wird.

Bewusstwerdung hilft, eine Rolle auf Dauer zu verlassen. Nur außerhalb der Rolle ist man imstande, zu sehen, was das Agieren in der Rolle anrichtet. In der Rolle selbst ist man blind. Die Verarbeitung führt zum Erkennen der Rolle. Der Erkenntnisprozess sollte ausschließlich von rollenerfahrenen Personen durchgeführt werden, die es schaffen, den Erkennenden nicht in das Leid, das sich im Umfeld einer Rolle auftut, hineingehen zu lassen. Um das zu schaffen, muss die begleitende Person ihre eigenen Rollen komplett aufgearbeitet haben. Ansonsten wird der Begleiter des Prozesses unwillkürlich selbst in eine Rolle gezogen, sofern er Berührungspunkte hat.

Hier geht es weniger um eine psychologische Verarbeitung, sondern um das Gewinnen einer klaren Sicht auf die Realität. Es gilt, die Realität zu erkennen und nicht ihren zahlreichen Verzerrungen zu erliegen. In der Nähe einer Rolle ist der Grad der Verzerrung hoch. Innerhalb einer Rolle kann man die Realität nicht mehr erkennen. Rollen dürfen im Erkenntnisprozess nicht eingenommen werden, ihnen gilt völlige Distanz.

Eine soziologische Sicht auf Rollenbilder vereinfacht den Umgang mit ihnen. Dabei schaut man sich das gesamte System einer Firma an, aus dem bestimmte Verhaltensweisen verstärkt oder geschwächt hervorgehen. Förderliche Verhaltensweisen werden sodann gestärkt. Dadurch tritt das Rollenverhalten langsam in den Hintergrund. Eine Rolle verschwindet jedoch nie ganz. Sie kann aber geführt werden. Mit Führung verhindern Sie, selbst in eine Rolle zu geraten oder andere Personen in eine hineingehen zu lassen. Firmen, die der Persönlichkeits- und Führungskräfteentwicklung offen gegenüberstehen, minimieren das Rollenaufkommen, sofern die Entwicklung die Rollen sichtbar macht und aufgreift.

> Rollen sind die Negativaspekte Ihrer Mitarbeiter. Negativ bedeutet hier, dass ihr Verhalten zu Handlungen mit ausschließlich negativer Konsequenz führt. Diese negativen Facetten gilt es zu erkennen. Als Führungskraft dürfen Sie diese Facetten nicht stärken. Also kommunizieren Sie ausschließlich mit dem „Plus" des Gegenübers, also mit der Seite, die Sie fördern und stärken möchten. Entziehen Sie sich der Emotionalität, die von den Negativaspekten ausgeht. Emotionalität bindet Ihre Aufmerksamkeit. Stattdessen reagieren Sie rational und sachlich. Nehmen Sie sich Zeit, was Ihre Reaktionen betrifft. Das bietet Schutz im Umgang mit Rollen und Sie gewinnen Zeit. Dieses Verhalten ist insbesondere im Umgang mit drückenden und machtvollen Rollen wichtig, wie zum Beispiel im Umgang mit dem Peiniger, dem Inquisitor, dem Aggressor und dem Widerständler.

Wesentlich ist, das „Plus“ zu stärken und sich vom „Negativen“ zu distanzieren. Eine Hauptfalle besteht darin, sich dem Negativen nicht entziehen zu können. Es zieht Sie förmlich wieder in die Rolle zurück, sobald Sie negativ handeln. Damit verfangen Sie sich dann im Dialog, und sofort ist Ihre positive Seite besetzt, das heißt, außer Gefecht gesetzt. Denn es gibt nur eine Aufmerksamkeit, die man verteilen kann. Je mehr Sie es schaffen, Ihre Aufmerksamkeit den Handlungen zu widmen, denen eine positive Konsequenz folgt, desto mehr stärken Sie Ihre Firma. ■

■ 3.4 Indizien für Rollen

Zunächst einmal sollten wir uns der eigenen Rolle(n) bewusst werden. Das geschieht durch Beobachtung von Reaktionen anderer auf einen selbst. Dieser Prozess ist auch im privaten Umfeld möglich. Sich gleichende Reaktionen zeigen die Rolle auf. Wenn einem nicht klar ist, weshalb immer wieder solche Hinweise auftauchen wie „Sei doch nicht so aggressiv“ oder „Autsch, das hat wehgetan“ oder „Wie soll ich dir vertrauen?“, ist dies ein Anzeichen, dass hier eine Rolle verborgen sein könnte. Je häufiger wir in eine solche Rolle gehen, desto mehr greift es unseren Körper an, und wir leiden. Die Gefühlsebene wird ausgeschlossen, das heißt, ein Handeln aus dem Herzen heraus ist in einer Rolle nicht mehr möglich.

Auch ist darauf zu achten, wie die eigene Rolle die Kommunikation mit den Mitarbeitern, Kollegen und Vorgesetzten beeinflusst und wie sie den Umgang mit anderen gestaltet.

Stellen Sie sich nun vor, Sie könnten Ihre und die Rollen anderer als Persona wahrnehmen, diesen Rollen sozusagen eine Gestalt geben. Dann könnten Sie beobachten, wie Ihre eigene Rolle mit den Rollen der Mitarbeiter agiert, und sehen, was die Handlungen anrichten, die sich aus einer solchen Rolle entwickeln.

Wichtig ist es, dass Sie Distanz zur Rolle aufbauen. Am Anfang eines solchen Erkenntnisprozesses rutscht man immer wieder in sie hinein. Haben Sie den Zugang zum eigenen Gefühl verloren und agieren gemäß der Rolle, dann stecken Sie in dieser fest. Besser können Sie das an anderen Menschen beobachten. Das Verhalten in einer Rolle unterscheidet sich immer vom Verhalten außerhalb dieser. Stimme, Mimik und Gestik sowie die Bewegungsmuster verändern sich – passend zur Rolle. Beginnen Sie damit, Rollen bei anderen zu entdecken. Das schult Ihre diesbezügliche Wahrnehmung. In Zukunft gilt: Verfallen Sie nicht in eine solche Rolle und belohnen Sie auch keinen Mitarbeiter mit Aufmerksamkeit, der in eine solche Negativrolle hineingeht.

> **!** Haben Sie eine Rolle bei Ihrem Gegenüber entdeckt, verurteilen Sie Ihr Gegenüber nicht, sondern versuchen Sie vielmehr, Ihre Erkenntnis zu nutzen, und versuchen Sie, mit dem Menschen zu kommunizieren und nicht mit der Rolle.

3.5 Inneren Zusammenhalt stärken

Konflikte haben die Macht, tief verwurzelte Verhaltensweisen hervorzurufen, die im Menschen immer dann aufsteigen, wenn er am Rande einer Krise oder krisenähnlichen Situation steht. Territoriale Revierabgrenzungen gibt es nicht nur bei Tieren. Tief im Menschen ruht ein ähnliches Programm. Im Konfliktverhalten ist dieses Verhalten gut zu erkennen. Deshalb lohnt es sich, es näher zu untersuchen. Unser Instinkt kennt die lebensnotwendige Unterscheidung von Mein und Dein, die Verteidigung knapper Ressourcen und den Kampf um das beste Revier. Die Vehemenz, die sich im Konkurrenzverhalten zwischen Menschen zeigen kann, ist als Kraft gesehen nützlich für die Arbeit. Richtet sich diese Kraft jedoch nach innen, dann zerstört sie. Wird also intern im Sinne von Freund und Feind konkurriert, schwächt es ein Unternehmen. Eine Unterscheidung zwischen Freund und Feind existiert in unserem Inneren und begleitet ganz automatisch unser Handeln und Streben. Im Konflikt wird der Konfliktpartner zum Feind, der konkurrierende Abteilungsleiter ebenso. Trifft es die Spitze des Unternehmens, droht ein interner Zerstörungsprozess ohne Rücksicht auf Verluste. Dieser Prozess muss in Firmen gestoppt werden, ansonsten entfaltet sich mit Wucht die dahinter befindliche Zerstörungsgewalt.

Bei den tief im Menschen angelegten Mustern handelt es sich um eine automatisierte Kraft. Ohne einen Bewusstwerdungsprozess fallen wir automatisch immer wieder in solche Muster zurück, sobald wir destabilisiert sind. Das Wort Feind lebt in uns. Wenn wir die Dinge unter Kontrolle haben, es uns gut geht, tritt es in den Hintergrund. Verlieren wir den Halt und unsere innere Sicherheit, treten die in unserem Inneren verwurzelten Muster in den Vordergrund. Beim Wort Feind ist die Folge des Hineingehens in das Verhaltensschema „Feind“ gut erkennbar. Der Ausdruck „Feind“ ist gefühlsmäßig tief mit Krieg, Verlust, Sieg, Niederlage, Politik, Macht und Ohnmacht verwurzelt, also mit allem, womit der Mensch zu tun hat. Alle damit verbundenen Prinzipien finden sich täglich am Arbeitsplatz wieder, wenn Firmen instabil geworden sind; sei es durch drohende Insolvenz, durch sprunghaftes Wachstum, durch Arbeitsüberlastung, cholerische Führungskräfte oder Verluste. Das Problem ist, dass gerade in solchen Prozessen die Firma keine internen Kämpfe braucht, sondern Kraft und Stärke, um sich wieder zu fangen.

Sorgen Sie als Verantwortungsträger jederzeit für Stabilität und Transparenz. Gerade in Krisen und konfliktträchtigen Zeiten ist das vonnöten. Schaffen Sie eine förderliche und positive Atmosphäre. Sorgen Sie für Sicherheit. Integrieren Sie den Blick auf nicht greifbare Automatismen. Statt zu versuchen, solche Konflikte zu klären, entziehen Sie dem Grund der Feindseligkeit den Nährboden.

Zusammenfassung

Das nicht Greifbare, was sich rund um Konflikte und krisenhafte Situationen in der Firma auftut, darf nicht vernachlässigt werden. Wichtig sind daher der Umgang mit Rollen und das kluge Umgehen mit Mustern. Die Rollen, in die Menschen in instabilen Situationen hineingehen, richten Schaden an. Ebenso spielen Grundmuster, wie die automatische Unterscheidung zwischen Feind und Freund, eine Rolle im Konfliktgeschehen. Der Schaden solcher Automatismen kann eingegrenzt werden, indem für Stabilität und Transparenz gesorgt wird. Besonders knifflig ist es, Distanz zu Negativprozessen aufzubauen, denn man lässt sich leicht in sie hineinziehen. Mitarbeiter, die in solche Rollen geschlüpft sind, führen Sie am besten, wenn Sie nicht mit den Rollen kommunizieren, sondern mit Ihren Mitarbeitern.

3.6 Reflexion: Stabilität in der Firma

Die Herstellung von Stabilität hilft, Konflikt- und Krisengeschehen einzudämmen. Sind Sie selbst in einen Konflikt verwickelt, so hilft es Ihnen, anzuschauen, welcher Umstand zu Instabilität geführt hat. Fragen Sie sich zunächst, was Sie unabhängig von anderen Personen tun können, um sich selbst zu stabilisieren.

Beschäftigen Sie sich mit folgenden Fragen:

- Welche destabilisierenden Faktoren gibt es in Ihrem Umfeld?
- Wie bringen Sie hier Stabilität rein?
- Was vermuten Sie? Welche Rolle ist Ihre stärkste?
- Was lässt Sie in diese Rolle gehen?

4 Gute Zusammenarbeit

Erfolgreich zusammenarbeiten

Was hat Liebe mit Erfolg zu tun?

Weshalb wird eine Mission benötigt?

Was bedeutet Zusammenarbeit?

Wie wird eine Kooperation erfolgreich?

Unser kollektives Wissen hält alles bereit, was wir wissen müssen, damit eine Zusammenarbeit funktioniert. Im vierten Kapitel folgen vier bekannten Weisheiten, die erklären, wie Zusammenarbeit funktioniert. Wenn Sie sich auf diese Weisheiten einlassen, entsteht eine Gemeinschaft, auf deren Basis Vertrauen wächst. Verrat, Missgunst, Neid und willkürliche Machtausübung können und sollten wir nicht ignorieren. Menschen, die diesen Prinzipien folgen, wird es voraussichtlich immer geben, doch diese Prinzipien zerstören eine Gemeinschaft und damit auch den geschäftlichen Erfolg, der allen zugutekäme. Schaffen Sie stattdessen ein Grundsystem des Vertrauens, fallen Handlungen mit negativer Konsequenz auf und damit auch alle Personen, die einer Erfolgsgemeinschaft schaden. Unternehmens- und Führungsspitzen haben die Aufgabe, ein Unternehmen so zu gestalten, dass gesunder Erfolg zum Nutzen aller in der Gemeinschaft möglich ist.

4.1 Das Erfolgsprinzip „Liebe“

„Wenn auf der Erde die Liebe herrschte, wären alle Gesetze entbehrlich.“ Aristoteles (griechischer Gelehrter, 384–322 v. Chr.)

Schon diese erste Weisheit stößt auf Grenzen. Liebe und Business gehören für viele Menschen nicht zusammen. Wenn Sie Ihren eigenen Arbeitsplatz jedoch mit dieser Weisheit zusammenbringen, dann nehmen Sie wahr, was lieblos ist und was im Gegenzug ganz gut funktioniert. Ihre Aufgabe ist, zu erkennen, was sich verändern muss, damit ein produktives Miteinander ohne ständige Kontrolle gelingt. Dort, wo es jetzt schon gut funktioniert, schauen Sie genauer hin. Liegt es an der Haltung der dort zusammenarbeitenden Personen? Wodurch funktioniert es so gut?

Im Sinne eines Geschäfts, das dem Nutzen aller dient, braucht es finanzielle Sicherheit, Hingabe zu dem, was man tut, Geborgenheit gekoppelt mit Sicherheit und eine Sinnhaftigkeit, die dem Nutzen der Welt dient und Vertrauen zu den Mitarbeitern schafft. Stärken wir unternehmerisch diese Werte, fördern wir eine erfolgreiche Zusammenarbeit.

In der Praxis ist immer wieder das Gegenteil der Fall. Die Firmen sind zerstritten, stressgeplagt, kontrolliert und von unbewusstem Machtmissbrauch durchzogen. Das Erfolgsprinzip „Liebe“ kann dann innerhalb eines Change-Management-Prozesses in das Denken und Handeln der Firma eingebracht werden. In der Regel bleiben die Menschen, die den Wechsel dahin schaffen, der Firma erhalten.

In diesem Veränderungsprozess geht es weniger um das Predigen von Mitmenschlichkeit als vielmehr um das Sichtbarmachen destruktiver, also nicht förderlicher Handlungen. Je mehr Störungen sich eingeschlichen haben, desto mehr liegt der Fokus auf den zerstörerischen Prinzipien. Die förderlichen Mitarbeiter erkranken und treten in den Hintergrund. Sie fallen dann nicht mehr auf. Doch so gut wie jede Firma beherbergt auch Gutes und Förderliches.

Die befriedende Arbeit besteht darin, dem Förderlichen eine Bühne zu bereiten. Dies funktioniert sehr gut, wenn innerhalb eines Change-Management-Prozesses das Kontraproduktive auffälliger wird und damit greifbar. Es wird nicht mehr als Normalität des Miteinanders gesehen. Die Werte in der Firma verschieben sich. Das Wort Liebe fällt dabei kein einziges Mal, doch durch die Veränderungen wird wieder eine Begeisterung am eigenen Tun, Spaß an der Arbeit, Beteiligung am Gewinn, ein Arbeiten mit den eigenen Kräften anstatt gegen sie möglich. Damit nimmt das gegenseitige Vertrauen zu. Die Firma lernt, nicht Ellenbogentaktik, sondern der Nutzen einer Arbeit wird honoriert. Übertragen wir die Weisheit von Aristoteles, braucht eine erfolgreiche Zusammenarbeit zwar eine Struktur, aber keine überflüssige Kontrolle. Ferner ist die Verantwortungsübernahme Einzelner nötig statt blinden Gehorsams, der hinterrücks übergangen wird. Damit das Prinzip Liebe gedeihen kann, brauchen wir ein Verständnis dafür, was Liebe zerstören kann. Es ist Gewalt jeglicher Art und Weise, die die Liebe verdrängt. Diese Gewalt gilt es in Firmen zu identifizieren und sich Stück für Stück von ihr zu distanzieren.

4.2 Positives Handeln

„Der eine wartet, dass die Zeit sich wandelt, der andere packt sie kräftig an und handelt.“ Dante Alighieri (italienischer Dichter und Philosoph, 1265–1321)

Missstände sehen wir alle, nur aufgreifen tun wir sie in der Regel nicht. Unser Verstand macht uns hier einen Strich durch die Rechnung, indem er die Aufrechterhaltung des Problems rechtfertigt. Dieser Prozess dauert so lange an, bis wir den Missstand in unsere Normalität integriert haben. Er gehört dann quasi dazu. Ab diesem Moment der stillen Akzeptanz liegt eine Veränderung nicht mehr in unserer Hand.

Im Sinne des Leadership-Gedankens müssen wir Missstände selbst beenden. Es braucht unsere Entscheidung, den bisherigen Verlauf nicht mehr zu akzeptieren, und das mit so wenig Kämpfen wie nur möglich. Eine der größten Hürden dabei sind die eigene Haltung und die Rolle, mit der wir hier verbunden sind. Fühlen wir uns in irgendeiner Weise als Opfer, dann ist die eigene Handlung bereits blockiert.

Damit wir in die Position des Handelnden treten können, müssen wir also eine Distanz zur eigenen Opferrolle herstellen. Alleine schon das zu schaffen, ist nicht einfach. Die Opferrolle verbindet uns mit der Position Täter. Schauen wir uns beispielsweise an, an welcher Stelle unseres Lebens wir uns als Opfer gefühlt haben, merken wir schnell, dass sich dort viele Gefühle tummeln, die uns niederdrücken. Je länger wir uns hier aufhalten, desto mehr werden wir von diesen Emotionen bedrückt. Geschieht das immer wieder, so meldet sich ein Gegenimpuls. Je stärker dieser wird, desto mehr Wut hat sich angestaut. Wer nun denkt, dass dies das Ende der eigenen Opferposition bedeutet, der irrt. Ganz im Gegenteil, durch diesen vermeintlichen Befreiungsversuch schnellen wir lediglich auf die andere Seite der Polarität von Opfer und Täter. Wir werden zum Täter, schlagen wild um uns, brüllen unseren Frust heraus und zertreten alles, was uns im Weg steht. Damit haben wir die Opferposition lediglich gefestigt. Denn nach der Wut bleibt nur Ohnmacht, und damit geraten wir wieder in ein Nichthandeln, nur stärker als zuvor.

Missstände packen wir am besten außerhalb der Polarität von Opfer und Täter an, also nicht in der Emotion des Befreiungsschlages: „Jetzt langt es mir, ich schlage zurück“, denn hier sind wir im Kampf und fern von einer positiven Lösung. Diese erreichen wir nur durch positives Handeln, also ein Handeln, dem eine positive Konsequenz folgt. Positives Handeln erkennt Missstände und packt diese kräftig an. Die Missstände werden dabei sichtbar gemacht, ohne mit ihnen in Kontakt zu treten.

Praxisbeispiel: Kreativwirtschaft

Ein Ehepaar mit drei Kindern, Familie M. hat über Jahrzehnte ein familiengeführtes Unternehmen aufgebaut. Inhaberin des Unternehmens ist Frau M., auf deren Grund und Boden das Unternehmen steht. Treibende Kraft und Entwicklerin des Unternehmens war die wohlhabende und patente Mutter der jetzt leitenden Inhaberin, Frau M. Alles Vermögen stammt von ihr. Allerdings fühlt sich der Ehemann von Frau M., Herr M., als Chef, was durch das Verhalten von Frau M. begünstigt wird. Frau M. leidet sehr unter den Attacken ihres Mannes, der sich angewöhnt hat, seine Frau als Blitzableiter zu benutzen. Verbale Attacken sind dabei nur eine Möglichkeit von vielen. Um der Verletzung zu entgehen, wird Frau M. immer unterwürfiger. Ihr Leiden tritt in den Vordergrund. Das wiederum beeinträchtigt das übrige Unternehmen, bestehend aus den drei Kindern des Paares und fünf externen Mitarbeitern.

Innerhalb ihrer persönlichen Betroffenheit wurde Frau M. zur Belastung des Unternehmens. Ihre Qual peinigte die anderen, und dieser Umstand ließ Frau M. noch mehr leiden, da die anderen sich immer mehr von ihr distanzierten. Ihre fachliche Expertise geriet in den Hintergrund. Frau M. war als Führungsverantwortliche und Eigentümerin nicht mehr zu erkennen. Die eigentliche Gründerin Frau L. ist mittlerweile hochbetagt und fristet ein undankbares Dasein in den vier Wänden der Tochter. Sie spielt im Unternehmen keine Rolle mehr, da sie die Inhaberschaft und den Grund und Boden ihrer Tochter Frau M. übergeben hat. Frau L. wird, insbesondere von ihrer Tochter Frau M., als Belastung empfunden und teils lautstark beschimpft. Mit meiner Begleitung konnte die jetzige Inhaberin Frau M. ein Verständnis für die Misere im Unternehmen entwickeln, die sich durch ihr Verhalten ergab. Auch wurde ihr bewusst, dass dieses Unternehmen sie als Führung braucht, um wieder ins Lot zu kommen. Frau M. wurde bewusst, dass ihre gestörte Haltung zur Führung ihres Unternehmens alle im Unternehmen störte. Ebenso lernte Frau M., die Verbalattacken ihres Mannes so zu führen, dass sie sich nicht mehr getroffen fühlte. Dazu musste ihr bewusst werden, dass ihr Verhalten ihrem Mann gegenüber die negative Aufmerksamkeit auf sie selbst lenkte. Ihre Entspannung hatte eine sofortige Wirkung auf ihren Mann. Seine Attacken ließen mit der Zeit nach. Das verwunderte Frau M. sehr. Nun konnte sie das erste Mal den Missstand auch vor ihrem Mann ansprechen. Die Arbeit an ihrer Bewusstheit bezüglich der Bedeutung ihrer Stellung im Unternehmen half ihr dabei. Unter Begleitung zeigte sie ihm, dass ihre Inhaberschaft keine Herabstufung seiner Bedeutung im Unternehmen besaß. Sie motivierte ihn, selbst Verantwortung zu übernehmen und eigenständig Projekte zu führen, was bisher nicht geschah. Auch erkannte Frau M. nun, dass ihre Machtaufnahme keine Entmachtung anderer nach sich ziehen muss. Dieser Gedanke hinderte sie bisher daran, die Führung zu übernehmen. Genau wie die Befürchtung, die sie gegenüber den Repressalien ihres Mannes aufbaute. Ihrer hochbetagten Mutter, Frau L., wurde nun die Ehre zuteil, die ihr als Gründerin und Finanzgeberin des Unternehmens gebührte. Damit kam Entspannung ins Unternehmen. Frau M. handelte immer weniger aus der Perspektive des Opfers heraus. Das erweiterte ihren Handlungsspielraum und gab ihr die Möglichkeit, Missstände anzupacken. ■

■ 4.3 Fehlbarkeit anerkennen

„Wer wirklich Autorität hat, wird sich nicht scheuen, Fehler zuzugeben." Bertrand Russell (britischer Philosoph, Mathematiker und Logiker, 1872–1970)

In der Zusammenarbeit geht es nicht nur um einen Gegner, der Unfrieden stiftet. Für einen erheblichen Anteil der Störungen innerhalb von Arbeitszusammenhängen sorgt eine falsche Auffassung von Führung und Machthabe. Je höher man in der Hierarchieebene einer Firma aufsteigt, desto schwerer fällt es, nicht überheblich zu werden. Je höher man aber steht, desto wichtiger wird die Weisheit, nicht überheblich zu sein. Überheblichkeit ist ein Zeichen von Schwäche. Junge Führungskräfte mit falschen Vorbildern tappen leichter in die Falle der Überheblichkeit. Autorität befreit niemanden von Fehlern und Irrtümern. Je natürlicher ein jeder sich dieser Tatsache stellt, desto weniger Fehler werden geschehen. Das hat einen Grund. Der Verantwortungsträger bleibt seinem Umfeld gegenüber offen. Er begrüßt die Sichtweisen der anderen und empfängt diese als Bereicherung fürs Gesamtwohl. Damit nutzt er ihre Sichtweisen fürs Unternehmen. Sie gehen nicht durch die Überheblichkeit des Verantwortungsträgers verloren.

Wer Autorität als Handhabe seiner eigenen Verantwortung ansieht, der weiß, dass mit steigender Verantwortung auch die eigene Autorität steigt. Damit wachsen auch die Bedeutung und die Wichtigkeit, die man für das Unternehmen hat. Dieses Prinzip zeigt sich überall in der Welt um uns herum; auch in der Anwesenheit von Beratern im Umfeld eines jeden Mächtigen. Diese Macht beziehungsweise Autorität braucht eine Offenheit für die eigene Fehlerhaftigkeit, also für die Möglichkeit des eigenen Fehlens. Gebraucht wird eine Offenheit zur persönlichen Weiterentwicklung - altersunbegrenzt. Je mehr wir die Möglichkeit des Fehlens in unser Denken und Handeln als Normalität einbringen, desto mehr wird die eigene Autorität eine wissende. Da Erfolg nie das Ergebnis des Handelns einer einzigen Person darstellt, verlangt die Übernahme von Autorität auch die Bereitschaft, das Wissen im Umfeld anzunehmen und zum Nutzen aller einzugliedern. So wird Autorität zum positiven Faktor. Macht ist immer auch der Verdienst aller, die im Umfeld der mächtigen Person arbeiten und dadurch die Macht des Mächtigen mit ihren Handlungen stärken. Eine wissende Autorität äußert sich darin, das mit einzubeziehen und offen für die Entwicklung des eigenen Selbst zu sein.

4.4 Am Ball bleiben

„Nur die Sache ist verloren, die man aufgibt.“ Gotthold Ephraim Lessing (deutscher Dichter, 1729-1781)

Wer etwas aufgebaut hat, weiß, dass die Bewegung in den Erfolg zyklisch verläuft. Zigmal geht es bergauf und fast genauso häufig hinunter, bis sich ein System herausgebildet hat, das relativ stabil ist. Diese Entwicklung kann sich über Generationen fortsetzen. Je mehr Erfolg eine Unternehmung hat, desto stabiler ist in der Regel dieser Erfolg. Wohlhabende Personen aus Systemen, die stetig in den Erfolg gebracht wurden, wissen um diese Systematik und geben Verantwortung ab, wobei sie den Profit im eigenen Unternehmen halten. Damit wächst das Vermögen. Geht es einmal verloren, bleibt zumindest noch das Prinzip dahinter erhalten. Mit diesem Prinzip lässt sich der Erfolg erneut aufbauen. Der materielle Verlust bedeutet hier nicht, ein Vorhaben aufzugeben. Am Prinzip des Erfolgs wird festgehalten. Das Gefühl für dieses Erfolgsprinzip entwickelt sich langsam und steigert sich mit gemachten Erfahrungen und der Geduld, an die eigene Schaffenskraft zu glauben. Dranbleiben ist die Voraussetzung für Erfolg.

Gibt man seinen Glauben an Erfolg auf, so wird sich auf Dauer auch kein Erfolg einstellen. Krisenhafte Momente gibt es in einer Unternehmensgeschichte zuhauf. Lässt sich ein Verantwortungsträger nicht von seinem Pfad abbringen und bleibt er der Sache treu, steigt die Wahrscheinlichkeit des Gelingens. Seiner Sache treu zu bleiben heißt hier aber nicht, stur an Fehlern und nicht erfolgreichen Denkweisen festzuhalten. Geht etwas nicht auf, ist häufig nur eine kleine Veränderung notwendig, und schon läuft es wieder. Die Bereitschaft zur Veränderung ist somit ebenfalls ein fester Bestandteil des Erfolgs. Sie ermöglicht, an einer Sache dranzubleiben, ohne sich zu verrennen.

Das Festhalten an einem Vorhaben hängt von der eigenen Haltung zur Welt ab. Sehen wir das Nichtfunktionieren eines Gedankens oder Projekts nicht als Scheitern an, sondern lediglich als eine Aufmunterung, es auf eine andere Weise nochmals zu versuchen, entwickelt sich die Unternehmung durch alle Höhen und Tiefen hindurch. Dazu bewegen wir uns quasi um das Vorhaben herum und schauen es von allen Seiten an, sollte es stagnieren. Einer der „neuen" Blickwinkel zeigt uns die notwendige Veränderung. Je kleiner diese ist, desto aussichtsreicher ist der neue Versuch.

4.5 Gemeinsame Ziele verfolgen

Zusammenarbeit definiert das gemeinsame Handeln von Personen, Personengruppen und Unternehmen im Dienste eines Ziels. Arbeiten Unternehmen zusammen, entsteht eine Kooperation.

Eine förderliche Zusammenarbeit benötigt eine Struktur, die den Erfolg fördert. Erfolg wird gefördert, wenn die zusammenarbeitenden Personen vom Gewinn profitieren und jeder die Sinnhaftigkeit seines Tuns kontinuierlich vor Augen hat. Das betrifft Mitarbeiter ebenso wie Führungskräfte. Fördert die Struktur der Firma eine Ergänzung der Stärken untereinander, erfüllt die Zusammenarbeit eine weitere Voraussetzung für Erfolg.

Wie das gemeinschaftliche Bewältigen der Aufgaben vonstattengeht, entscheidet über Erfolg oder Misserfolg einer Zusammenarbeit.

Zusammenfassung

Zusammengefasst ist es Liebe zur Sache, die jenseits aller Beschwerlichkeiten Halt bietet. Eine Mission, die einen guten Zweck erfüllt und zum gemeinsamen Handeln passt, fördert darüber hinaus das Gelingen von Zusammenarbeit.

Es ist eine konsequente Distanz zu Menschen notwendig, die Schaden bringen. Eine Erkennungshilfe bietet die Prämisse, dass hinter jeglicher Handlung eine positive Konsequenz stehen sollte. Wir benötigen Kraft zum Handeln sowie den Schutz unserer Kraft, damit uns die Puste nicht ausgeht. Hier ist Selbstfürsorge gefragt, sie ist die Voraussetzung zum Erhalt unserer Schaffenskraft.

Eine erfolgreiche Zusammenarbeit gedeiht auch durch die Honorierung eines jeden Wissens. Offenheit zur Selbstentwicklung, unabhängig vom Alter, schützt uns vor Überheblichkeit. Je mehr Verantwortung wir übernehmen, desto wichtiger werden wir für das Projekt. Allein dies zählt, und nicht die Macht, die wir innehaben. Es zählt die Erkenntnis, dass Erfolg nicht alleine gelingen kann. Erfolg ist immer der Verdienst einer Gemeinschaft. Wer den Erfolg alleine für sich pachtet, kann nicht positiv sein. Wer nicht positiv ist, kann auch nicht liebevoll erfolgreich sein.

Schlussendlich wird der Nutzen für die Welt zum Erfolgsfaktor. Schafft es eine Zusammenarbeit, dem Nutzen der Welt zu dienen, wird das gemeinsame Projekt unwillkürlich gestützt. Diese Mission treibt das Team voran. Der liebevolle Umgang macht die Mission nach außen hin erkennbar. Grundsätzlich gilt, das Streben zum Liebevollen verbirgt sich in jeder Person und besitzt daher von Natur aus einen natürlichen Aufmerksamkeitsfaktor. ■

■ 4.6 Erfolgsstrukturen integrieren

Folgende Prämisse ist der Kern eines jeden positiven Erfolgs, der dem Nutzen aller dient:

Alles, was das reibungslose Miteinander stört, hemmt den Erfolg. ■

Die Funktionalität eines Teams ist entscheidend für den Erfolg eines Unternehmens. Möchten Sie eine Erfolgsstruktur aufbauen, ordnen Sie den funktionalen Aufbau dieser Prämisse unter. Daraus ergibt sich, dass Hierarchien nicht stören dürfen. Werden Hierarchien als Machtinstrument missbraucht, dann arbeiten Sie gegen den Erfolg. Die Unterschiedlichkeit eines jeden Mitarbeiters darf nicht durch starre Regeln eingeengt werden. Jeder Mitarbeiter braucht den Spielraum, den er für eine produktive Arbeit benötigt. Starre Regeln unterdrücken die Kreativität und den persönlichen Arbeitsfluss. Sie verhindern keine Untätigkeit. In einer Erfolgsgemeinschaft übernimmt jeder Mitarbeiter Verantwortung, und diese Verantwortungsübernahme wird honoriert. Die Spitze eines Unternehmens dient der Überwachung im Sinne der Aufrechterhaltung erfolgsfördernder und in ihrem Ergebnis positiver Funktionalität. Jeder Neuzugang des Unternehmens wird zu einem Teil für die Aufrechterhaltung und Verbesserung dieser Struktur genutzt. Die Integration der Erfolgsstruktur gelingt durch Verstehen.

Dem Nutzen der Welt zu dienen steht keinesfalls im Widerspruch zum Erfolg. Es ist auch nicht gezwungenermaßen sozial. Möchte ein Unternehmen seinen Erfolg zugunsten der (Um-)Welt gestalten, so bedeutet das keinen Vermögensverlust. Oft geistert jedoch ein solcher Fehlglaube tief in den Köpfen der Unternehmensspitzen herum. Das ist nachvollziehbar, da Erfolg über viele Generationen hinweg mit Ellenbogentaktik, Macht- und Durchsetzungskämpfen sowie Korruption verbunden wurde. Negativinformationen verschwinden nicht von alleine. Man muss sie aufgreifen, das heißt als Problem anerkennen. Probleme gehören aufgeräumt und gelöst. Durch den Umgang mit den Problemen verschwindet diese Information aus der Unternehmensgeschichte. Die Negativinformation wird entfernt. Damit ein Erfolgskonzept in all seinen Konsequenzen positiv bleibt, braucht es diesbezügliche Erkenntnisse der Verantwortungsträger.

■ 4.7 Erfolg versprechende Kooperationen

Wirtschaftlich gesehen besteht der Sinn einer Kooperation in der Nutzensteigerung. Kooperationen entlasten, wenn sie ausgleichen, was alleine nicht machbar ist. Das Prinzip „Hand in Hand“ verdeutlicht den Sinn einer Kooperation. Urlaubsvertretungen, Wachstumsinteressen und fachliche wie praktische, personelle und technische Ergänzungen sind durch Kooperationen möglich. Der Sinn einer Kooperation liegt im Wachstum beziehungsweise in der Stabilisierung der Kooperierenden. Er liegt in der Bereicherung aller Beteiligten, im Austausch von Erfahrungen und im gegenseitigen Ergänzen und Fördern. Je ähnlicher sich die kooperierenden Unternehmen sind, desto mehr sollte der Faktor Konkurrenz geklärt sein. Konkurrenz befruchtet lediglich die Seite des Ansporns. Dies führt zu einer stetigen Leistungsverbesserung, was wiederum der gesamten Kooperation dient. Mündet die Konkurrenz jedoch in Kämpfen, dann schädigt sie die gesamte Kooperation. Einen Kampf zu führen bedeutet in jedem Fall, dass Gewinn und auch Verlust toleriert werden. Es gewinnen und verlieren aber immer beide Seiten im Wechsel. Das kann teuer werden.

Fünf Merkmale erfolgreicher Kooperationen zeigen Ihnen, wie es geht. Eine Kooperation ist dann stark, wenn sie im Gleichgewicht ist. Maßgebend ist hier die zwischenmenschliche Beziehung, denn sie hält eine Kooperation am Leben. Die fünf folgenden Merkmale sind Antworten auf die Frage: *Was macht Kooperationen erfolgreich?*

Merkmal 1

Erfolgreich ist die Kooperation, die das geschäftliche Miteinander ebenso beachtet wie das eigentliche Kerngeschäft. Erfolgreiche Kooperationen fördern Soft Skills im gleichen Maße, wie Hard Facts Beachtung finden. Je besser die Atmosphäre zwischen den kooperierenden Unternehmen ist, desto erfolgversprechender wird die Kooperation.

Merkmal 2

Wetteifern ist ein altes und daher gut erprobtes Erfolgsrezept. Für erfolgreiche Kooperationen sind die anderen Wettbewerber auf dem Markt ein Ansporn für die eigene persönliche Leistung. Das Bessersein des Konkurrenten dient der Hinterfragung und Optimierung eigener Abläufe. Die Spezialisierung auf die größte Stärke des Unternehmens verhindert Konkurrenz unter Kooperationen und reduziert auf Dauer den negativen Bestandteil von Konkurrenz. Je spezieller eine Unternehmung ist, desto unverwechselbarer wird der Nutzen. Die Spezialisierung führt zur Verstärkung der Empfehlungskette, die Konkurrenz gerät in den Hintergrund. Die Spezialisierung schützt auch vor Piraterie, denn Fachwissen und Kompetenz lassen sich nicht ohne Weiteres kopieren.

Merkmal 3

Erfolgreiche und förderliche Kooperationen folgen einem positiven Leitbild. Sie verfügen über einen selbst auferlegten Auftrag zum Nutzen der Welt. Diese Mission sollte zum Handlungsinhalt des jeweiligen Unternehmens passen. Handelt es sich zum Beispiel um eine Kooperation in der Holzverarbeitung, könnte die gemeinsame Mission aus der Aufrechterhaltung des Lebensraums Wald bestehen. Die Mission setzt sich dafür ein, dort den Wald zu renaturieren, wo Monokulturen den Lebensraum für die Vielfalt der Tiere eingeschränkt haben. Diese Art einer themennahen Mission hilft, das eigene Produkt kontinuierlich zu verbessern und Schwachstellen hinter dem eigenen Tun abzufangen. Die dem Gemeinwohl dienliche Aufgabe fordert die Unternehmer auf, mitzudenken, Verantwortung für das eigene Schaffen zu übernehmen und die Ressource Umwelt zu schützen.

Merkmal 4

Rang, Rolle und Aufgaben sind verteilt. Die Machtfrage ist geklärt. Die eigene Position ist unumstritten. In einer erfolgreichen Kooperation verfügt jedes Unternehmen über sein eigenes Spezial-Know-how, was zugleich eine inhaltliche Abgrenzung zum kooperierenden Unternehmen markiert. Je autonomer ein Unternehmen funktioniert, desto entspannter ist die Kooperation. Themennahe Unternehmen brauchen jeweils andere Fachausrichtungen, ansonsten sind sie Konkurrenten unter einem Dach. Je kleiner und jünger ein Unternehmen ist, desto mehr kommt dieses Merkmal zum Tragen.

Merkmal 5

Ergänzung ist das A und O einer gut funktionierenden Kooperation. Im besten Fall ergänzt das kooperierende Unternehmen den eigenen fehlenden Faktor. Der gegenseitige Gewinn liegt im Ausgleichen jeweils fehlender Faktoren. Förderliche Synergien entstehen. Dieses Merkmal trifft auf kleine sowie mittelständische Unternehmen zu.

Zusammenfassung

Die Erfolgsfaktoren von Zusammenarbeit jeglicher Couleur, sei es unternehmensintern oder auch in Form einer wirtschaftlichen Kooperation mehrerer Firmen, zielen auf eines: Soll eine Zusammenarbeit positiv sein, muss Distanz gegenüber schädigenden Personen gewahrt sein. Je schädigender Personen durch ihr Verhalten sind (Intriganten sowie Alleinherrscher, für die das Wohl der anderen keine Prämisse ist), desto mehr zerstören sie das Klima im eigenen Unternehmen und bremsen den Erfolg. Der Nutzen der Arbeit fürs Gemeinwohl dient als Richtlinie für einen förderlichen Erfolg. Damit Erfolg kein unerreichbares Ziel bleibt, wird eine Struktur aufgebaut, die mit Herz und Verstand bei der Sache bleibt, die eigene Handlungskraft durch Beachtung eigener Grenzen schützt und sich der stetigen Weiterentwicklung verpflichtet.

4.8 Reflexion: Was macht Zusammenarbeit erfolgreich?

Damit eine Zusammenarbeit produktiv wird und die Stärken aller nutzt, braucht es Klarheit über den Sinn und Zweck der Zusammenarbeit. Die Zusammenarbeit sollte eine Funktion erfüllen und etwas abdecken, was man selber nicht besitzt. Zusammenarbeit ist dann gut, wenn sie entlastet.

- Auf welchem Niveau befindet sich Ihre Zusammenarbeit: Wenn 10 erfolgreich und 1 gescheitert bedeutet, wo verorten Sie sich?
- Was muss sich verändern, damit Sie auf die Position 10 kommen?
- Welche Schritte sind notwendig, um sich von schädigenden Personen zu distanzieren? Beachten Sie bitte bei der Beantwortung dieser Frage, dass Ihre diesbezüglichen Handlungen positive Konsequenzen für alle Beteiligten haben sollen.
- Ist Ihrer Berufung, sprich der Mission des Unternehmens, noch etwas hinzuzufügen?

5 Die gefährlichsten Fallen für Arbeitsbeziehungen

Woran Arbeitsbeziehungen scheitern

Was macht Distanz so wichtig?

Wissen Sie, wie Sie mit unangenehmen Wahrheiten umgehen können?

Wie Sie Emotionalität und Rationalität im Arbeitsverhältnis am besten managen.

Wie kommen Sie aus der Abhängigkeitsfalle?

Wissen Sie, was Sie tun können, wenn Ihr Kooperationspartner erfolgreich ist und Sie nicht?

Was bewirkt eine Hoffnungsfalle?

Was sind die Voraussetzungen zur Leadership-Entwicklung?

Im Wesentlichen ist es Ihr innerer Schweinehund, der Ihnen die Vorlage zum Scheitern von Arbeitsbeziehungen liefert. Sie leiden unter einem Konflikt, fühlen sich diesem aber ausgeliefert. Es fällt Ihnen schwer, zu erkennen, dass es Ihre Handlung ist, die Ihnen heraushilft. Irgendwann einmal spricht Ihr innerer Schweinehund mit Ihnen; gibt Ihnen zu verstehen, dass der Konflikt schon irgendwann verschwindet. Oder er suggeriert Ihnen, dass die Hauptsache ist, Sie verdienen genug Geld. Er zeigt Ihnen aber auch die anderen, deren Fehlverhalten. Die Essenz von Fallen für Arbeitsbeziehungen lautet, Sie verlieren sich und Ihre Handlungsfähigkeit aus den Augen und geraten ins Getriebe des Konflikts. Was Ihnen bleibt, ist ein Hoffen. Das Hoffen hilft Ihnen nicht, den Konflikt zu überwinden. Dieses Kapitel unterstützt Sie, diese Fallen zu erkennen und selbst das Ruder in die Hand zu nehmen, ganz im Sinne Ihres Wohlbefindens.

5.1 Was machen Missstände mit geschäftlichen Beziehungen?

Missstände vergiften Beziehungen und damit das Herz eines jeden Unternehmens. Wenn die Arbeit keinen Spaß macht, dann ist ihr Sinn verfehlt. Wir arbeiten zu viel und auf unsere Lebensdauer bezogen zu lang, um einen erheblichen Anteil unseres Lebens mit vergeudeter Zeit bei der Arbeit zu verbringen. Das sollten wir uns nicht zumuten. Ein Kreislauf aus nicht geklärten Verletzungen, Anschuldigungen, (latenten) Bedrohungen und deren Auswirkungen auf die Arbeitsbeziehung hat es in sich. Verletzte suchen nach Vergeltung, die hinter Sachargumenten versteckt wird. Stress aktiviert negative Rollen. Der unbewusste Anteil eines Menschen tritt in den Vordergrund, die verstandesgemäße Kontrolle gerät ins Hintertreffen. Verletzungen verursachen Störungen, und Störungen wirken wie Magnetfelder. Sie polarisieren die Streitenden und deren Mitarbeiter.

> Stellen Sie sich folgendes Szenario vor:
>
> *Sie haben zwei verschiedene Flüssigkeiten, die einzeln völlig harmlos sind. Erst wenn Sie diese mischen, werden sie gefährlich. Dann müssen sie nur noch entzündet werden ...*
>
> Oft stellen zerstrittene Parteien ein Abbild dieser beiden Flüssigkeiten dar. Einzeln betrachtet ist alles nachvollziehbar und harmlos. In Kombination werden die beiden Parteien jedoch explosiv und sind nicht mehr steuerbar. Das darf und sollte sich kein Unternehmen leisten. Oft genügen kleinste Auslöser, bis es kracht. Der Schaden betrifft nun nicht mehr nur die Beteiligten, das Umfeld wird ebenso in Mitleidenschaft gezogen.

Haben Sie die Folgen von Störungen verstanden, dann gibt es nur eine Konsequenz: Sie beenden diese.

5.2 Konflikte verzerren die Realität

Schon im Privaten ist es schwer, sich mit unangenehmen Wahrheiten konfrontieren zu lassen, auch wenn diese bei Akzeptanz zur Verbesserung der Situation führen würden. Tatsache ist, dass Wahrheit oft abgelehnt, abgewehrt und negiert wird. Kommt ein Konfliktgeschehen hinzu, wird das Annehmen der Realität unmöglich. Innerhalb des Konflikts ist kein Platz mehr für die Wahrheit und eine Konfrontation mit ihr. Verzerrungen auf beiden Seiten machen dies unmöglich. Von dieser Warte aus gesehen gibt es in Konflikten keine Möglichkeit, Sachverhalte zu klären. Eine Klärung kann nur außerhalb des Konfliktgeschehens stattfinden. Zur Klärung kommt es oft sehr spät. Der Konflikt zieht uns immer tiefer hinein, wo die Realität nicht mehr erkannt wird. Empfundene Ungerechtigkeit, Benachteiligung und erfahrene Demütigung erzeugen Verletzungen, wodurch ein Sog in Richtung der Rollen entsteht, die in Kapitel 3 beschrieben wurden. Konflikte haben darüber hinaus eine weitere verzerrende Eigenschaft: Dauern sie zu lange an, lassen sie den Beteiligten die Welt allmählich immer düsterer sehen. Das Düstere ist die verzerrte Wahrnehmung der Wirklichkeit. Für unseren Körper fühlt sich dieser Zustand wie eine Krise an. Haben wir die Krise bewältigt, sind wir wieder auf der positiven Seite der Welt. Dauerhafte Negativsituationen hingegen verändern die Warte, von der aus wir die Welt betrachten. Da dieser Prozess schleichend geschieht, fällt es uns irgendwann nicht mehr auf, dass wir dort sitzen, wo wir die Strahlen der Sonne nicht mehr als Licht, sondern als Anstrengung empfinden. Das Problem ist, dass wir auf dieser Position stehen bleiben, und uns entgeht, dass diese Position keine Handlung mehr ermöglicht, deren Konsequenz positiv ist. Bildhaft gesprochen gehen von dieser Position unzählige abschüssige Wege aus, die in die Selbstzerstörung führen. In diese Position geraten Menschen, die keineswegs als psychisch oder physisch krank gelten, doch einen Anteil Krankheit tragen wir alle in uns. Konflikte aktivieren diesen Teil in uns. In stabilen Situationen ruht dieser Anteil. Allein das Gefühl der Resignation birgt unzählige Möglichkeiten, unserem eigenen Körper Schaden zuzufügen. Der Griff zum Alkohol oder zu sonstigen Drogen oder ein innerlicher Rückzug sind nichts anderes als eine gelebte Aggression gegen sich selbst. Deshalb gilt, je schneller wir die negative Situation verlassen, desto besser ist es für uns. Verlassen bedeutet hier aber keinesfalls die Notwendigkeit, das Unternehmen zu verlassen. Verlassen bedeutet hier, Abstand zu gewinnen, damit wir zur Erkenntnis und raus aus dem Problem kommen.

Hieraus ergibt sich eine wichtige Konsequenz:

Arbeiten Sie sich nie am Verhalten Ihres Kollegen oder Mitarbeiters ab, sondern verdeutlichen Sie ausschließlich die Konsequenz seines Verhaltens für das Unternehmen – aus der Sicht des gesamten Unternehmens. Kommunizieren Sie also nicht das beobachtete Defizit oder die wahrgenommene Fehlhandlung, sondern zeigen Sie deren Konsequenz auf. ■

Praxisbeispiele

Praxisbeispiel 1:

Stellen Sie sich vor, Sie sind Teil einer Gemeinschaftspraxis und sehen, wie Ihre überarbeitete Partnerin vor Patienten die Sprechstundenhilfe wegen einer versäumten Arbeit lauthals kritisiert. Die Patienten bekommen alles mit. Es entsteht eine gedrückte Atmosphäre.

Praxisbeispiel 2:

Oder Sie sind Steuerberater und bekommen mit, wie ihr Partner im Beisein Ihres Mandanten einen Ihrer Abschlüsse bemängelt und einen von Ihnen noch nicht entdeckten Fehler vor diesem als Beispiel anführt, wie man es nicht machen soll.

Im Eifer des Gefechts entstehen täglich Voraussetzungen für solch geschäftsschädigende Fehlhandlungen. Die Wahrheit zu sagen bedeutet hier, dem anderen seine Fehlhandlung vorzuführen, was zur Verschärfung der Situation führt. Es wurde die Grundlage für einen Konflikt geschaffen.

Wie verdeutlichen Sie einen Sachverhalt, ohne zu kritisieren? Kritik führt zu einer Gegenreaktion. Deshalb gilt es, diese nicht zu bedienen.

Lösungen

Lösung Praxisbeispiel 1:

Gespräch mit der Partnerin: „Ich habe mitbekommen, dass unsere Patienten unruhig auf Stress reagieren. Ich habe die Befürchtung, dass wir einige verlieren, wenn wir hier nicht gegensteuern. Auch unsere Mitarbeiterin Frau P. (Sprechstundenhilfe) zeigt zunehmend ein gestresstes Verhalten, auch vor den Patienten. Wir sollten darauf achten, sie mehr wertzuschätzen und ihr ein Lächeln ins Gesicht zu zaubern. Ich kaufe ihr mal einen Blumenstrauß und stelle diesen in unserem Namen auf ihren Tisch. Hast du etwas dagegen?"

Lösung Praxisbeispiel 2:

„Danke, dass du mir den Fehler gezeigt hast. Der war mir noch gar nicht aufgefallen. Mein Mandant hat aber sehr irritiert reagiert, als du mir diesen Fehler vor ihm aufgezeigt hast. Bitte sage mir das nächste Mal solche Dinge in meinem Zimmer, unter vier Augen. Dort kann ich damit besser umgehen."

In beiden Reaktionen werden die Konsequenzen der Fehlhandlung angesprochen, ohne das Fehlverhalten des Gegenübers nach vorne zu stellen. Die Wahrscheinlichkeit der Akzeptanz steigt.

5.3 Wie hält man Distanz?

Zu negativen Geschehnissen ist Distanz nötig. In der Krise eines dauerhaften Konfliktgeschehens fehlt diese jedoch. Daher wirken nicht aufgelöste Missstände wie ein dosiertes Gift, das die Möglichkeit zur Distanz nimmt. Innerhalb des Problems kann der Betroffene nichts anderes sehen als das Problem. Er ist blind für den Ausweg, den es aus dem Konfliktgeschehen gibt. Die Gedanken kreisen um das Problem, angestachelt vom Gefühl erfahrener Ungerechtigkeit. Die Resignation wächst, und damit sinkt die Kraft, zu handeln. Das Prinzip von Hoffnung versus Resignation fungiert zeitweise als Stabilisator für den Körper, die Seele und die Psyche, nur leider im negativen Sinn, denn es verhindert lediglich unseren Zusammenbruch. Betroffene schildern den Zusammenhang zwischen „nicht mehr wollen beziehungsweise können" und „aushalten". Wird am Anfang noch zwischen Hoffnung und Resignation geschwankt, nimmt mit dem Fortdauern der negativen Situation die Resignation proportional zu. Wer in der Hoffnung oder in der Resignation versucht, der Situation zu entkommen, geht fehl. Das ist verständlich, denn es kann immer nur ein Gefühl zur gleichen Zeit existieren. Da die Hoffnung hier mit Resignation verbunden ist, ist sie lediglich ein Vorreiter der Selbstaufgabe, und die Resignation bildet die Nachhut der aussichtslosen Hoffnung. Wo eines der beiden Gefühle vorherrscht, ist kein Platz mehr für das Handeln oder ein Ziehen der Notbremse.

Distanz bedeutet, Abstand von der Lähmung zu finden, die mit dem Prinzip „Hoffnung versus Resignation“ einsetzt. Ziel ist es, einen Schritt zurückzutreten, aus dem Konflikt heraus, und von dort aus kann die Situation betrachtet werden. Aus der Distanz existiert das Gefühl der Wut, des Schmerzes und der Ohnmacht nicht mehr. Vielmehr erkennen Sie jetzt ein Muster, das in jedem Problem steckt, das länger als vier Wochen anhält. Die bitteren Gefühle halten uns im Schmerz und sind daher die wahren Feinde unserer Handlungsfähigkeit. Solange wir in dem Gefühl verweilen, ein Opfer der Umstände zu sein, so lange haben wir lediglich die Möglichkeit, selbst zum Täter zu werden, um die Ohnmacht nicht mehr zu spüren, die Teil der Opferrolle ist. Werden wir zum Täter, werden wir zum Teil des Problems und geben diesem zusätzlich Futter. Ähnlich wie sich Hoffnung mit Resignation abwechselt, wechseln sich auch die Positionen Täter und Opfer ab.

Distanz ist nur außerhalb von sogenannten Teufelskreisen möglich. Diese Bewusstheit brauchen wir. Innerhalb von Negativkreisläufen schaffen wir es nicht mehr, die notwendige Distanz aufzubauen. Distanz bedeutet daher lediglich, den Schritt aus dem Gefühl heraus zu tun, hinein in das neutrale Beobachten der Situation. Haben wir es bis hierhin geschafft, dann entdecken wir auch die Handlung, die es uns ermöglicht, das Konfliktkarussell anzuhalten.

5.4 Die zehn häufigsten Fallen

Welche Faktoren lassen eine Zusammenarbeit scheitern? Scheitern findet auf der zwischenmenschlichen Ebene statt und überträgt sich auf die geschäftlichen Sachverhalte. Krisensituationen befördern Störungen zwischen den beteiligten Personen. Der Umstand, dass das Geschäft schlecht läuft, wird zwischenmenschlich ausagiert. Aus schwierigen Situationen werden so persönliche Konflikte. Fallen als Quellen, die zum Scheitern führen, verdeutlichen die Gefahr, die von gestörten Arbeitsbeziehungen ausgeht.

5.4.1 Unangenehme Wahrheiten

Wie sagen Sie dem Kollegen oder dem Mitarbeiter, was unangenehm ist? Aus einer unangenehmen Wahrheit wird beim Empfänger oft Kritik. Wann beginnt bei einem selbst die Übertragung, und wann geht es bei der Kritik, die man äußert, um eine eigene verzerrte Sichtweise? Mit der Wahrheit ist es schwer. Es gibt zwar nur eine Realität, aber unzählige Interpretationen von ihr. Die existenzielle Situation der Firma spiegelt sich in der Kommunikation wider. Empfindet ein Kollege eine Existenzbedrohung, drückt dieser das auch aus, häufig völlig ungewollt. „Wir schaffen das nicht mehr; das ist zu viel; das wird uns um die Ohren fliegen…" Diese Botschaften beeinflussen die jeweilige Situation. Greifen wir hier nicht führend ein, entfaltet die Botschaft ihre Wirkung und richtet die Aufmerksamkeit auf das Nichtschaffen.

Gestörte Beziehungen zwischen Führungskräften (insbesondere in Doppelspitzen) beeinflussen die Kommunikation in der gesamten Firma. Zurückgehaltene Botschaften werden hinter Sachinformationen versteckt, und eine negative Stimmung wird auf eine bestimmte Person gelenkt. So gelangen diese Botschaften indirekt, über den Empfänger der Botschaft, Stück für Stück in die gesamte Mitarbeiterschaft. Die Kommunikation überträgt die Störung und wird Teil der Störung: „Wenn Herr X. nicht wieder verschläft, hätten wir zumindest eine kleine Chance…" Ausdrucksweisen wie „Morgen werden ein paar Köpfe rollen" offenbaren die Stimmung im Unternehmen und werden mit Sicherheit eine Wirkung entfalten. Die Haltung und Einstellung Mitarbeitern gegenüber „Wer stört und/oder einen Fehler macht, muss gehen" fließt so in die Kommunikation mit ein. Je indirekter Botschaften in die Kommunikation eingespeist werden, desto mächtiger ist ihre Wirkung.

5.4.2 Emotionalität versus Rationalität

> Geschäftliche Beziehungen sind einem hohen Druck ausgesetzt. Unter Druck wird Emotionalität freigesetzt, die zum Problem wird, sobald es um rationale Lösungen geht. Emotionalität ist dort gut, wo sie den Kopf frei macht. Emotionalität, die aus Verzweiflung, Angst und unterdrückter Wut entsteht, verschließt den Weg zu rationalem Handeln und Denken.

Emotionale Konflikte rein rational lösen zu wollen, verstärkt die Frontenbildung durch Frustration. „Das Gefühl fühlt sich nicht gehört." In Arbeitsverhältnissen passiert das stündlich. Das Dilemma besteht darin, dass es auch nicht klappt, Konflikte und Probleme emotional lösen zu wollen. Emotionalität unterdrückt die Realität. Der Verstand bildet die Realität nicht mehr sachlich ab, sobald Wut und Verletzungen eine Rolle spielen. Bei der Begleitung von Prozessen in Unternehmen kann ein Außenstehender sofort erkennen, ob Wut und Verletzung mitsprechen, sei das vorgebrachte Argument noch so sachlich.

Für die firmeninterne Kommunikation gilt daher: Sachverhältnisse können nur dann geklärt werden, wenn alle Stimmen außerhalb des Konflikts gehört werden.

Damit das möglich wird, muss es eine Moderation und Begleitung dieses Prozesses von außen geben. Wer Teil des Problems ist, wird unwillkürlich hineingezogen, es sei denn, man hat selbst bereits viel Bewusstsein im Umgang mit dem eigenen Prozess erlangt.

5.4.3 Vermeidungstaktik

Wächst die Krise oder der Konflikt, wächst bei einem Teil der Mitarbeiter auch die Vermeidungshaltung. Statt aktiv gegen die Störung vorzugehen, um den sich zuspitzenden Prozess zu stoppen, wird ausgewichen. Das ist eine der typischen Reaktionen auf überfordernde Situationen. Der Kontakt zum Problem wird vermieden. So sinkt die Produktivität, obwohl gerade jetzt das Gegenteil gebraucht wird. Auch körperlich wird auf die Zuspitzung reagiert. Die Symptome nehmen zu. Sie zeigen nichts anderes als eine körperliche Reaktion auf den Konflikt. Mitarbeiterfluktuation, zurückgehende Umsätze, die Zunahme von Mobbing untereinander sowie der Anstieg von Erkrankungen sind einige Reaktionen auf diese Falle. Vermeidungsverhalten führt zur Verstärkung des Problems.

5.4.4 Unterschätzung des Faktors „Krieg“ im Unternehmen

Aus ehemaligen Kooperationspartnern werden Gegner; aus Entscheidern Kampfmaschinen, die nur noch nach Vergeltung trachten. Das Unternehmenswohl ist zweitrangig. In den Hintergrund gerät, wer da eigentlich bekämpft wird. Dass diese Person im gleichen unternehmerischen Boot sitzt wie man selbst, wird ignoriert. Schießt man gegen diese Person, schadet man sich selbst. Verschärft sich die Krise, steigt proportional auch die Eskalationsstufe nach oben. Die Mittel gegen den vermeintlichen Feind werden härter. Eine Intrigenkultur gedeiht. Gefühlt geht es um die Wiederherstellung von Gerechtigkeit. Man fühlt sich übervorteilt und ungerecht behandelt. Das Problem ist, der Krieg findet intern statt und lähmt alle produktiven Prozesse. Statt gegenseitiger Unterstützung entsteht ein Netz aus Missgunst und Intrigen, das die gesamte Firma durchzieht. Die Vielfalt der Auswüchse solch interner Kriege ist unerschöpflich. Es scheint kaum eine Grenze zu geben, wenn eine solche Feindseligkeit untereinander erst einmal ausgebrochen ist.

Ein geschultes Auge erkennt schnell, dass nicht die Personen, sondern deren unbewusste Aspekte in Form von Rollen miteinander kämpfen. Eskalieren Konflikte, tritt alles nicht Verarbeitete hervor, besonders das gut weggepackte Erlebte aus vergangenen Zeiten. So kommt es zu Verzerrungen: Plötzlich wird der angefeindete Kollege mit dem Namen des Bruders des beteiligten Unternehmers angesprochen. Hier wird deutlich, der Konflikt, den es mit dem Bruder gab, wurde nicht verarbeitet und mischt sich nun in das aktuelle Geschehen.

Praxisbeispiel: Unterschätzung

In einem anderen Fall wurde ernsthaft flüsternd gefragt, ob er (ein Konfliktbeteiligter) den Killer abbestellen soll. Solche Momente irritieren und schockieren zutiefst, zeigen aber letztlich nur, wie stark entgleist und irreal die Situation bereits geworden ist. Im Moment des Aussprechens kam es diesem Herrn zu Bewusstsein. Erst in diesem Moment realisierte er, was er da tatsächlich ausgesprochen hatte und wie weit abgehoben er bereits von der Realität war, die wir als Normalität bezeichnen. Dieser Herr war alles andere als ein auffälliger und aggressiver Mitmensch, im Gegenteil, er war eine erfahrene und später auch fröhlich daherkommende Führungskraft. Wortlos stand er auf und verließ den Raum. Die Konfliktbegleitung endete positiv. Beide Parteien ließen sich auf ein neutrales Terrain führen, von dem aus die Konfliktfolgen bereinigt werden konnten. Um den Konflikt ging es nicht mehr. Das Unternehmenswohl stand nun wieder im Mittelpunkt. Die Kooperationspartner blieben zusammen. Später erzählte dieser Herr im Vertrauen, dass er sich selbst nicht mehr verstehen kann, wie er überhaupt diesen Gedanken denken konnte. Eine Scham und ein totales Unverständnis blieben übrig.

Wenn firmeninterne Prozesse in Richtung Krieg mutieren, dann „blutet“ das Unternehmen von innen aus. Drohungen, Erniedrigungen und Demütigungen sind Teil des Machtkonflikts. Diese Aktionen laden jede Situation so lange mit Emotionen auf, bis diese eskaliert.

5.4.5 Abhängigkeit

Abhängigkeiten deuten immer auf ein Ungleichgewicht hin. Sie entstehen langsam. Sie tauchen in Teams auf, selbst in der Führungsebene, und schwächen kooperierende Unternehmen. Ist der eine dem anderen überlegen und fängt das nicht ab, wird die Überlegenheit Teil des Geschäfts; es entsteht Abhängigkeit. Die Abhängigkeit wird dann zur Falle, wenn diese vorhandene Ungleichheit dauerhaft nicht ausgeglichen wird. Beachten Sie hierbei den emotionalen Aspekt dieser Falle. Abhängigkeiten lösen immer auch Gefühle der Ohnmacht und Unterlegenheit aus. Das erhöht deutlich das zwischenmenschliche Eskalationspotenzial.

Praxisbeispiel: Kooperierende Ausbildungsunternehmen

Ist ein Kooperationspartner erfolgreicher als der andere und gibt womöglich Teile seines Erfolgs ab, ohne einen Ausgleich zu erhalten, egal auf welcher Ebene, schafft er damit Abhängigkeit. Diese Falle taucht dann auf, wenn der überlegene Part Schaden abwenden will. Beispielsweise lässt der Gedanke, die mangelnde Liquidität des Partners könnte auch das eigene Unternehmen schwächen, Partner in diese Falle tappen. Besser wäre, der Realität ins Auge zu sehen. Was muss getan werden, damit das Ungleichgewicht verschwindet?

Gegenseitige Abhängigkeiten verketten Unternehmen im negativen Sinne miteinander und lassen insbesondere den schwächeren Teil nicht mehr frei agieren. Ganz im Gegenteil, er wird immer schwächer, weil abhängiger. Abhängigkeiten entstehen auf finanzieller, fachlicher sowie zwischenmenschlicher und mentaler Ebene. Diese Falle vergiftet die Kommunikation untereinander. In Teams nehmen intrigante Strukturen zu.

5.4.6 Zuschreibungen

Bei ungeklärten Störungen im Zwischenmenschlichen tritt in der Kommunikation vermehrt das Phänomen der gegenseitigen Zuschreibungen auf: der Schnelle und die Langsame, die Kluge und der Trottel, der Gewiefte und der Naive, der Geschäftemacher und der Verlierer und so weiter. Zuschreibungen sind polarisierend, und auf Dauer beeinflussen sie unsere Sicht auf Personen. In stressgeplagten Unternehmen treten diese Verzerrungen deutlicher auf als in Unternehmen, die in Balance sind. Innerhalb von Teams führen Zuschreibungen entweder zur Integration oder zur Ausgrenzung Einzelner, das macht sie so machtvoll. Jeder wird sich bemühen, integriert zu werden. Zahlreiche Mitarbeiter entscheiden sich für das Mitmachen. Es wird heftig polarisiert, Opfer sind die jetzt schon ausgegrenzten Personen. Es gibt Teamdynamiken, bei denen die Kommunikation untereinander zu über 75 Prozent aus Zuschreibungen besteht. Solche Teams fallen auf, weil Gemeinheiten hinter Witzen versteckt werden. Die Pausenkommunikation reduziert sich auf Floskeln. Auf diesem Niveau angelangt trägt der Teamleiter diese Art der Kommunikation mit, da er nicht korrigierend eingreift. Ohne das Mitwirken der Teamleitung käme diese hohe Prozentzahl nicht zustande. Oft sieht sie die Korrektur nicht als ihre Aufgabe an. Fakt ist jedoch, ignoriert sie dieses Geschehen, stützt sie es. Macht sie mit, dann verstärkt sie es noch zusätzlich.

> Die Reduzierung auf einen Einzelaspekt eines Menschen zeigt eine Störung an. Das Umfeld nimmt die Zuschreibung an und unterstützt damit die Polarisierung. Da Arbeitsverhältnisse zur Versachlichung von Emotionen neigen, verstecken sich diese Rollenzuschreibungen hinter fachlichen Facetten und Witzen. Achtung, hinter dieser Verzerrung der Wirklichkeit verbirgt sich die Vernichtung von Potenzial, die letztendlich Auswirkungen auf das Unternehmen hat. Der Betroffene agiert zunehmend innerhalb der Grenzen dieser Zuschreibung.

5.4.7 Angst stoppt Wachstum

Eine Firma ist gut aufgestellt und stabil, sie möchte weiter wachsen. Das liegt in ihrer Natur begründet. Dieser Tendenz wird jedoch nicht konsequent gefolgt, da die Befürchtung besteht, sich zu übernehmen. Mitarbeiter werden nicht fest angestellt, stattdessen füllen freie Mitarbeiter die vakanten Positionen. Lieber werden die Folgen einer Scheinselbständigkeit in Kauf genommen, als dem Wachstumsdrang des Unternehmens zu folgen. Die Chance eines gesunden Wachstums wird verpasst, und aus Angst vor Misserfolg bleibt „man" lieber wie gehabt. Das Unternehmen stagniert, und die Stagnation hat ihren Preis. Systemisch gesehen richtet sich das gegen das Unternehmen. Die Organisation hat nun einen Konflikt und wird dies durch interne Störungen zeigen.

Aufgaben einer Führungskraft werden teilweise an Mitarbeiter ohne Führungsverantwortung übergeben, mit dementsprechend geringerem Gehalt. Gehaltserhöhungen lassen auf sich warten und kommen, wenn überhaupt, nur den Mitarbeitern zugute, die ihre Forderungen gut artikulieren können. Die loyalen, zurückhaltenden und arbeitsamen Mitarbeiter haben das Nachsehen. Das führt zu unklaren Machtverhältnissen, Rollenkonfusionen und Ausbeutung.

5.4.8 Die Junior-Senior-Falle

Wer bekommt wie viel vom Kuchen ab? Zusammengefasst ist diese Frage der Auslöser der meisten zwischenmenschlichen Störungen innerhalb von Arbeitsverhältnissen unter Verantwortungsträgern. Das Junior-Senior-Verhältnis ist in dieser Frage besonders störungsanfällig. Hier handelt es sich um eine strukturell bedingte Konfliktvorlage. Der Konflikt entsteht aus der Beschaffenheit der Beziehung und den Anforderungen, die schon rein sachlich an beide Seiten gestellt werden. Der Scheidende lässt los, was er aufgebaut hat. Wie hoch ist der Preis der bisherigen Bemühungen? Wird das Hinterlassene genügend gewürdigt? Nicht zwangsläufig sind Junior und Senior miteinander verwandt. Der Junior ist der nachrückende Verantwortungsträger, der Senior ganz allgemein der scheidende Verantwortungsträger. Dabei können förderliche wie auch hemmende Seniorchefs unterschieden werden.

Förderlich werden scheidende Unternehmensspitzen, wenn die nachrückende Spitze durch den Senior geachtet und bei den Mitarbeitern positiv dargestellt wird. Wenn die Art der Übergabe den Nachfolgern den Übergang erleichtert, ist der Senior förderlich. Zu einem negativen Faktor wird ein Senior, wenn er nur zu gehen vorgibt, die neue Spitze jedoch instrumentalisiert oder durch die Vermittlung von Halbwissen und Klüngeleien im Hintergrund weiter die Strippen zieht. In diesem Fall gestaltet sich eine Übergabe äußerst problematisch. Eine Folge davon ist das Gefühl des Juniors, nicht Fuß fassen zu können. Die umgekehrte Situation zeigt sich, wenn der Junior es nicht abwarten kann, den Senior zu verabschieden. Dieser Konstellation begegnet man vorrangig in familiär geführten Unternehmen. In solchen Fällen kommt erschwerend hinzu, dass durch die Doppelbesetzung von Positionen – der Vater ist gleichzeitig auch Chef, die Tochter übernimmt das Zepter – eine Vermischung vorliegt, die krisenanfällig ist. Nur mit einem hohen Grad von Bewusstheit und dem Vermögen, sich von negativen Faktoren distanzieren zu können, ohne das Unternehmen leiden zu lassen, kann die Übergabe störungsarm gelingen. Die Vermischung von privat und geschäftlich, von sachlich und emotional birgt ein enormes Konfliktpotenzial. Unaufgeräumte Verletzungen tun ein Übriges.

Eine Amtsübergabe verlangt Vorarbeit und den richtigen professionellen Rahmen, der beide Seiten gleichermaßen betrachtet. Der Junior sowie der Senior gehören an einen Tisch. Folgende Fragen sollten spätestens ein Dreivierteljahr vor der Übergabe geklärt sein, um diese Falle zu entschärfen: Wann ist der richtige Zeitpunkt, Macht abzugeben und zu gehen? Wer ist der richtige Nachfolger im Sinne des Unternehmens? Wie viel Geduld muss ein Junior aufbringen, was Ansichten und Einstellungen des Seniors betrifft? Wie mit den verschiedenen Ansichten über Führung und Management umgehen? Das Wohl des Unternehmens gehört stets in den Mittelpunkt des Übergangs, denn zahlreiche Existenzen stehen auf dem Spiel.

5.4.9 Geschlechterkampf

Soziologisch gesehen liegt dem Verhältnis zwischen Frau und Mann eine historische Komponente zugrunde, die das Miteinander als solches von vornherein belastet. Es gibt heute noch Mitmenschen, die sagen, dass der Mann zunächst einmal der Feind der Frau ist. Akzeptiert die Frau diesen Umstand, kann sie dem Mann gegenübertreten, und es besteht die Möglichkeit zu einer förderlichen Beziehung. Zuerst einmal klingt diese Floskel provokativ und ketzerisch. Soziologisch betrachtet hat sie jedoch einen tieferen Sinn. Noch zeigt die gesellschaftliche Geschichte, dass zwischen den Geschlechtern ein klarer Machtvorteil zugunsten des Mannes besteht. Die Aggressionen, denen Frauen ausgesetzt sind, können erheblich sein, dafür lassen sich jede Menge Beispiele finden. Die daraus resultierende Unterordnung unter den Mann und die Zuweisung bestimmter Aufgaben sorgen dafür, dass Frauen in Unternehmen nicht unbedingt in die erste Reihe vorrücken. Selbst wenn die Frau um eine vermeintliche Gleichberechtigung kämpft, ist es für sie nicht selbstverständlich, in die oberste Führungsriege aufzusteigen. Noch sind die systemimmanenten Kräfte erheblich, die ihr diese Rolle nicht zugestehen.

Stellt sich eine Frau bewusst der Ungleichheit zwischen beiden Geschlechtern, wird sie an dieser Falle nicht verbrennen. Sie wird die Realität anerkennen und mit dieser umgehen. Das wiederum verschafft ihr die Möglichkeit, ihren Weg zu gehen. Historisch gesehen hat das Verhältnis zwischen Mann und Frau massiv mit Gewalt zu tun. Das erklärt, mit welcher Brisanz Konflikte ausgefochten werden, die aus der Falle Geschlechterkampf heraus entstanden sind. Verfängt sich eine Frau im Geschlechterkampf, so besteht die Gefahr, sich daran zugrunde zu kämpfen.

Das Konfliktpotenzial innerhalb dieser Falle nährt sich generationsübergreifend. Wenige Auseinandersetzungen finden strikt im Hier und Jetzt statt. Dazu sind wir Menschen zu prägungsanfällig. Zu einem erheblichen Teil übernehmen wir die Einstellungen anderer, wie sie uns das Leben lehrte. Damit tragen wir die Historie immer in uns, das Denken und Handeln unserer Eltern ebenso wie das der Großeltern. Stoff im Sinne des Geschlechterkampfes gibt es hier zur Genüge. Deshalb gehen die Konflikte, die im Rahmen des Geschlechterkampfs gelebt werden, immer an die Substanz, ob man will oder nicht.

> Grundsätzlich gilt, die Realität anzunehmen, wie sie ist. Das ist der beste Schutz vor einem Kampf gegen Windmühlen. Und es ist die beste Möglichkeit, um jene Tür zu finden, hinter der der eigene Weg beginnt. Innerhalb eines Kampfes verliert man Kraft, Vertrauen, die Freude am Leben und den Sinn für die Realität. Man verliert den Kontakt zu sich selbst und geht im schlimmsten Fall über Leichen, auch über die eigene.

5.4.10 Alte Muster

Jeder von uns ist mit dieser Falle konfrontiert. Sie zeigt uns unsere Begrenzung. Grenzpflöcke zeigen an, wo wir bewusst sind und wo der Übergang ins Vor- und Nichtbewusste lauert. Unser Handlungsspielraum ist das Bewusste. Hier kennen wir uns aus und fühlen uns sicher. Alte Muster sind uns nicht bewusst, und das verrät uns auch, wo wir sie finden: im unbewussten Raum. Sie bringen uns dazu, immer wieder das Gleiche zu tun, auch wenn dies sachlich gesehen nicht sinnvoll ist. Diese alten Muster beherbergen dazu noch eine Unmenge von Auslösepunkten, also Punkte, an denen ein alter Film in uns aktiviert wird, dem wir blind folgen, ohne zu merken, dass wir gerade einen erheblichen Realitätsverlust erleiden. Eine bestimmte Tonlage, das Hochziehen einer Augenbraue oder auch eine gewisse Körperhaltung können bereits das Muster aktivieren. Alte Muster sind wie Gravuren in einer Vinylschallplatte. Sie wiederholen sich unermüdlich und lassen nicht die kleinste Abweichung zu.

Praxisbeispiel: Teamentwicklung

Bei einem Einsatz wurde ich zur Einbindung eines neuen Leiters in ein Team gerufen. Der Teamleiter war schon aus der Ferne als Fremdkörper auszumachen. Die Atmosphäre im Team spiegelte die Hemmschwelle zwischen Teamleiter und Team wider. Auffallend war, dass die Führungskraft fast permanent lächelte. Dieses Lächeln wirkte aufgesetzt. Der erste Schritt zur Integration war, das Gespräch mit dem Teamleiter zu suchen. Er sah sein Team als schwer zugänglich an. Er merkte nicht, dass die Unnahbarkeit eindeutig von ihm selbst ausging. Die Bewusstmachung der Verzerrung seiner Sichtweise ließ ihn das erste Mal auf sich selbst blicken. Jetzt fühlte er sich nicht mehr so ohnmächtig und der Situation ausgeliefert. Der Film, in dem er sich unbewusst bewegte, waren seine zahlreichen Erfahrungen von Ausgrenzung. In diesem Film gehörten solche Ausgrenzungserfahrungen wie normal zum eigenen Leben. Er kam nicht darauf, dass diese Wiederholungen ein Anzeichen für ein altes Muster waren. Während unserer Arbeit wurde ihm klar, dass die Information der Ausgrenzung aus seiner Familie kam und dass sein Vater ihm diese Information „vererbt" hatte. Zu Hause hatte er gelernt, dass Ausgrenzung Teil des Lebens ist. Dass dies nur eine Folge der unterlassenen Aufarbeitung des Vaters war, konnte er als Kind nicht erkennen. Für ihn wurde Ausgrenzung zur eigenen Realität.

Mit dieser Erkenntnis ging das Teambuilding nun weiter. Zum Erstaunen des Teamleiters war sein Team wie verwandelt. Er konnte wieder frei lachen. Von außen gesehen ist dieser Wandel eine logische Folge, denn mit der Bewusstwerdung kam der Teamleiter mit einem Schlag aus seinem Film heraus. ■

Ein Muster setzt sich aus den Bewegungen, den Signalen und den Reaktionsweisen zusammen, die in der Situation seines Entstehens auftraten.

Mit ein bisschen Übung können Sie von außen erkennen, ob jemand in einem solchen Muster feststeckt. Es erscheint so, als ob sich dieser in einem Film befindet, der mit dem Hier und Jetzt wenig zu tun hat. Je näher dieser Mensch seinem sogenannten Kern rückt, also dem Erleben, bei dem das Muster „geboren“ wurde, desto vehementer werden solche Muster ausgelöst. Stress wie auch Konflikte und Krisen befördern diese Muster in den Vordergrund. Der Körper reagiert dann mit Signalen, die in Form von Schmerz und Empfindungen wie beispielsweise einem stechenden Kopfschmerz, Druck auf den Schläfen oder Flauheit im Magen einherkommen. Sie zeigen uns den alten Film an. Im Moment des damaligen Erlebens spürte man genau dieselben Signale. Ab diesem Moment sind sie Teil des Musters und wiederholen sich so lange, bis sie aufgegriffen und damit neutralisiert werden.

Tipp

Für Fachleute gilt, niemals das Erleben zu reaktivieren. Damit stärkt man das Erleben zusätzlich und somit auch den Film. Die Praxis zeigt aufs Deutlichste, dass eine Befriedung alleine durch das Aufgreifen der Signale möglich ist. Dazu braucht es eine alltägliche Umgebung und kann auch während der Arbeit mit Teams und Führungskräften geschehen. Das Durchwälzen alter Geschichten ist dazu nicht notwendig, ganz im Gegenteil. Sofern wir mit gesunden Menschen umgehen, ist eine therapeutische Herangehensweise nicht notwendig. Je natürlicher das Aufgreifen der Signale geschieht, desto geringer ist die Gefahr, den alten Film anzuknipsen.

Gute Arbeitsbeziehungen und funktionierende Kommunikation sind das Kapital eines jeden Unternehmens. Die Arbeit steht im Fokus, und es ist möglich, sein Arbeitstempo selbst zu gestalten. Gute Arbeitsbeziehungen haben etwas Freies an sich. Der Spaß am Erreichten steht im Vordergrund.

Zusammenfassung

Fallen auf dem Weg zu einer guten und förderlichen Arbeitsbeziehung sind insbesondere Faktoren, die uns nicht bewusst sind, uns aber beeinflussen. Derjenige, der in eine Falle gerät, hat kein Empfinden dafür, dass er gerade einen Realitätsverlust erleidet. Ganz im Gegenteil. Der Betroffene sieht sich im Recht. Der Verstand unterstützt diese „Blindheit“. Die Verstandesebene nährt sich aus allen Erfahrungen, die uns eingeschrieben sind. Dazu gehören sämtliche Prägungen aus Kindheitstagen. Summa summarum verstärkt sich die „Blindheit“ mit jeder Wiederholung der Ursprungserfahrung. Daher sind Konflikte mit anhaltender Dauer nicht mehr wirklich zu lösen. Die Verzerrungen sind zu groß, und keiner der Beteiligten möchte seine Position verlassen. Das verbietet ihm sein Gefühl. Deshalb benötigen wir ein Verständnis für die Tücken unseres Verstandes. Ein Bewusstsein über die Existenz solcher Verzerrungen hilft uns, Distanz zu den Fallen zu halten.

5.5 Sieben Hoffnungsfallen

Kennen Sie das? Ihnen geht es ziemlich bescheiden. Freunde und Familie drängen Sie, endlich etwas zu unternehmen, aktiv zu werden, um Ihre Situation zum Guten zu verbessern. Doch nichts geschieht. Sie sitzen die Situation aus. Solche Verhaltensweisen entwickeln sich aus dem Prinzip Hoffnung. Was kaum einer weiß: Wo Hoffnung ist, sitzt oft auch die Resignation mit im Boot. Gehofft wird, dass sich die negativ empfundene Situation verbessert, dass der verursachende Faktor verschwindet oder dass auf irgendeine Weise alles wieder gut wird. Die Resignation besteht darin, dass die Handlung ausbleibt, die diese Veränderung ins Positive möglich macht. Im Berufsleben ereignen sich immer wieder Übergriffe, Grenzverletzungen und Demütigungen, die sich wie selbstverständlich in den Druck und Stress der täglichen Arbeitsbelastung einfügen. So werden allmählich Missstände als Teil der Arbeit akzeptiert. Das überlebt nicht jeder. Die tragische Suizidserie, die sich 2008/2009 in Frankreich bei einem Telekommunikationsunternehmen ereignete, war mit 35 Suiziden in Folge spektakulär und daher öffentlichkeitswirksam. Der systematisch aufgebaute moralische Druck, der wachsende Leistungsdruck sowie das allgemeine Klima in der Firma lösten vermutlich diese Kettenreaktion aus. Es gibt weitaus mehr solcher Vorfälle, nur fallen sie weniger auf, weil in einem Negativprozess meist einzelne Personen zerstört werden. Wenn sich ein Mitarbeiter einer Firma im Park um die Ecke erhängt, gibt das Schlagzeilen und geschockte Kollegen, doch der Bezug zu einem selbst bleibt aus, wenn man eine solche Reaktion auf Druck und Schmerz für das eigene Leben ausklammert. Man hält es nicht für möglich und verortet diese Reaktion als psychische Erkrankung. Das geschieht anderen, nur nicht mir. Dieser Gedanke alleine ist bereits der erste Schritt in die Falle.

Die Hoffnung trägt verschiedene Gewänder. Doch egal, welches sie trägt, das Ergebnis ist immer das gleiche. Die Situation wird nicht verlassen. Steigt das Eskalationslevel, fällt es immer schwerer, die Notbremse zu ziehen. Daher ist es sinnvoll, sich diese Fallen näher anzuschauen. Jede der Fallen verfügt über sogenannte Treiber. Diese sind es, die Sie in die Situation rennen lassen, anstatt sie zu verlassen. Getrieben werden Sie von einem Reparaturinstinkt, der im Guten wie auch im Negativen existiert. Dank dieses Prinzips wird die Situation, in der Sie sich befinden, stabilisiert. Leider stabilisieren sich Krisen ebenso wie positive Prozesse. Innerhalb einer Krisensituation treten in der Regel mehrere Hoffnungsfallen auf. Dauert ein Konflikt über vier Wochen an, wird er zur Krise.

5.5.1 Der Konflikt verschwindet von alleine

„Augen zu und durch!" ist symptomatisch für diese Hoffnungsfalle. Diese Haltung bleibt so lange bestehen, bis nichts mehr geht und Sie mitten in der Eskalation stecken. Die Realitätswahrnehmung Ihrer Umgebung liegt mittlerweile bei ca. fünf Prozent. Die restlichen 95 Prozent werden durch den Konflikt verzerrt wahrgenommen. Der Konflikt wird als solcher zwar erkannt, auch dessen zerstörerische Wirkung auf das Unternehmen und einen selbst, aber er wird dennoch hartnäckig ignoriert. Die stille Hoffnung, dass der Konflikt von alleine verschwindet, verhindert Maßnahmen gegen ihn. Der Konflikt wird ausgesessen, runtergespielt, und seine Auswirkungen werden ausgeblendet. Das Gefühl mangelnder Kraft im Wechsel mit Resignation sind hier die Treiber.

5.5.2 Wenn der andere sich ändert, wird alles wieder gut

Die miteinander in Konflikt stehenden Parteien hoffen, dass der jeweils andere endlich Einsicht zeigt, nachgibt, umlenkt, erkennt, dass er es ist, der falsch handelt und sich endlich verändert. Konkrete Maßnahmen zur Klärung werden, wenn überhaupt, nur angerissen, aber nicht konsequent umgesetzt. Diese Falle zeichnet sich durch hohe Eindringlichkeit aus. Mit geballter Intensität wird der eigene Standpunkt wiederholt. Der andere fühlt sich angegriffen, kritisiert und tut das Gleiche. Wut, Aggression, der Kampf um Gerechtigkeit und, wie Beteiligte erstaunt beschreiben, kindlich anmutender Trotz sind hier die Treiber. Diese Hoffnungsfalle lässt Konflikte emotional entgleisen. Die Konfliktparteien bewegen sich am Rand von Handgreiflichkeiten.

5.5.3 Wenn DER geht, wird alles besser

Diese Zermürbungsstrategie zielt meist auf eine Person, die zum vermeintlichen Verursacher einer negativen Entwicklung gemacht wird. Das „Rausekeln" dieser Person wird an die Hoffnung geknüpft, dass nach deren Ausscheiden alles wieder besser läuft. Übersehen wird, dass der Verdrängungskampf für alle negative Folgen hat, inklusive der Firma. Steckt ein Unternehmen in einer solchen Falle, ziehen Mitarbeiter und Chefs am gleichen Strang. Es wird sich eingeredet, man tue das Beste, denn mit dem Akt des Entfernens der störenden Person soll auch die vorliegende Störung endlich verschwinden. Diejenigen, die nicht mitmachen, halten sich in der Regel zurück, um nicht selbst ins Visier dieser Dynamik zu geraten. Das Vorhandensein einer Intrigenkultur fördert diese Hoffnungsfalle. Die treibenden Kräfte sind daher vor allem das Streben nach Macht und der Wunsch, nicht selber aufzufliegen. Diese Hoffnungsfalle zeigt die Existenz einer Intrigenkultur an. Löst man diese Kultur nicht auf, hat das Unternehmen dauerhaft ein Problem.

5.5.4 Gewohnheit

Das Geschäft läuft nicht. Und doch wird alles beim Alten gelassen, denn *„Was man hat, das hat man…“* Es werden keine Veränderungen vorgenommen, es wird nicht investiert, nicht weiterentwickelt, stattdessen wird tatenlos zugesehen, wie das Boot langsam sinkt. Statt den Kurs zu wechseln, wird intern nach Verantwortlichen gesucht. Innerhalb dieser Hoffnungsfalle klammert man sich an das, was man hat, statt zu schauen, was zu tun ist, um eine Veränderung zum Positiven zu erreichen. Investitionen, das Wagnis und der Glauben an das Geschäft fehlen. In diese Falle geraten vornehmlich Menschen, die auf Balance und Harmonie aus sind und ihren unternehmerischen Wert nicht im Blick haben. Das Gefühl von Ohnmacht, die Befürchtung von Schlimmerem, der Glaube, es nicht zu schaffen, sowie die eigene Bequemlichkeit sind hier die Treiber.

5.5.5 Abdankungsmanagement

Das Abdankungsmanagement gaukelt eine Handlung vor, die keine ist. „XYZ wird's schon richten.“ Hier wird zwar ein Handlungsbedarf erkannt, aber an eine andere Person im Unternehmen delegiert, ohne selbst für die Veränderung einzustehen. Eine finanzielle Mehrbelastung wird gescheut. Damit bleibt die notwendige Handlung ungetan. Alle Unternehmen mit mehreren Verantwortlichen sind hierfür anfällig. Unternehmen, deren Spitze instabil ist, suchen den neuen Verantwortungsträger unter den eigenen Mitarbeitern. Solche Kreisläufe entstehen meistens unbewusst. Delegiert wird die „heiße Kartoffel“ des Arbeitsalltages, alles, was besonders unangenehm ist und von keinem Verantwortlichen getragen werden möchte. Diese Hoffnungsfalle ist gefährlich, weil sie direkt in einen finanziellen Engpass führt. Durch die ständige Delegation entsteht auf der delegierenden Seite der Eindruck, man hätte sich gekümmert, auf der anderen Seite, an die das Problem delegiert wurde, wächst der Druck. Dieser Druck lähmt die Produktivität, was zu einer weiteren Verschlechterung der Situation führt. Hier sind die treibenden Kräfte Furcht vor Veränderung und vermeintlichem Versagen. Ein Beispiel aus der Praxis verdeutlicht diese Falle.

Praxisbeispiel: Kleine Unternehmen, Einzelunternehmen mit Mitarbeitern und Vereine

Dem Unternehmen fehlt eine starke Persönlichkeit für die Akquise. Thematisiert wird ausschließlich, dass Aufträge ausbleiben. Person XYZ wird nun damit beauftragt, Aufträge zu organisieren, auch wenn sich diese gar nicht dafür eignet. Ab diesem Moment wird der Mangel an eingehenden Aufträgen nur noch zulasten der Person XYZ gewertet. Immer wieder wird XYZ ermuntert, endlich etwas zu tun, und darüber belehrt, wie man am besten akquiriert. Der Druck steigt mit dem Ausbleiben von Aufträgen weiter an, was XYZ in gereizten Attacken zu spüren bekommt. Das Fehlen eines funktionierenden Vertriebs und damit die eigentliche Ursache des Problems bleiben unerwähnt. ■

5.5.6 Guter Lohn gleicht Missstand aus

„*Wenn die Kasse stimmt, stimmt auch der Rest.*" So in etwa lässt sich diese Hoffnungsfalle formulieren. Die Folge ist, dass das Beziehungskonto der Firma leidet. Der Fokus liegt ausschließlich auf dem Gewinn. Dieser Druck von oben spiegelt sich im Umgang mit den Mitarbeitern und Kollegen wider. Unternehmen mit dieser Kultur verfügen über ausgeprägte Hierarchieebenen. Oben und Unten sind deutlich erkennbar. Das Finanzielle gilt als alleiniger Motivator, das menschliche Miteinander bleibt auf der Strecke. Immer mehr Minuspunkte häufen sich auf der Beziehungsebene an. Die darauffolgende Störung lässt nicht lange auf sich warten. Es entsteht eine duckmäuserische Atmosphäre, in deren Hintergrund Aggressionen ausgelebt werden. In Stresssituationen wird sich schnell im Ton vergriffen. Etabliert sich diese Kultur, werden möglicherweise Gewaltausbrüche, die mehr oder weniger offen ausgelebt werden, ein Bestandteil des Alltags. Treiber dieser Hoffnungsfalle sind die Gier und das Unterdrücken von Emotionalität.

Praxisbeispiel: Krankenhaus und große Gemeinschaftspraxen

Ein Arzt spricht: „Gutes Geld zu verdienen hat mich als Arzt lange dazu gebracht, diese Missstände mitzutragen. Es fing schon als Student an und dauerte viel zu lange. Im Krankenhaus schaute ich zu, wie Patienten zu Nummern degradiert wurden. Das Reinigungspersonal war Abschaum (... die bemerkten wir als Kollegen gar nicht. Sie gehörten zur Maschinerie ...), und die Schwestern, na ja. Erst als ich im Urlaub einmal selbst im Krankenhaus landete, wurde mir bewusst, wie skurril die Chefvisite war. Unvorstellbar, dass ich dieses Theater einmal mitgespielt habe. Mir fiel gar nicht mehr auf, wie menschenunwürdig das Gebaren meiner Kollegen (mich eingeschlossen) war, wie abgehoben und weltfremd und unwürdig. Um das Schicksal der Patienten ging es gar nicht, und um Gesundheit nur zwangsläufig. Ich bin erstaunt, wie sehr mich der Gedanke an gutes Geld das hat mittragen lassen" (O-Ton Chefarzt). ■

5.5.7 Illusion

„Der nächste große Auftrag, der uns raushaut, kommt bestimmt.“ - „Nur noch das eine Projekt, und dann mache ich eine Pause.“ - „Bei der nächsten Gehaltserhöhung bin ich bestimmt dabei. Die erkennen meinen Wert.“ Die Illusion lebt hinter der vermeintlichen Wahrheit und ist doch nichts anderes als Lug und Trug. Das ist das Wesen einer Illusion, sie ist eine trügerische Falle. Sie lässt Sie im Glauben verharren, alles werde gut. *„Es handelt sich nur um eine vorübergehende schwere Phase. Das Problem, wenn es überhaupt eines gibt, wird sich erledigen.“* Steckt man in dieser Hoffnungsfalle, redet man sich die Welt schön. Gemieden wird der Kontakt mit der Realität, die hier als Gefahr gedeutet wird. Durch die Hoffnungsfalle „Illusion“ wird eine vermeintlich nur unangenehme Situation tatsächlich brenzlig, da wir den Zeitpunkt für eine gegensteuernde Handlung verzögern. Alte Muster, die in uns schlummern, haben ihren Anteil an diesem Prozess. Herauskommen können wir aus dieser Falle in dem Moment, in dem uns bewusst wird, dass wir uns etwas vormachen. Je länger wir uns etwas vormachen, desto gefühlt tiefer ist das Loch, in das wir nachher fallen. Doch hinter diesem Loch baut sich die Illusion erneut auf, wenn wir das Muster hinter dieser Falle nicht unterbrechen. Die treibende Kraft dieser Falle sind Unbewusstheit sowie dominante Befürchtungen, denen wir zu entkommen versuchen.

Zusammenfassung

Hoffnungsfallen und die treibenden Kräfte hinter ihnen schaffen es, uns im Problem verharren zu lassen. Angetrieben werden sie von den Gefühlen, die daran beteiligt sind, uns tiefer in ein Problem hineinrennen zu lassen, statt es zu lösen. Innerhalb eines Problems können mehrere Hoffnungsfallen auftauchen. Erschaffen wird eine Hoffnungsfalle von der Vorgeschichte der beteiligten Personen. Distanz zum Geschehen aufzubauen, ist der erste Schritt, um aus einer Hoffnungsfalle zu entkommen. Mit der Distanz erhalten wir unsere Handlungsfähigkeit zurück, da wir die Realität erkennen und nicht deren Verzerrung. Innerhalb einer Verzerrung kann niemand die Realität sehen, auch wenn er es felsenfest behauptet. Persönliche Bewusstheit schützt vor solchen Hoffnungsfallen. In der Leadership-Entwicklung erlangt der Verantwortungsträger Bewusstheit über diese Fallen und kann infolgedessen führen, auch seine Mitarbeiter.

5.6 Leadership-Entwicklung als Basis für freies Handeln

Als Führungskräfte tragen wir eine hohe Verantwortung, nicht nur für uns selbst. Etwas zu führen, was ansonsten uns führt, ist das tiefer liegende Ziel jeder Leadership-Entwicklung. Darunter fällt jeglicher Mechanismus, der sich unbewusst in unser Handeln und Denken wie auch in die Reaktionen und Handlungen der Mitarbeiter eingeschlichen hat. Dort, wo diese Mechanismen gegen unsere Natur und gegen das Potenzial der Firma wirken, entstehen Störungen. Diese gilt es aufzuräumen. Nur merken wir sie nicht mehr, sobald wir uns innerhalb der Störung bewegen. Dann sind wir Teil von dieser.

Was bedeutet in diesem Zusammenhang eine Leadership-Entwicklung? Diese Entwicklung bringt Sie in die Distanz zu hinderlichen und destruktiven Dynamiken, wodurch Sie sehen können, was sich wirklich hinter einem Verhalten verbirgt. Sie begreifen, weshalb Sie sich nicht einfach mal so verändern können. Die Leadership-Entwicklung ist eine Arbeit für eine Veränderung, die Ihnen unmöglich erscheint. Der Wechsel in ein förderliches Verhalten wird durch kleine und machbare Schritte bewirkt. Je kleiner die Schritte sind, desto mehr geht die Veränderung an Ihrem Verstand vorbei. Das ist wichtig, da Ihr Verstand ansonsten die Veränderung blockiert. Dieses Blockieren geschieht unbewusst. Deshalb ist jeder Entwicklungsschritt so groß, wie Sie ihn gerade noch tragen können. Jede Veränderung, die Sie im Erwachsenenalter erreichen, führt zu einem Druckanstieg, den Sie in Ihrem Körper spüren können, sobald Sie bewusster werden. Dieser Druck ist ein Zeichen dafür, dass es nicht leicht ist, sich als Erwachsener zu verändern. Deshalb zielt die Leadership-Entwicklung auf die Machbarkeit der Veränderung. Die jeweils vorgenommene Veränderung wird bewusst klein gehalten und in vielen kleinen Etappen vollzogen. Das lässt Sie die Veränderung durchführen. Ärgern Sie sich beispielsweise darüber, dass Sie gegenüber Ihrem Kompagnon keine klare Stellung beziehen können, so zielt bei Ihnen die Leadership-Entwicklung auf das Erkennen, wieso das so ist. Ihr Erkennen erfolgt kaum rational, also nicht ausschließlich auf Ihrer Verstandesebene, sondern körperlich nachvollziehbar. Sie fühlen, sehen, erinnern sich durch Bilder und längst verloren geglaubte Erinnerungen, ohne in der Vergangenheit nach der Ursache zu suchen. Sie erkennen die Geschichte hinter Ihrer Haltung ganz beiläufig, statt zu versuchen, beispielsweise durch ein Kommunikationstraining mehr Stellung zu beziehen. Dieser Bewusstwerdungsprozess geschieht außerhalb einer ruhigen Gesprächsatmosphäre im Trubel, also innerhalb zahlreicher ablenkender Faktoren. Das ist gewollt, denn je mehr Außeneinflüsse vorhanden sind, desto erreichbarer wird Ihre erwünschte Veränderung. Ohne die teilweise Bewusstwerdung der Ursprungsgeschichte verwehrt Ihnen Ihr Verstand die Veränderung, weil er unwillkürlich ins alte Verhalten zurückfällt, sobald Sie in Ihrem Training bezüglich der selbstbewussten Haltung gegenüber Ihrem Kompagnon nachlassen. Es wird Ihnen nicht gelingen, einfach mehr Stellung zu beziehen. Erfahren Sie beispielsweise, dass Ihr Vater Sie schon als Kind gebremst hat, in den Vordergrund zu gehen, da er unbewusst Ihren Bruder schützen wollte, der neben Ihrer lebendigen Art keine Chance hatte, sich zu behaupten, erscheint Ihnen Ihr heutiges Verhalten plötzlich nachvollziehbar. Die Leadership-Arbeit stellt Ihnen Fragen, die auf Ihr Erkennen zielen. Auch fördert die Leadership-Entwicklung Sie dabei, eine Kontaktaufnahme zu Ihrem Körper aufzubauen sowie ein Gefühl für Ihr Körperbewusstsein zu entwickeln. Diese körperliche Kontaktaufnahme befördert die Erinnerungen und damit die Bewusstwerdung alter und wichtiger Ursprungserfahrungen wie von selbst in Ihr Bewusstsein. Es ist ein kontinuierlicher Prozess, der Sie stetig bewusster macht.

Unternehmen erwerben sich mit der Entwicklung ihrer Verantwortungsträger eine Kultur, die förderlich ist, Positives stärkt und dem Nutzen aller dient. Steht die organisatorische Veränderung im Mittelpunkt, entsteht ein Change-Management-Prozess. Die Basis für ein gesundes und funktionierendes Unternehmen wird (wieder) hergestellt. Innerhalb dieses Prozesses treten alle Störungen offen zutage. Jetzt kann man sie aufgreifen und entfernen. Die Voraussetzung dafür ist, dass wir die Beeinflussungsfaktoren und die Mechanismen erkennen, die im Verborgenen wirken. Deshalb baut die Leadership-Entwicklung auf einen persönlichen Erkenntnisprozess auf. Das Bewusstsein wächst und damit auch die realistische Sicht auf die unternehmerischen Prozesse. Um bewusst zu werden, benötigen wir also Erkenntnisse und den Willen, etwas zu verändern. Ebenso wichtig ist es, einem übergeordneten Ziel zu folgen. Dieses kann lauten, ausschließlich Handlungen mit positiver Konsequenz zu vollziehen. Das ist eine sehr machtvolle Leitlinie.

■ 5.7 Reflexion: Wie werden Sie Fallen los?

Es gibt einige Möglichkeiten, derlei Fallen loszuwerden. Erst einmal brauchen wir den Willen zur Veränderung der Situation. Dazu kommt die Bereitschaft, mit der Veränderung bei sich selbst zu beginnen. Je weniger wir vom Gegenüber erwarten, desto schneller kommen wir aus der Falle heraus. Das schützt uns auch davor, Kämpfe zu führen, die nicht zu gewinnen sind. Die Veränderung bei sich selbst anzusetzen bedeutet, die gesamte Verantwortung für die jeweilige Situation zu übernehmen. Diese Übernahme von Verantwortung macht es uns möglich, die Veränderung der Situation selbst zu steuern, ganz und gar unabhängig vom Gebaren des Gegenübers. Das ist sehr hilfreich, aber zugegebenermaßen nicht immer einfach. Starke Gefühle, die in Verletzungen vergangener Zeiten wurzeln, ziehen einen leicht in einen alten Film zurück, der mit Kampf verbunden ist.

Reflexion

- Was muss geschehen, damit es Ihnen reicht?
- Wie schaffen Sie Distanz zu dieser unangenehmen Situation?
- In welchen Fallen stecken Sie?
- Was sind die nächsten Schritte, die Sie einleiten sollten, um das Problem zu beenden?
- Welches übergeordnete Ziel verfolgen Sie?
- Was möchten Sie in Ihrer Firma verändern? Benennen Sie drei Baustellen.

6 Kosten und Folgen von Konflikten

Zuerst zeigt sich der Konflikt, dann zeigen die Zahlen die Krise an

Wie errechnet man den Verlust, der einem Unternehmen durch Konflikte entsteht?

Wie unterscheidet man das Symptom vom Problem?

Wann sollten Sie Störungen verlassen?

Warum Psychologisierungen Unternehmen gefährden.

Dieses Kapitel dient als Inspiration, die unternehmerischen Folgen von Konflikten zukünftig in Zahlen zu sehen. Sie brauchen Bewusstheit über das Ausmaß der Folgen, die durch eine Störung bei den Menschen sowie in der Organisation entstehen. Mit dieser Bewusstheit werden wir handlungsfähig und verlassen den Konflikt. Denn was Worte nicht ausdrücken können, zeigen Zahlen umso deutlicher. Einen Konflikt als Kosten- und Risikofaktor darzustellen hilft Ihnen dabei, ihn als unternehmerischen Verlustfaktor anzuerkennen. Finanzielle Engpässe entstehen ebenso durch zermürbende Auseinandersetzungen, denn diese richten dauerhaft die Aufmerksamkeit ins Unproduktive. Durch Unproduktivität verliert jede Firma Geld. Konflikte führen genau dazu. Je kleiner das Unternehmen ist, desto mehr trifft es den Nerv des Unternehmens. Aber auch in großen Firmen belasten gestörte Arbeitsbeziehungen die Produktivität, neben der Belastung, die die Betroffenen körperlich spüren. Um eine Veränderung herbeizuführen, braucht es denkbar einfache Handlungsschritte. Dabei gilt, je einfacher, desto besser. Dies hat einen Grund. Komplexe Situationen, die bei Krisen- und Konfliktfällen entstehen, absorbieren sehr viel Aufmerksamkeit. Nur einfach strukturierte Handlungen haben eine Chance, angewendet und von der Organisation angenommen zu werden. Ist die Intervention komplex, sinkt die Chance der Akzeptanz, da nicht genügend Kapazität zur Aufnahme der Information bereitsteht. Folgende beispielhafte Formel, die für das Sichtbarmachen von Konfliktkosten geeignet ist, ist simpel anwendbar. Verändern Sie die Faktoren, bis diese mit Ihrem Unternehmensbild übereinstimmen.

(Gehalt einer Arbeitsstunde × Personenanzahl der Beteiligten + summierte Ausfallfaktoren) × 2 = Verlust

Die Ausfallfaktoren setzen sich beispielsweise aus Krankenzeiten, die durch den Konflikt entstehen, und dem durchschnittlichen Produktivitätsverlust (prozentuale Auftragsverminderung) zusammen. Berechnen Sie die Kosten Ihres firmeninternen Konflikts, so zeigen diese Zahlen die Belastung für die Organisation an. Diese multiplizieren Sie mit zwei. Damit sind alle Nebeneffekte, die Sie noch nicht erkennen können, mit inbegriffen. Die Nebeneffekte bestehen in Reputations-, Know-how- und Glaubwürdigkeitsverlusten, den sonstigen Reibungsverlusten sowie dem Verlust von Investitionsvermögen. Die Bewusstheit über den Schaden, den die Firma erleidet, wird durch den Konflikt unterdrückt.

Praxisbeispiel: Gesellschaften

Stünde beispielsweise in einer GmbH, in der es wiederholt zu Konflikten zwischen den Gesellschaftern kommt, hinter dem Posten Störung „2375 Euro pro Monat“, würde die Bereinigung der Störung als Maßnahme schnell auf der Arbeitsliste stehen. Errechnen lässt sich diese Summe aus den im Streit verbrachten Stunden, dem Produktivitätsverlust bei den Mitarbeitern und dem durchschnittlichen Auftragsverlust.

6.1 Problem, Symptom und Signal

Eine Gefahr ist, dass die Konfliktfolgen den Fokus in Richtung Schadensbegrenzung verdrängen und das eigentliche Problem aus den Augen gerät. Das Symptom wird zum Problem erklärt; das grundlegende Problem jedoch bleibt über Jahre bestehen und produziert fortlaufend Störungen. Schauen wir uns nun an, welche Symptome eine Organisation entwickelt, wenn Konflikte zu Krisen werden. Sobald Sie die Symptome erkennen, sind Sie auch in der Lage, einen Rückschluss auf das eigentliche Problem zu ziehen.

Stellen Sie sich hierzu vor, dass die Firma, in der Sie arbeiten, eine juristische Person darstellt. Sie verfügt über Rechte und Pflichten. Die Unternehmensspitze sorgt im Bestfall für die Aufrechterhaltung des Rahmens, in dem diese Organisation ihrer Versorgungspflicht nachkommt.

Genau diese Versorgungsebene ist die erste Ebene, die im Falle einer anhaltenden Kriseneinwirkung Symptome produziert. Je kleiner ein Unternehmen ist, desto schneller erkennt man dieses Symptom. Rechnungen werden verzögert beglichen, Gehälter sind vakant, Krankheiten Einzelner werden zur Belastung aller, Rücklagen werden aufgebraucht und finanzielle Engpässe in der nahen Zukunft produziert, da keine Kraft mehr für die Generierung neuer Aufträge vorhanden ist. Der schwerwiegendste, unternehmerisch schädigende Faktor für die Zukunft der Firma entsteht, wenn die Unternehmensspitze als vordenkende Instanz selbst betroffen ist und die Arbeit an der Zukunft und Entwicklung des Unternehmens nicht mehr weiterführt. Das Symptom hierfür ist die Stagnation des Unternehmens.

Diese Faktoren stellen nicht das Problem dar, sondern sind lediglich die Folgen des wahren Problems, des verschleppten Konflikts. Es ist wichtig, sich dies bewusst zu machen, da wir sonst das Problem nicht an der Wurzel packen können und womöglich die Symptome für das Problem halten.

Beim Menschen folgt das Symptom auf eine sogenannte Körpersignalkette. Dieses Symptom ist die Verdichtung aller Signale und das Ergebnis der fehlenden Reaktion auf eines der Signale. Bei Organisationen ist dies nicht anders. Es entstehen ebensolche Muster, die für Außenstehende gut erkennbar sind. Das Symptom zeigt den Schaden an, der durch das Nichtaufgreifen der vorangegangenen Signale entsteht. Kam es zur Störung durch Überarbeitung und erhöhten Druck im Unternehmen, gibt es unzählige Signale, die den drohenden Schaden, das Symptom, vorankündigen. Die Überarbeitung ist der Konflikt, den die Organisation hat. Institutionell zeigen sich die (Warn-)Signale auf der zwischenmenschlichen Ebene. Der Ton wird ruppig, das Aggressionslevel steigt, Anforderungen wird vermehrt mit aufbrausenden Emotionen begegnet. Signaltechnisch gesehen sind diese Reaktionen Warnzeichen, die darauf hinweisen, dass eine Störung vorliegt und Handlungsbedarf besteht. Das Symptom der zugrunde liegenden Störung ist der Ausfall von Arbeitskräften und der Verlust von Rationalität, auch bei den Entscheidern.

6.2 Die Grauzone

Das Symptom wirkt sich in der Organisation auf der finanziellen Ebene aus. Diese Zusammenhänge nicht zu erkennen bedeutet, einen Schaden in Kauf zu nehmen, der im schlimmsten Falle ein Unternehmen zunächst in eine Grauzone und dann ins Aus schiebt. Es gibt einen Zeitpunkt, da hat die Störung die Organisation buchstäblich eingenommen. Das ist der Zeitpunkt, zu dem man die Störung dringlich verlassen sollte. Der Fokus gehört wieder in die Gegenwart und in die Zukunft des Unternehmens. Denn aus dem Blickwinkel der Organisation gesehen formt Ihr Denken die Zukunft. Nach dem Prinzip der Leadership-Entwicklung wirft man einen Stein voraus, der später das Fundament für den weiteren Erfolg bildet. In Zeiten von Störungen ist das Denken rückwärtsgerichtet. Organisatorisch gesehen fehlt dann in der Zukunft die Basis für neue Projekte. Die Organisation verliert Kraft, die sie haben könnte, aber nun nicht mehr nutzen kann. Geschieht dieser Prozess über einen längeren Zeitraum, rutscht die Organisation in eine sogenannte Grauzone. Sie lebt von Reserven und von dem, was noch funktioniert. Eine große Organisation übersteht diese Phase länger als ein kleines oder mittelständisches Unternehmen.

In die Auszone rutscht die Firma, wenn die Liquidität nicht mehr gehalten werden kann und parallel dazu die Verweildauer in der Grauzone monatelang ohne Unterbrechung angedauert hat. Aus der Prozesssicht gesehen ist das logisch, denn Grauzonen sind störungsanfällig. Es wird zunehmend schwerer, den Fokus wieder ins Positive zu richten und an Wachstum und Veränderung zu denken. Dadurch wächst in der Grauzone die Gefahr für ein Aus für die Firma.

> Befinden Sie sich gerade in einer Grauzone, stoppen Sie den Blick auf das Problem und starten Sie die Entwicklung und Umsetzung eines kleinschrittigen Rettungsplans. Jeder Schritt führt Sie in Richtung Zurückgewinnung der Produktivität und Etablierung neuer Kraft in der Zukunft.

6.3 Konflikte und Emotionen

Ein schwieriger Punkt ist die Emotionalität, die innerhalb von Konflikten auf natürliche Weise ansteigt. Ein Konflikt, der älter als vier Wochen ist, gilt als Krise. Aus der Perspektive einer Organisation bedeutet das: Es tritt dann eine Krise ein, wenn der unternehmensförderliche Fokus mehr als vier Wochen ausfällt. An Emotionen hängen viele nicht aufgearbeitete persönliche Erfahrungen. Deshalb ist es, als ob sich die persönlichen Geschichten der Personen streiten. Getan wird aber so, als ob es um Sachverhalte ginge. Hier spielt uns unsere Unbewusstheit einen Streich. Von außen gesehen ist leicht zu erkennen, worum es wirklich geht. Sprechen Sie diesen verletzten und sich wehrenden Teil an, sitzen Sie jedoch in einem psychologisierten Rahmen fest, der organisatorisch gesehen eher problematisch als förderlich ist.

Innerhalb dieses Rahmens geht es um die Beziehung zu denjenigen, bei denen wir unsere Reaktion auf Konflikte gelernt haben. Nur merkt das niemand. Die Betroffenen fühlen sich im Hier und Jetzt, obwohl sie im Film von anno dazumal agieren. Dieser psychologisierte Rahmen nützt im Geschäftsleben deshalb nur wenig (auch wenn er sonst sehr gute Dienste leistet), weil er uns vom Sachverhalt ablenkt und schnell alte Gefühle hineinbringt, die sehr schmerzhaft sein können. Diese wollen auch dann befriedet werden, wenn man sie als Begleitperson nur antippt. Innerhalb firmeninterner Prozesse hat diese Befriedungsarbeit aber keinen Platz, ganz im Gegenteil. Geht es zu sehr um Verzerrungen, verliert die Firma auch innerhalb der Konfliktklärungsphase weiterhin Kraft. Das darf nicht passieren. Die Organisation braucht einen klaren Kopf mit einem freien Herzen. Im psychologisierten Rahmen macht beides zunächst einmal dicht. Das Herz schließt sich ob der Verletzung, die in vergangenen Zeiten geschah. Auch die Rationalität wird getrübt. Nach der Aufarbeitung von Gefühlen befinden wir uns an der ersten von zwei Entwicklungsgrenzen. Dort kann Führung nicht existieren, lediglich das Management von Gefühlen findet dort statt. Führung ist hier nicht möglich, und das kann sich keine Organisation leisten. Deshalb bietet sich aus der Sicht einer Organisation ein Konfliktlösungsrahmen nicht an, der die Gefahr in sich birgt, in alten Gefühlen hängen zu bleiben.

Unsere Gesellschaft ist durchwoben von Psychologisierungen. Hört man Menschen zu, die sich auf der rationalen Ebene mit psychischen Prozessen auseinandergesetzt haben oder auch eine Therapie gemacht haben, kann man als Außenstehender bei einigen die Diskrepanz zwischen Führung und rationalem Konzept des Verständnisses erkennen. In der Leadership-Entwicklung wird die Erkenntnis zur Handlung. Bleibt es bei einer Psychologisierung der Situation, dann ist dort sehr viel Wissen, das den Weg in das körperliche Verstehen jedoch nicht vollzogen hat. Etwas zu verstehen heißt noch lange nicht, etwas begriffen zu haben. Das Wissen bleibt an der Oberfläche. Das Handeln entspricht nicht diesem Wissen. Wir brauchen das Herz, um die Intelligenz des Körpers, das heißt auch unser Bauchgefühl, nutzen zu können. Keine Führung ist optimal, sofern sie nur im Kopf geschieht. Die rein rational gesteuerte Führung greift in etwa nur 50 Prozent unseres Führungspotenzials auf. Den Rest finden wir in unserer Wahrnehmung, in unseren körperlichen Signalen sowie in unseren Herzen.

6.4 Positive Führung

Beim Begleiten solcher firmeninternen Prozesse mit dem Ziel, die Fähigkeit zu erlangen, zwischen **dem Erkennen im Sinne von Wahrnehmungsfähigkeit erhöhen**, **dem Handeln im Sinne von förderlichem Tun** und **dem Sehen im Sinne von Erkenntnis der Realität** wählen zu können, ist alles wahrnehmbar, einschließlich alter Wunden. Wichtig ist es, sich nicht in den Schmerz hineinzubegeben.

Dieses wachsende Sehen dient dem Führen schwerer Situationen und steigert die Unabhängigkeit des Handelns. Diese Art von Prozess hat eines zum Ziel: das eigene Sehen so nah wie nur möglich an die Realität heranzuführen. Hierfür muss die Verantwortung für alle Handlungen im Umfeld übernommen werden. Statt mit dem Finger nach außen zu zeigen, ist der Blick zu erweitern, um das missliche Verhalten von Kollegen aufzufangen, ohne einen Schaden für das Unternehmen zu akzeptieren. Die Leadership-Entwicklung hilft aus der Ohnmacht des Nicht-handeln-Könnens heraus.

Die Leadership-Entwicklung sollte also dahin gehend greifen, dass Probleme erkannt werden, ohne in verletzte Gefühle der Vergangenheit einzusteigen. Solange Verletzungen uns unbewusst sind, sind sie machtvoll. Im Unbewussten landen vornehmlich Informationen, die eine Gefahr für unser Gleichgewicht darstellten. Für die Arbeit in Organisationen entwickelt sich daraus eine Konsequenz, die lautet: Sehen Sie alles und lernen Sie, Distanz zu schaffen. Sehen ist wichtig, damit die Information nicht in den Untergrund abtaucht. Das Sehen kann aber auch sehr schmerzhaft sein, wenn man in dem verharren bleibt, was sich dort zeigt. Denn ehe man sich versieht, steckt man mittendrin und empfängt exakt die gleichen Signale, wie man sie damals in der Ursprungssituation hatte.

Distanzieren Sie sich von Ihrer Betroffenheit, denn diese hat eine äußerst persönliche und individuelle Geschichte. Diese aufzuarbeiten dauert Jahre. Werden Sie sich darüber bewusst, schwindet Ihre Betroffenheit, weil Sie sich in dem Moment distanzieren, wo der Zug in die Vergangenheit einsetzt. Das Schöne daran ist, dass Sie handlungsfähig bleiben und nicht ins Leid alter Tage versinken. Sie verdrängen nicht, sondern beginnen, die Realität so zu sehen, wie sie ist. Das ist ein Prozess, eine Entwicklung, die nicht von heute auf morgen beginnt, aber mit jedem Schritt nach vorne führt und dabei Missstände verschwinden lässt. Schaffen Sie es, gegenüber Ihrer Betroffenheit Distanz aufzubauen, so fällt es Ihnen auch dort leichter, Distanz aufzubauen, wo es um die Prozesse und verzerrten Gefühle anderer geht. Können Sie keine Distanz schaffen, werden Sie unwillkürlich mit hineingezogen, sobald sich das Konfliktthema mit einem Ihrer unbearbeiteten Themen deckt. Wenn Sie jedoch nicht mehr in den Kampf einsteigen, können Sie erkennen, dass der Kampf nur zur Verstärkung der Verzerrung führt. Deshalb hüten Sie sich davor, andere zu verurteilen. Mit der Verurteilung geht Ihnen ein Teil Ihrer Handlungsfähigkeit verloren, da Sie nun nach außen schauen und nicht mehr den Hebel zur Veränderung bei sich selbst suchen. Setzen Sie die Veränderung bei Ihnen selbst an, statt darauf zu bestehen, dass der andere endlich begreift. Beherrschen wir diese Kunst der Führung, atmet eine Organisation auf. Jede Firma braucht ein solches Sehen, und es ist die Aufgabe der Verantwortungsträger, hierbei die Führung zu übernehmen.

■ 6.5 Störende Informationen aufgreifen und entfernen

Das Ziel einer Konfliktbereinigung in Unternehmen ist es, die Organisation als Versorger vieler Menschen störungsfrei zu gestalten. Tauchen Störungen auf, die die Funktionalität der Abläufe behindern, sollten diese Störungen als negative

Informationen erkannt und begriffen werden, um sie aufgreifen und entfernen zu können. Es liegt nahe, zu denken, man müsse lediglich die Personen entfernen, die Störungen produzieren, doch das Aufheben einer Störung funktioniert häufig gegenläufig. Haben Sie beispielsweise erkannt, dass nicht nur Sie als Chef Schwierigkeiten haben, Vertrauen in den Erfolg zu fassen, so sollten Sie zunächst selbst eine Position beziehen, in der Sie den Erfolg der Firma keinesfalls anzweifeln.

Zweifeln ist eine Handlung mit negativer Konsequenz. Haben Sie als Chef diese Haltung, wird auch bei Ihren Mitarbeitern eine Schwerfälligkeit auftreten, die Sie als störend empfinden. Die Idee, dass dies nur eine Reaktion auf Ihre Zweifel ist, kommt Ihnen hier noch nicht. Im Zustand des Zweifelns wird die Arbeit eher als Kampf wahrgenommen und nicht als schrittweises Ausbauen des schon vorhandenen Erfolgs. Die negative Information ist in diesem Fall der Blickwinkel des Zweifels. Fangen Sie als Chef bei sich an, Distanz zum Zweifel zu schaffen. Dieser Abstand wird Ihnen noch mehr Einsicht gewähren, wie die Folgen von Zweifeln innerhalb Ihres Unternehmens wirken. Der Abstand lässt Sie mehr sehen, weil Sie erkannt haben, dass der Zweifel das Problem ist und nicht die Reaktion Ihrer Mitarbeiter darauf.

Um störende Informationen aus dem Unternehmensalltag zu entfernen, braucht es das Sehen und Erkennen der Verantwortungsträger und all derjenigen, die eine Bindung zu ihrer Arbeit haben und mehr darin sehen als das Abreißen von Stunden.

Zusammenfassung

Egal in welchem Kontext, überall, wo Lebewesen aufeinandertreffen, entstehen innerhalb des Miteinanders Muster und sich wiederholende Abläufe. All dies zusammen bildet ein System. Auch Organisationen funktionieren darum auf der Basis eines Systems, das durch das Miteinander geprägt wird. Alle Störungen, die nicht verarbeitet wurden, beeinflussen in der Folge die Systematik im Unternehmen. Hat sich ein Konflikt festgesetzt, verändert dieser nicht nur die Produktivität, sondern auch die Zahlen. Der Gewinn wird gedrückt. Hier braucht es konkrete Handlungen. Gespräche führen ins Leere, je mehr ein Konflikt eskaliert ist. Handlungen packen am Problem an. Symptome entstehen infolge von anhaltenden Konflikten.

6.6 Reflexion: Konflikte begreifen

- Wie hoch sind Ihre derzeitigen Konfliktkosten? Errechnen Sie diese gemäß Ihrem Verantwortungsfeld. Sind Sie Abteilungsleiter, dann rechnen Sie für Ihre Abteilung; sind Sie Gesellschafter, für Ihre Gesellschaft etc.
- (Gehalt einer Arbeitsstunde × Personenanzahl der Beteiligten + summierte Ausfallfaktoren) × 2 = Verlust
- Welche Handlungen mit negativer Konsequenz existieren in Ihrem Umfeld?
- Wann psychologisieren Sie noch?
- In welcher Situation fehlt Ihnen Distanz?

7 Integration verschiedener weiser Sichtweisen

Die Erfahrung der Welt spiegelt sich in der Weisheit wider

Weshalb kann Neutralität bei Mediatoren nur rational funktionieren?

Wie kommt man mit fünf Schritten aus der Blockade?

Was an Sicherheit kann schaden?

Wie kommt es dazu, dass positiv und negativ nicht zusammenkommen?

Dass Führung, wenn sie wohltuend ist, etwas Weises in sich trägt, werden Sie auf die eine oder andere Weise eventuell schon erlebt haben. Vielleicht verfügen Sie darüber hinaus über ein Bild von einer guten Führung und kennen das Gefühl, das von einer sich positiv auswirkenden Führung ausgeht. Dann sind Sie der Definition von Weisheit schon sehr nahe. Das Schöne an der Weisheit ist, sie ist uns vertraut, und das macht sie auch für Unternehmen gut zugänglich. Der Unternehmensalltag nimmt viel Aufmerksamkeit in Anspruch; da sollten die Interventionen, die erforderlich sind, um Abläufe zu sichern, leicht eingängig sein. Das macht die Intervention nachhaltig. Seit Menschengedenken besteht weltweit eine Weisheit, die unsere Vorstellung von gut und schlecht prägt. Weisheiten gleichen sich im Kern, egal in welcher Sprache sie ausgesprochen werden. In einer guten Führung steckt viel Weisheit, wenn jemand führt, der seine eigenen Tücken erkannt und überwunden hat. Da Störungen, Krisen und Konflikte nicht von alleine weichen, braucht es eine Gestaltung der Situation, um die Firma auf Dauer in eine sichere Position zu führen, in der Distanz zu zerstörenden Kräften gehalten werden kann. Distanz funktioniert dort, wo ein unverstellter Blick auf das Geschehen möglich ist. Lassen wir uns selbst in ein Konfliktgeschehen hineinziehen, fehlt uns der freie Blick auf die Dinge. Uns fehlt die Distanz. Dadurch können wir eine Situation nur noch begrenzt führen. Gute Führung wahrt Distanz, ohne das Gefühl für die Situation zu verlieren.

7.1 Demut und Neutralität

„Ein Mensch, der sich vor nichts beugt, kann niemals die Last seiner selbst tragen.“
Laotse (Philosoph, chinesischer Weiser, 604–531 v. Chr.)

Demut und Führung in Einklang zu bringen gelingt dann, wenn wir uns bewusst sind, welche Wirkung Demut entfaltet. Demut ist das Gegenteil von Hochmut, sie lehrt uns eine Haltung, die es uns erlaubt, selbst kleinste Dinge wahrzunehmen. Demut öffnet den Blick und verbindet das Gefühl mit dem Verstand. Diese Kombination ist beim Umgang mit Krisensituationen ein wichtiges Leadership-Prinzip, dem es zu folgen gilt, will man Situationen entschärfen, statt sie negativ zu verstärken. Nur in der Kombination von Verstand und Herz kann eine ganzheitliche Führung gelingen.

> Mit einer demütigen Haltung unserer Umwelt gegenüber verhindern wir, in die Falle von Beschuldigungen und Verurteilungen zu geraten, wodurch wir selbst sofort in den Kampf involviert würden. Beschuldigen wir jemanden, stecken wir selbst in der Situation fest.

Die Demut dient weder der Unterwerfung, noch stellt sie das eigene Licht unter den Scheffel. Demut schützt vor Selbstüberschätzung und hält unnötige und kraftraubende Kämpfe von uns fern. Demut lässt uns selbstkritisch sein, ohne uns selbst zu verurteilen. Sie lässt uns die Realität annähernd so wahrnehmen, wie sie wirklich ist. Vor allen Dingen aber kann der demütige Mensch seinem Gefühl folgen, er braucht keine rein kognitive Steuerung. Er braucht sich nicht rational zu kontrollieren, sondern erfährt Kontrolle durch eine offene Haltung sich selbst und anderen gegenüber. Eine Führungskraft, die dieses Prinzip lebt, achtet das Handeln anderer und hält Distanz zu den Hochmütigen. Im Falle eines Konflikts kennt sie die raumgreifende Wirkung von Konflikten und ist insbesondere davor auf der Hut, sich selbst für unfehlbar zu halten.

Mediationsverfahren, bei denen Demut keine Rolle spielt, entfalten nur eine sehr begrenzte Wirkung. Die Lehre sieht im Grundsatz vor, dass der Berater/Mediator stets neutral bleibt und niemals Partei ergreift. Er nimmt im Konfliktgeschehen die Funktion des Vermittlers ein. Unter dem Aspekt der Demut ist diese Neutralität des Mediators nur mit einer strengen, rationalen Kontrolle zu erreichen, die das Gefühlsleben unterdrückt und damit auch die Basis von Demut und ganzheitlicher Führung untergräbt. Dies schafft ein Training, in dessen Folge die natürliche, körperliche Reaktion auf Situationen ausgebremst wird, bis der ausgelöste Impuls kognitiv nicht mehr zu spüren ist. Solange man jedoch ein Herz in der Brust schlagen hat und sich selbst als Teil von Prozessen ansieht, kann es bei Beratern keine vollständige Neutralität geben. Schließlich beeinflusst schon die eigene Anwesenheit das Prozessgeschehen. Weiß man das, kann man mit der Beeinflussung durch einen selbst umgehen. Hält man an der vermeintlichen Neutralität des Mediators fest, schließt man die Eigenbeteiligung von Anfang an aus.

Neutralität existiert nur im rationalen, kognitiven Anteil des Menschen. Sie ist erlernbar, aber sie entspricht nicht unserer Natur. Unser Körper wird nicht nur vom Verstand regiert, für den es stimmig klingen mag, bei Konfliktklärungen in der Mitte stehen zu bleiben. Unser Körper reagiert und wird von externen Prozessen in seinem Inneren angesprochen. Alles, was der Berater selbst nicht verarbeitet hat, zieht ihn unbewusst auf eine Seite. Nur mit viel Erfahrung, einer demütigen

Haltung und einer kontinuierlichen Arbeit an sich selbst nimmt die Reaktion auf andere deutlich ab, da noch offene eigene Themen abgearbeitet wurden. Nimmt ein Berater Informationen mit Bewusstheit auf, kann er mit der Neigung zu der einen oder anderen Seite hin umgehen und sie als Anlass für die persönliche Leadership-Arbeit nutzen. Mit einer demütigen Haltung gegenüber dem eigenen Selbst wird ein Konfliktberater sein Herz und seinen Verstand einsetzen und nicht behaupten, im Konfliktgeschehen neutral zu sein.

7.2 Raus aus der Blockade

„Manchmal ist das Verlernen nützlicher als Lernen." Hildegard Knef (deutsche Schauspielerin, 1925–2002)

Bei Change-Management-Prozessen werden Unternehmen begleitet, die einen Wechsel vollziehen – einen Wandlungsprozess. Hat ein Konfliktgeschehen, ein Führungswechsel oder/und die starke Rolle einer Führungskraft die Mitarbeiterschaft bereits so weit verändert, dass zum Beispiel Wachstum und Weiterentwicklung gelähmt sind, ist ein Wandel notwendig. Ansonsten wird die Firma immer mehr aufs Abstellgleis geraten. Innerhalb solcher Wandlungsprozesse wird das Förderliche und In-die-Zukunft-Gewandte leicht als Gefahr gedeutet. Die Mitarbeiter lehnen Neuerungen ab und arbeiten lieber so weiter, wie sie es unter der anderen Führung gewohnt waren. Die Konsequenz davon wird nicht erkannt. In solchen Prozessen tritt das Verlernen von alten Mustern nach vorne. Das Wort Verlernen zeigt schon, welche Ebene eine Veränderung braucht: die Verstandesebene. Ist der Verstand in einer Meinung festgekrallt, verweigert er sich auch sachlichen Argumenten. Die Führung muss handeln:

1. Erkennen der Blockade.
2. Distanzierung vom Festgekrallten.
3. Einbringen neuer Informationen, gerne auch durch die Neueinstellung von Mitarbeitern, deren Habitus passend zu dem ist, was das Unternehmen jetzt braucht.
4. Integration der Mitarbeiter, die sich zu verändern beginnen.
5. Aufmerksamkeit auf blockierende Mitarbeiter lenken.

Alle Schritte setzen an der Wurzel des Übels an, statt den Versuch zu unternehmen, anstrengende Überzeugungsarbeit zu leisten, die durch den Verstand abgeblockt wird. Unsere kognitive Ebene ist einer der zähesten „Gegner" in Veränderungsprozessen. Dass sie lediglich alten Mustern folgt, die uns einmal selbst genervt und behindert haben, ist der Verstandesebene unbekannt. Die Erkenntnis, dass hier alte Muster befolgt werden, führt zur Bewusstseinserweiterung. Die Aufgabe einer Führungskraft in hartnäckigen Prozessen ist es, das Unternehmen immer dorthin zu geleiten, wo eine Weiterentwicklung stattfinden kann. Dazu braucht es das Erkennen der Führungskraft und die Arbeit am eigenen Verstand. Je flexibler diese ist, desto mehr lässt sie es zu, dass Veränderung nicht nur über den Verstand vollzogen wird, und begreift, dass Stagnation eine Folge von sturem Verstandesdenken sein kann. Das ist ein Lernprozess, bei dem es um das Verlernen alter hinderlicher Muster geht. Verlernen bedeutet, loszulassen, was in hinderlichen Mustern hält, wobei die Bewusstwerdung das Loslassen erst möglich macht.

7.3 Der Schritt ins Unbekannte

„Wir setzen den Fuß in die Luft und sie trug." Hilde Domin (deutsche Schriftstellerin, 1909-2006)

Wollen wir Unternehmen aus einer konfliktgeladenen Kultur führen und zerstrittene Spitzen aus einem (selbst)zerstörerischen Konflikt befreien, braucht es den Schritt aus der festgefahrenen Situation heraus. Innerhalb alter Muster diesen Schritt zu vollziehen ist Schwerstarbeit. Der blockierende Faktor ist unser Verstand. Deshalb gilt zunächst jeder Konflikt als unlösbar. In den Konflikt einzutreten, würde bedeuten, sich in einem Gewirr von Verzerrungen zurechtfinden zu wollen. Die Lösung liegt außerhalb des Konfliktgeschehens. Der Schritt führt uns aus unserer eigenen Begrenzung heraus, hinein in die Realität. Deshalb braucht es für diesen Schritt den Mut aller Beteiligten. Sehen wir es aus der Perspektive der Führung, so wissen wir, dass die vermeintliche Sicherheit verlassen wird. Auch wenn die Situation nicht zum Aushalten ist - das alte Muster hält einen fest. Dass dieses Festhalten den Verlust von Gesundheit und Förderlichem mit sich bringt, ist den Beteiligten nicht bewusst. Zu führen ohne zu unterdrücken, zu lieben ohne Gewähr auf die Ewigkeit, zu investieren, um auch dem Nutzen der Welt zu dienen, all dies verlangt Mut und die Entscheidung, diesen Schritt ins Neue und Unbekannte zu wagen. Wagen wir diesen Schritt, so werden wir bemerken, dass die Schwierigkeit allein in unserer Vorstellung bestand und nicht im Schritt selbst. Später noch wird deutlich werden, dass der Schritt ins Unbekannte das einzig Richtige war. Sind wir erst einmal über diese Begrenzung gegangen, fällt es uns schwer, nachzuvollziehen, was uns vorher daran gehindert hat, diesen Schritt zu gehen.

7.4 Wissen teilen

„Wer Wissen hat, lasse andere ihr Licht daran entzünden." Margaret Fuller (US-amerikanische Schriftstellerin, 1810–1850)

Bei streitenden Gesellschaftern und verkrachten Kooperationen finden sich wiederholt folgende Faktoren: versteckter Neid, untergründige Missgunst, Angst vor Verlust des eigenen Anteils, das Gefühl, für das kämpfen zu müssen, was einem zusteht, oder die Befürchtung, die eigenen Kunden und Aufträge an den Kollegen zu verlieren. Überall spielt Konkurrenz in Verbindung mit Befürchtungen eine ausschlaggebende Rolle. Wo Konkurrenz ist, fehlt auch das Vertrauen auf die eigene Brillanz. Das Gefühl für die persönliche Wertigkeit ist irgendwo auf der Strecke geblieben. Wer jedoch weiß, was er kann, teilt sein Wissen, ohne befürchten zu müssen, er verliere etwas. Jemand, der seinen Wert kennt, kämpft nicht um Anteile, er hat sie und ist unverwechselbar und wertvoll. Er kann sich aus zerstörerischen Kämpfen herausmanövrieren. Wer sein Wissen zusätzlich spezialisiert, steigt in der Alleinstellung. Wer sich seines Wissens und Könnens sicher ist, gibt es weiter. Damit sichert er sich instinktiv einen Platz im Unternehmen. Denn mit dem Teilen steigt die Bedeutung für das jeweilige Projekt. Wer Inhaber eines Unternehmens ist, freut sich über jegliches Wissen und sollte stutzig werden, wenn Neid und Missgunst den Wissenden einschränken. Wird Wissen im eigenen Unternehmen geteilt, wächst die Bedeutung des Unternehmens, besonders in der Außenwirkung. Dort dient das Wissen dem Nutzen der Welt. Also wird es freigiebig weitergegeben, und der Kunde sieht die Qualität. Der Rang der Firma steigt. Die Kompetenz dahinter wird benötigt. Das Wissen wird zum wirtschaftlichen Faktor.

7.5 G-Informationen

„Gewalt hört da auf, wo die Liebe beginnt." Petra Kelly (deutsche Politikerin, 1947–1992)

Wo es hell wird, hört das Dunkel auf. Wenn etwas nicht zusammenzubringen ist, dann sind es Gut und Böse, Gewalt und Liebe wie auch Handlungen mit positiver Konsequenz und Handlungen mit negativer Konsequenz. Das eine ist nie das andere. Es sind zwei Welten. Dieses Prinzip ist unwiderruflich. Wer sich einmal entschieden hat, einen Weg zu gehen, der aus Handlungen mit guten Konsequenzen besteht, wird merken, dass beide Seiten auf Dauer nicht vereinbar sind. In Unternehmen, noch dazu in denjenigen, in denen Konflikte zu Krisen werden, sind zahlreiche Gewaltfelder (G-Felder) erkennbar. Die involvierten Personen tragen meist ein recht starres Bild von Gewalt in sich. „Gewalt ist, wenn geschlagen wird", so die allgemeine Aussage dieser Personen. „Und dann kommt es noch darauf an, wie geschlagen wird, damit es zur Gewalt wird." Tatsache aber ist, alle Handlungen mit negativer Konsequenz sind im G-Feld angesiedelt.

Darüber hinaus herrscht Gewalt überall dort, wo deren Erleben nicht verarbeitet wurde. Relevant ist dabei nicht, wer sie erlebt hat. Entscheidend ist, ob die Person das Erleben verarbeiten konnte. Konnte sie das nicht, gibt sie die G-Information weiter. So erhalten Kinder kriegsgeschädigter Eltern G-Informationen, ohne dass die Kinder diese unverarbeitete Gewalt je erlebt haben. Das Gewalterleben wird ihnen durch unreflektierte Wut, cholerische Anfälle, sadistische Handlungsweisen und Unterdrückungen unterschiedlichster Art vermittelt. Dazu muss nicht geschlagen werden. Verarbeitet das Kind diese Information nicht, gibt auch dieses Kind die G-Informationen weiter. Das erklärt, weshalb bis heute recht viele G-Informationen anzutreffen sind, die noch aus dem Zweiten Weltkrieg stammen. Und es erklärt außerdem, warum G-Informationen soziologisch bedingt national sowie international unterschiedlich gestaltet sind. In New York beispielsweise finden sich im Krisenmanagement komplett andere G-Signale, da die G-Informationen einen anderen historischen Ursprung haben als bei uns in Deutschland. Der Rückschluss, dass Personen im Konflikt gerade Teil eines G-Feldes sind, wird nicht gezogen. Das hat einen guten Grund. Steckt man mittendrin, erkennt man es in der Regel nicht.

G-Felder finden wir in allen Konflikten, die verzweifelt und verbissen durchgefochten werden. Und wenn es etwas gibt, was ein Unternehmen nicht dulden sollte, dann ist es ein G-Feld. Und das aus einem ganz pragmatischen Grund: Gewalt hat ausschließlich negative Folgen. Um ein solches Feld verlassen zu können, braucht es zunächst die Erkenntnis, dass man sich in einem solchen Feld befindet. Haben Sie das erkannt, dann hilft es, Distanz aufzunehmen zu allem, was keine positive Konsequenz hat. Würden Sie dieses Prinzip als Leitplanke wahrnehmen, fänden Sie von alleine aus dem G-Feld hinaus, da positiv und negativ sich ausschließen.

7.6 Falsches Helfen

„Menschen zu helfen, die sich selbst nicht helfen, ist nutzlos." (Volksweisheit)

Eine sehr wichtige Erkenntnis der Führungslehre lautet, dass nicht jede Hilfe eine gute Hilfe ist. Manches Helfen zieht eine negative Konsequenz nach sich, insbesondere für die Helferseite. Einige Konflikte, die sich auch unternehmerisch auswirken können, entstehen aus der falschen Art von Hilfe heraus. Projekte scheitern, und der Helfer wird zum Geschädigten. In Unternehmen geschieht dieser Prozess wiederholt. Hilfsbereite Mitarbeiter und Führungskräfte werden verprellt und geraten zwischen die Fronten. Sie folgen ihrem Gefühl nicht. Möchten Sie helfen, achten Sie bitte auf Ihr Bauchgefühl. Es zeigt an, wo Ihre Unterstützung gut ist und ankommt und wo am Ende Sie selbst der Geschädigte sind.

Praxisbeispiel: Beratungsfirma

Eine Supervisorin gefährdete ihre Veranstaltungen innerhalb einer Firma, da sie aus Hilfsbereitschaft ihrem Bauchgefühl nicht folgte. Die Supervisorin fühlte sich in Anwesenheit einer Teilnehmerin nie ganz wohl, obwohl sich die betreffende Dame nach außen hin sehr freundlich gab. Die Störgefühle zeigten der Supervisorin, dass die Störung mit der einen Teilnehmerin zusammenhing. Aus Hilfsbereitschaft entschloss sie sich, die Dame weiter zu begleiten, um ihr eine Chance zu geben. Dies war eindeutig die falsche Entscheidung. Die Dame war sehr intrigant, und schnell veränderte sich das Milieu in der sonst so weltoffenen Gruppe. Es kam zu einer bei Intrigen typischen Cliquenbildung um diese Dame herum. Die Gruppengröße sank, da sich die Neuzugänge nicht mehr wirklich wohlfühlten. Nichts führte mehr an dieser Dame vorbei. Der Dame nahestehende Gruppenmitglieder stellten ein Misstrauensvotum, waren aggressiv, griffen die Supervisorin an und stellten Behauptungen in den Raum.

Der Spuk war sofort vorbei, als die Supervisorin die notwendigen Konsequenzen zog. Sie legte den Konflikt offen und gab bekannt, dass nur diejenigen weiterhin erwünscht seien, deren Handlungen in ihrer Konsequenz förderlich für die Gesamtheit der Gruppe sind. Schon bei der nächsten Veranstaltung tauchte nur noch eine Teilnehmerin aus der Anhängergruppe rund um die besagte Dame auf. Diese Teilnehmerin war mittlerweile sehr nachdenklich und erkannte, dass auch sie lange auf der falschen Seite gestanden hatte. Mit dem Wegbleiben der Störer gab es auch wieder zahlreiche Neuzugänge. Die anderen Teilnehmer atmeten auf und fühlten sich auf einen Schlag befreit. Obwohl solche Prozesse intern ablaufen, beeinflussen sie das jeweilige Projekt auch in ihrer Außenwirkung. Neuanmeldungen kamen erst dann wieder, als der schädigende Prozess abgeschlossen war. ■

Naivität ähnelt der Gutgläubigkeit: An das Gute im Menschen glauben zu wollen, auch wenn dieser de facto gerade vorrangig negative Konsequenzen produziert und damit weit entfernt von gut ist. Innerhalb dieser „Naivität“ stehen wir so lange der Person helfend zur Seite, bis wir selbst auf der Seite der Geschädigten landen. Nicht nur in helfenden Berufen ist diese Form der Gutgläubigkeit immer wieder zu finden. Dass es sich hier um eine Form von falscher Selbstlosigkeit handelt, wird schnell begriffen. Spätestens dann, wenn deutlich wird, dass hinter dieser Hilfe das Aussetzen unseres Selbstschutzes lauert. Das ist eine eindeutige Folge früherer, nicht bearbeiteter Gewaltfelder, die oft von den eigenen Eltern unbearbeitet übernommen wurden. Dass diese Selbstlosigkeit eine falsche ist, zeigt die Konsequenz der selbstlosen Handlung. Dieses Helfen schadet.

Drei Schritte aus dem falschen Helfen

Deshalb ist es entscheidend, das eigene helfende Handeln immer wieder aufs Neue zu überprüfen.

1. Als Überprüfungsmaßstab dient die Frage *„Welche Konsequenz hat mein Helfen, für mich und für das Umfeld?"*.
2. Der nächste Schritt ist: *„Helfe nur dem, der sich helfen lässt."*
3. Der dritte Schritt in Richtung Bewusstwerdung lautet: *„Was treibt einen zur Hilfe?"*

7.7 Dienliches Verhalten

„Stehe an der Spitze, um zu dienen, nicht, um zu herrschen!" Bernhard von Clairvaux (französischer Zisterzienserabt und Theologe, 1090–1153)

Bei der Begleitung eines hochrangigen Chefs zeigte sich dieser darüber in Sorge, dass ihn seine Sanftmut nicht für den hohen Führungsposten prädestinieren würde, der ihm angeboten wurde. Sein gesamtes Umfeld sei um einiges dominanter als er, da könne er niemals mithalten. Er bat um Unterstützung dabei, dominanter zu werden. Die Begleitung stärkte ihn aber vielmehr darin, seine Sanftmut und sein Streben nach Ausgleich als den Kern seiner Führungskompetenz anzunehmen. Die Schlichtheit und Ruhe, die er ausstrahlte, brachte ihn schnell in die Position des Beobachters und damit auch in die Distanz, die ein Sehen im Sinne des Dienens möglich macht. Bisher hatte er sich bemüht, lauter, vordergründiger und auffälliger zu werden, um nicht ganz hinter den dominanten Kollegen zu verschwinden. Das jedoch strengte ihn an und ließ ihn unscheinbarer werden. Während einer Führungskräfteentwicklung stand er etwas unbeholfen stets am falschen Fleck. Seine Anstrengung war ihm deutlich anzumerken. Als er den Hinweis bekam, seine innere Ruhe dem Unternehmen dienlich zu machen, drehte sich der Spieß um. Plötzlich stand er im rechten Augenblick an der richtigen Stelle und half den Kollegen, die Herausforderungen zu bewältigen. In dem Moment, wo er sich seine Bescheidenheit eingestand und nicht mehr gegen sie ankämpfte, wurde er zum größten Nutzen der Firma. Ihn in diese hohe Position hineinzurufen geschah aufgrund seiner ruhigen Art und seiner sehr positiven Ausstrahlung. Die Begleitung machte ihm genau dies bewusst.

Menschen, die einem guten Zweck dienen können, ohne in die Position der Selbstaufgabe zu rutschen, haben eine hohe Affinität zur Übernahme großer Verantwortung, die sich zum Nutzen der Welt auswirkt. Dienen steht nicht im Widerspruch zum Erfolg. Auch widerspricht diese Führungshaltung nicht dem Wunsch, wohlhabend zu werden. Dienen geschieht aus einer Haltung heraus, die es sinnvoll erscheinen lässt, die eigenen Anstrengungen und Handlungen einem übergeordneten Zweck unterzuordnen. Eine Firma bietet zahlreiche Möglichkeiten, genau diese Haltung einzunehmen. Wie können wir dem Nutzen der Welt dienen? Das Nachdenken über diese Frage ist ein fester Bestandteil von Unternehmensbegleitungen. Es könnte sich beispielsweise eine Betonverarbeitungsfirma um die Verbesserung des Baustoffs kümmern und sich Gedanken darüber machen, wie Alt-Beton neu verarbeitet werden kann. Das spricht sich dann herum und steigert den Bekanntheitsgrad dieser Firma. Ihr Bestreben, der Umwelt zu dienen, steigert die Qualität ihrer Dienstleistung. Dient ein Inhaber seiner Firma, so wird dieser schauen, dass jeder Mitarbeiter das Umfeld bekommt, in dem dieser die Interessen der Firma am besten vertreten kann. Beim Dienen steht der Nutzen für die Welt nicht infrage, beim Herrschen steht er erst gar nicht zur Debatte.

7.8 Verborgene Fähigkeit

„Wessen wir am meisten im Leben bedürfen, ist jemand, der uns dazu bringt, das zu tun, wozu wir fähig sind.“ Ralph Waldo Emerson (amerikanischer Philosoph, 1803–1882)

Der wahre Schatz, den wir besitzen, ist unsere Einzigartigkeit. Dieser Grundgedanke zum Entwicklungsweg eines Menschen besteht aus der Aufforderung, genau das zu tun, wofür der Einzelne geschaffen wurde. Die Umsetzung dieser Kernaussage setzt voraus, dass jeder Mensch erkennt, dass er einzigartig ist, und akzeptiert, dass er eine Fähigkeit in sich trägt, die ihn zu etwas Besonderem macht. Ohne Entwicklungsarbeit an sich selbst ist eine entschlossene Ausübung dieser persönlichen Besonderheit nicht möglich. Es handelt sich um einen Prozess, bei dem der Mensch lernt, alles, was er tut, seiner Besonderheit unterzuordnen. Das Besondere verbirgt sich hinter einer uns normal scheinenden Eigenschaft, zum Beispiel, Dinge anders wahrnehmen und sehen zu können als andere. Da wir schon mit dieser Besonderheit auf die Welt kommen, fällt es uns zunächst nicht auf, dass beispielsweise unsere geschärfte Wahrnehmung unsere Besonderheit darstellt.

Im Bereich Persönlichkeitsentwicklung begleite ich unterschiedliche Verantwortungsträger über Jahre hinweg, in denen sich ihre Brillanz entfaltet. 1991 habe ich damit begonnen, auf jene brillante Einzigartigkeit im Menschen zu achten, und es ist mir bis heute keine Dopplung begegnet. Auch wenn es nur Nuancen sind, die sich unterscheiden, die Unterschiedlichkeit zeigt sich in der Weise, wie die Besonderheit nach der Entwicklung gelebt wird. Bei dem einen zeigt sich seine Fähigkeit in der Kompetenz, Dinge zu tragen, die für Otto Normalbürger nicht zu bewältigen sind. Die besondere Fähigkeit ist hier die Geschwindigkeit der Auffassungsgabe, verbunden mit einer außerordentlichen körperlichen Kraft. Entwickelt werden muss, mit der körperlichen Kraft zu agieren und nicht gegen sie. Eine nicht entwickelte erweiterte Auffassungsgabe führt zu Überforderung. Derjenige, dessen Fähigkeit hier liegt, fällt oft dadurch auf, dass er chaotisch und unstrukturiert wirkt, mit einer gewissen Umständlichkeit im Handeln. Körperlich sind diese Menschen eher zart besaitet, und es scheint, dass alles sie umhauen könnte. Mit der Entwicklung dreht sich das Blatt um. Was einst wie eine Schwäche wirkte, wird nun zur außerordentlichen Kraft. Zur Schau gestellte Inkompetenz ist also oft nichts anderes als ein Signal dafür, dass hinter ihr Einzigartigkeit schlummert.

Es ist ein Gewinn für das eigene Dasein auf dieser Welt, sich beziehungsweise das, was einen besonders macht, zu leben. Diese Fähigkeit ist so gut wie jeder Tätigkeit, sei es angestellt oder freiberuflich, unterzuordnen. Sie zu leben macht aus jeder Tätigkeit etwas Unverwechselbares. Also ist nicht die Tätigkeit selbst entscheidend, sondern wie man sie mit seiner Fähigkeit ausübt. Die eigene Fähigkeit zu leben macht unabhängig, unvergleichbar und führt quasi automatisch zu einem stetig wachsenden Verantwortungsgebiet. Das geschieht zeitgleich zur Entwicklung. Verantwortungsträger, die sich dieser Entwicklung hingeben, verändern zeitgleich die Organisation, in der sie arbeiten und den Umgang mit privaten Herausforderungen. Je mehr sie ihre Fähigkeit leben, desto größer sind die Veränderungen mit positiver Konsequenz für alles, was sie tun. Egal, ob Sie eine Position mit Führungsverantwortung innehaben oder nicht, die Persönlichkeitsentwicklung entfaltet ihre Führungskompetenz. Das kommt im Umfeld an. Damit verändern sich auch die Aufgaben, die Sie übernehmen. Diese werden immer gewichtiger. Entwickelte Menschen sind an dem Nutzen erkennbar, der durch ihre Handlungen für das gesamte Umfeld, sprich die Welt um uns herum, entsteht.

Zusammenfassung

Eine weise Führung tut Gutes und baut auf das kollektive Wissen auf, das sich im Volksmund widerspiegelt und von Generation zu Generation weitergegeben wird. Über die Jahrhunderte hinweg kristallisierte sich ein sogenanntes Ur-Wissen heraus. Die Lehre über das Führen und damit sämtliche Führungsprinzipien beinhalten Auszüge aus diesem gewachsenen Wissen. Hier erfahren wir auch, dass eine Neutralität einer Persönlichkeit zu keinem Zeitpunkt gegeben ist. Unser Auftreten löst immer eine Reaktion aus. Kennen wir diese Wirkung, können wir diese auch führen. Die Führung mit positiver Konsequenz für Mitmenschen und Umwelt erreichen wir durch Haltungen wie Demut und dem businessfremden Wort der Liebe. Lassen wir diese Weisheiten der Welt an unserem Verstand vorbei, finden jene Werte Einzug in das Führen von Organisationen und Mitarbeitern. Wir akzeptieren, dass der Verstand es ist, der uns blockiert. Er gaukelt uns vor, dass wir unsere Sicherheit verlieren, sollten wir seine Maßstäbe verlassen. Verstandesgesteuerte Blockaden überwinden wir durch das Erkennen, durch die Distanzierung von Negativem, die Einbringung von fehlenden Informationen, die Integration von positiven Einflüssen sowie das Lenken unserer Aufmerksamkeit auf Störungen, die das Positive unterwandern.

Schnell wird deutlich, dass eine Handlung selbst nicht zeigt, ob sie gut oder schlecht war. Es ist die Folge und Konsequenz der Handlung, die aus ihr etwas Positives oder Negatives macht. Hier gibt es keine Zwischenlösung, sondern nur das Ergebnis unseres Handelns. Das erklärt, dass Helfen auch negativ sein kann und Verlernen an manchen Stellen angebracht ist, um alte Muster aufzulösen, damit eine positive Konsequenz erreichbar wird. Führung baut auf der inneren Haltung auf. Um ein Unternehmen auf Dauer konfliktfrei und positiv zu gestalten, braucht es genau diese Haltung, die Teil der Entscheidung ist, Konflikte als schädlich anzuerkennen und deshalb im Unternehmerischen nicht mehr zu akzeptieren. ■

■ 7.9 Reflexion: Die Haltung entscheidet

„Auf ehrliche Weise wird man nicht reich“ versus *„Der Ehrliche hat immer Arbeit“*. (Volksmund)

Die eigene Haltung ist entscheidend für alle Ergebnisse, die man als Verantwortungsträger erzielt. Sie ist die Grundlage jeglicher Führung. Geschäftstüchtigkeit mit einer Haltung zu verbinden, die in ihrer Konsequenz rein positiv ist, setzt eine hohe innere Stärke voraus.

Gerade im sogenannten Business wird gern mit harten Bandagen gekämpft. Es wird gemobbt, unterdrückt, intrigiert und übervorteilt. Es geht um Gewinne. Einen stetig steigenden Gewinn zu erzielen ist in den meisten Köpfen quasi automatisch mit Kampf verbunden. Der Kampf um Marktanteile, der Umgang mit der Konkurrenz, das Durchsetzen des eigenen Produkts und firmeninterner Interessen bündelt die Aufmerksamkeit auf den Ausschluss der Verdrängung vom Markt. Die Kunst des Verantwortungsträgers, der mit seiner Handlung ausschließlich positive Konsequenzen verursachen möchte, besteht in der Aufrechterhaltung seiner inneren positiven Haltung. Das ist nicht einfach, denn negative Ereignisse und Frust entfalten eine Sogwirkung, sofern die Entscheidung, das Förderliche im Leben zu stärken, nicht felsenfest steht.

Ist die Entscheidung gefallen, dass die Folge der eigenen Handlungen eine gute sein soll, wird die Aufmerksamkeit in Richtung Erfüllung eines Nutzens für die Welt gelenkt. Ist der Fokus hier angelangt, erwirtschaftet sich der Verantwortungsträger automatisch eine positive Reaktion auf dem Markt. Den Kunden wird geholfen, sie sind zufrieden, und damit steigt das Gewicht im wirtschaftlichen Umfeld. Verfolgen wir diesen Kreislauf und optimieren wir fortlaufend den Nutzen für die Welt um uns herum, produzieren wir automatisch zahlreiche positive Reaktionen, und zwar ganz ohne den Fokus auf den Verdrängungskampf gerichtet zu haben. Wir kümmern uns immer mehr um den Nutzen für die Welt und damit auch für den Kunden. Der Nutzen für die Welt macht alles umweltverträglich.

Je mehr wir uns aber innerlich hin und her gerissen fühlen, uns die Steuerverschwendung sauer aufstößt, uns das Rennen im Hamsterrad unendlich erscheint und die Steuervoraus-, -jetzt- und -nachzahlungen den Anschein erwecken, dass wir für die Steuer arbeiten und nicht für uns selbst, desto mehr geht die positive Haltung verloren. Man verzweifelt an der Realität. Statt positiv zu bleiben und weiter nach vorne zu denken, nimmt der Drang zu, nach hinten zu schauen, den Sinn des eigenen Tuns nicht mehr zu erkennen und diesen Missstand immer stärker anzuprangern. Und nun tritt genau das ein, was den Missstand ausmacht. Alles wird hoffnungsloser, anstrengender und damit negativer. Wir rennen immer tiefer ins gefühlte Elend und fluchen über die stiefmütterlich behandelte Mittelschicht.

Lebt man nicht als Eremit, sondern als Teil der Gesellschaft, verlangt eine positive Grundeinstellung ein fortwährendes Achten auf die persönliche, innere Haltung. Bleibt diese positiv, entsteht eine versachlichte Haltung gegenüber Missständen und Ungerechtigkeiten jeglicher Art und weiteren negativen gesellschaftlichen Entwicklungen und Ereignissen. Diese Versachlichung hilft dem Verantwortungsträger, weder die Ereignisse zu verdrängen noch in einen Strudel der hoffnungslosen und verzweifelten Gedanken hineingezogen zu werden ob der Ungerechtigkeit dieser Welt. Geraten wir in diesen Strudel, so stärken wir lediglich die Seite, der als Konsequenz letztendlich die Aufgabe, die Resignation, die Verbitterung, die

Wut und der Kampf folgen. Schneller als man gucken kann, hat sich unsere Haltung verändert, zugunsten von Kampf, Zorn, Unmut und Krieg. Negativen Ereignissen entkommt man jedoch nicht dadurch, dass man ein Teil von diesen wird. Begegnen Sie der anstrengenden Seite der Welt lieber mit der Entscheidung, mit Ihrem Tun nach und nach das Gute in dieser Welt zu stärken. Das macht Spaß und gibt Ihrer Arbeit und Ihrem Leben den tieferen Sinn zurück, den die Evolution mit Ihrer Geburt bezweckte.

- Wo leben Sie im Ansatz die Haltung der Demut und wie können Sie diese als positiven Faktor in Ihr Leben integrieren?
- An welchem Punkt sollten Sie den Sprung ins Unbekannte wagen?
- Welche vier Handlungen Ihrerseits sind in ihrer Konsequenz negativ?
- Welche Ihrer Fähigkeiten ist vermutlich Ihre stärkste? Schauen Sie dorthin, wo Sie derzeit noch die größten Probleme haben.

8 Körpersignale

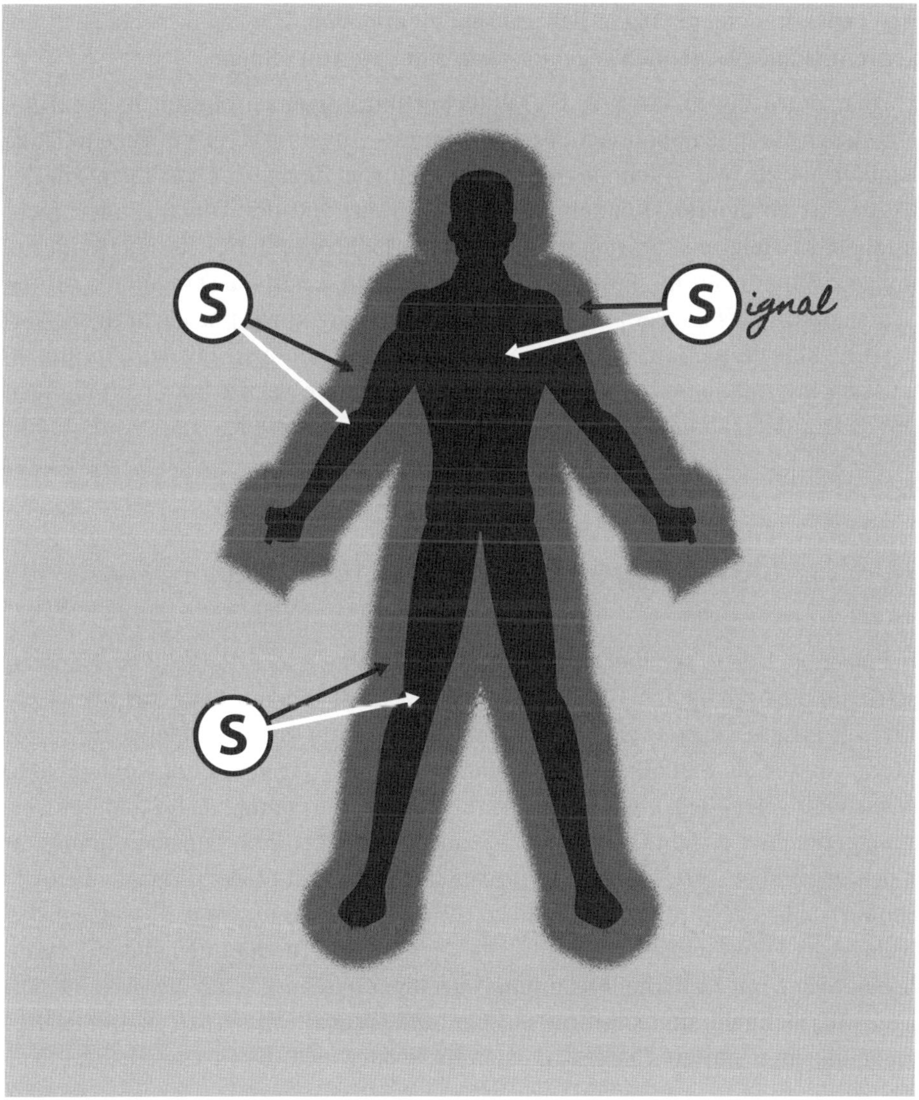

Entwicklung trifft Business

Wie kommuniziert der Körper über Signale?

Was macht Leadership-Coaching für Verantwortungsträger so nützlich?

Wie hängen Signale und Persönlichkeitsgrenzen zusammen?

Was müssen Sie tun, um Ihre Signale aufzugreifen?

Dieses Kapitel dient der Erweiterung unseres gedanklichen Horizonts. Es lädt ein, querzudenken, sich fremd erscheinenden Gedanken zu öffnen und über das bisherige Leben und seine Folgen Bewusstsein zu erlangen. Die Prämisse ist, sich unkonventionellen Gedanken gegenüber ein Stück weit zu öffnen.

Körpersignale zu verstehen, ist für Verantwortungsträger sehr hilfreich. Es existieren sieben Hauptgruppen von Signalen, die uns Auskunft über die gegenwärtige Realität liefern. Wir erkennen an diesen, wo unser Gegenüber nur meint, in der Gegenwart zu agieren. Können wir die Gegenwart von der Vergangenheit nicht trennen, so steigt das Störungspotenzial innerhalb zwischenmenschlicher Beziehungen. Situationen ins Positive führen zu können, setzt ein Verständnis für die Signalsprache des Körpers voraus. Ansonsten verfangen wir uns leicht in der Verwirrung einer Situation, in der sich bewusste Informationen mit teil- und unbewussten Informationen vermischen. Wenn es aber von verzerrten Empfindungen nur so wimmelt, können Konflikte nicht mehr geklärt werden.

8.1 Der Körper kommuniziert mit

In unserem Leben spielen körperliche Signale eine große Rolle. Wir reagieren stark auf die Signale unseres Gegenübers, nur ist es uns meistens nicht bewusst. Erzeugt unsere Lebensweise in unserem Körper eine Fehlfunktion, so zeigt der Körper dieses als Signalkette an. Je stärker wir im Trott des Alltags untergehen, desto mehr verschließen wir uns dieser Ebene. Um Körpersignale bei anderen Personen erkennen zu können, braucht es zunächst eine Öffnung unseren Sinneskanälen gegenüber. Erst spüren wir die Signale, dann, mit etwas Übung, sehen wir sie auch. Ebenso hilft es, gewöhnliche Sichtweisen, die unseren Körper auf das biologische Funktionieren einschränken, loszulassen. Die hier gemeinten Signale haben nichts mit Krankheiten zu tun. Auch dient das Aufgreifen dieser keiner Diagnostik. Vielmehr sind sie Hinweisgeber auf körperinterne Prozesse und Reaktionen, die aufgrund greifbarer Außeneinflüsse oder nicht bewusster Auslöser entstehen.

Separiert betrachtet sind Signale eine eigenständige Sprache des Körpers, der erstaunlicherweise kaum Beachtung geschenkt wird. Wir kümmern uns um die Signale, die unseren unbewussten Prozess anzeigen und damit einen Spiegel alter Erfahrungen abbilden. Es braucht ein geschultes Auge, um ein Reaktionssignal auf alte, eingespeicherte Informationen von der körperlichen Folge einer Gefühlsregung unterscheiden zu können. Hautrötungen können sowohl die Folge eines emotionalen Ausdrucks darstellen als auch ein Reaktionssignal sein. Reaktionssignale gehören einem körperlichen Prozess an, der im Schatten eines alten und nicht verarbeiteten Erlebnisses steht. Hierbei spielt es keine Rolle, ob man selbst dieses Erlebnis hatte oder ob eine nahestehende Person darunter litt. Das erklärt auch, dass die Reaktionssignale wiederkehrend sind und einen Auslöser haben. Alles, was den Körper an den ursprünglichen Auslöser erinnert, setzt die Signale frei. Sämtliche Stresssituationen eignen sich daher zur Auslösung dieser Signale.

Gut ist es, wenn Sie die Informationen dieser Ebene erkennen und deuten lernen. Sie erreichen damit die Herabsetzung Ihrer Symptomanfälligkeit. Alle lang anhaltenden Konflikte werden als Krise empfunden, wenn Sie aus der Perspektive ihres körperlichen Empfindens darauf schauen. Deshalb sind in einem solch lang anhaltenden Konfliktgeschehen zahlreiche Reaktionssignale zu erkennen, die auch in Krisensituationen sichtbar werden. Reagiert wird auf das Nicht-enden-Wollen der als negativ erlebten Situation. Gezeigt wird diese Reaktion durch die sich stetig wiederholenden Signale. Meistens verfangen sich Menschen in einem zerstörerischen Konflikt, deren Historie ein ähnlich unaufgeräumtes Erleben besitzt. Der innere Impuls, die Situation endlich zu befrieden, ist unbewusst und führt uns geradewegs in die Wiederholung der ungeliebten Situation und damit in eine Kettenreaktion von Signalen, die sich erst zu Symptomen und dann zu Erkrankungen aufbaut. Durch die Wiederholung erhoffen wir uns insgeheim, diesmal den alten und uns unbewussten Konflikt endlich befrieden zu können.

Jeder Mensch reagiert körperlich auf Außeneinflüsse. Der Körper zeigt diese Reaktionen überall dort verstärkt, wo Störungen vorhanden sind. Geantwortet wird auf mehreren Ebenen: der körpersprachlichen, der Signalebene, der rationalen sowie der emotionalen Ebene. Körpersprachlich zeigt sich die Antwort auf das Erlebte in Form von Mimik, Gestik und anderen Bewegungen und Ausdrucksformen, wie Schulterheben oder Einziehen des Bauches. Auf der Ebene der Reaktionssignale treten beispielsweise Hautrötungen, feinste Zuckungen, Schmerzempfindungen, verstärkter oder reduzierter Speichelfluss, Pupillenreaktionen, ein verschleppter Gang und vieles mehr auf. Der rationale Umgang mit Problemen sowie Konflikten und Störungen läuft parallel zu den Reaktionsweisen unseres Körpers ab und zeigt sich in der kognitiven Verarbeitung der Situation. Die Sprache des Verstandes ist den meisten näher als die des Körpers. Die emotionale Ebene erleben wir durch Gefühlsregungen aller Art.

Wollen Sie Signale erkennen und deuten lernen, dann lernen Sie zunächst, Signale grob zu unterscheiden. Beobachten Sie Ihr Gegenüber, denn bei Ihnen selbst fällt die Beobachtung aufgrund Ihres Unbewussten sehr schwer. Unterscheiden Sie zunächst in Richtung gesund und krank. Welche Signale zeigen klassische Erkrankungen an, wie zum Beispiel Erkältungskrankheiten, Grippesymptome und Magen-Darm-Erkrankungen. Trennen Sie diese Signale, die die Folge von derzeit akuten Befindlichkeiten anzeigen, von den Signalen, die sich stetig wiederholen. Die sich wiederholenden Signale sind die Anzeichen, um die wir uns kümmern. Haben Sie diese Unterscheidung hinbekommen, werden Ihnen vermehrt Wiederholungen auffallen. Sie nehmen nun wahr, dass beispielsweise dem Signal des immer widerkehrenden Herabziehens des rechten Mundwinkels Ihres Gegenübers immer ein Hochziehen der linken Augenbraue folgt. Danach fleckt sich die Gesichtshaut rot und weiß. Der Ablauf dieser Signale geschieht ausschließlich in der gleichen Reihenfolge und ist absolut identisch. Haben Sie so ein Muster erkannt, wissen Sie, hier handelt es sich um das Anzeigen eines alten Erlebens. Ihr Gegenüber befindet sich in einem Film, der seine alte Erfahrung abspult. Eine vorangegangene Aktion hat das Muster ausgelöst. Alle nun stattfindenden Vorfälle und Reaktionsweisen Ihres Gegenübers gelten nicht erstrangig Ihnen. Ihr Gegenüber erlebt die Gegenwart im Film des damaligen Erlebens. Haben Sie dieses Prinzip erkannt, können Sie Ihrem Gegenüber helfen, sich der Übertragung bewusst zu werden.

8.2 Körpersignale erkennen

Körpersignale sind Signale, die auf der körperlichen Bewusstseinsebene abgebildet werden. Sie sind einem Ursprungserleben zugeordnet, das zeitlich weit zurückliegen kann und nicht immer von einem selbst erlebt wurde. Die Signale sind unter- und teilbewusst.

Es gibt Ursprungssignale, die auf den Ursprung einer Erfahrung hinweisen, die zum Zeitpunkt des Erlebens ins Körperbewusstsein eingespeichert wurde.

Ebenso existieren Folgesignale, die Teile einer Körpersignalkette darstellen. Eine Körpersignalkette weist den Ursprung eines Erlebens und ebenso die Folgesignale auf.

Beim Menschen zeigen sich körperliche Signale beispielsweise in Form von Hautrötungen, in der Veränderung der Stimmlage oder in einem leichten Zug im Magen. Befindet sich das Signal in einer sogenannten Körpersignalkette mit sieben Signalen, taucht es immer an der gleichen Stelle auf, zum Beispiel an der dritten

Position. Die Signalkette endet in diesem Beispiel mit einem achten Glied, dem Symptom.

Gehört die Signalkette einem Prozess an, so weicht sie im Wiederholen der Kette keinen Deut ab. Sie ist exakt immer gleich. Werden diese Signale nicht aufgegriffen, entwickelt sich nicht selten ein Symptom. Wird dieses Symptom nicht aufgegriffen, kann es zu einer Erkrankung kommen. Die Erkrankung ist eine mögliche Folge des Nichtaufgreifens und zeigt die Beanspruchung, die körperlich stattfindet. Sie hat meistens nichts mit dem Ursprungserleben zu tun, es sei denn, das vormalige Erleben führte zu einer Erkrankung. In diesem Fall gehört die Erkrankung zum Signalablauf dazu. Nicht aufgegriffene Prozesse kosten den eigenen Körper viel Kraft. Je länger sich ein solches Muster wiederholt, desto größer wird der Verlust von Kraft.

Signale sind infolgedessen Teil der körperlichen Sprache. In einem Signal, das von unserem Körper ausgeht, zeigt sich, was sich innerlich sowie äußerlich körperlich abspielt. Innerkörperliche Signale finden, wie der Name schon sagt, im Körper selbst statt, also unter unserer Haut. So können Erlebnisse, die wir nicht verarbeiten, auch innerkörperliche Reaktionen hervorrufen oder ein Anzeichen für ein innerkörperliches Ursprungserleben darstellen. Diese Signale können wir innerlich wahrnehmen und nicht selten auch äußerlich sehen.

> Körpersignale werden häufig fehlgedeutet. Der Betrachter hält sie für Krankheitssignale und ahnt nicht, dass sich lediglich ein nicht aufgegriffener körperlicher Prozess dahinter befindet. Mit Prozess ist jene Arbeit gemeint, die im Umfeld des Ursprungserlebens angesiedelt ist, um Bewusstheit zu erlangen.

■ 8.3 Körperliche Schutzmechanismen versus Leadership

Das Leadership-Coaching ist nicht mit einer Therapie zu verwechseln. Die Bewusstwerdung geschieht wie nebenbei und ist mit Erkenntnis verbunden. Die Erkenntnis führt zur Grenzerweiterung, denn das bisherige Nichterkennen führte dazu, dass Sie mit einer Verhaltenseinschränkung agierten, die durch ein damaliges einschränkendes Erleben entstand, welches Ihnen nicht mehr bewusst ist. Im Vordergrund des Coachings steht die Entwicklung Ihrer Führungskompetenz. Das Leadership-Coaching verbindet Sie mit der verloren gegangenen Führung. Es zielt auf die Erweiterung Ihrer Handlungsfähigkeit.

Je beiläufiger die Erkenntnis einsetzt, desto ungestörter können Sie sich entwickeln. Dramatische Rückerinnerungen sollten Sie vermeiden, denn das damit einhergehende Gefühl ist meistens sehr intensiv und wurde im Ursprung als negativ erlebt. Dieses Gefühl lenkt die Aufmerksamkeit sofort in Richtung Leid und wirft Sie in Ihr unbewusstes Erleben zurück. Leiden entfaltet eine große Sogwirkung. Wir können leicht darin aufgehen und werden so vom eigentlichen Weg abgelenkt, der in die Kompetenzerweiterung führt. Wo Leid ist, kann nichts anderes existieren. Ursprungserlebnisse sind emotional kaum zu ertragen, sodass ein Einsteigen wie eine Rutsche ins alte Erleben wirkt. Dem damaligen Leid ist es egal, wann es stattfindet. Wird es genährt, baut es sich erneut auf. Im Körperbewusstsein werden diese Wiederholungen mit dem Ursprungserleben gleichgesetzt.

Im Rahmen des Leadership-Coachings wird daher nicht in der Vergangenheit gewühlt. Der Ansatz geht davon aus, dass ein Erkennen genügt, damit die Grenze weicht. Das Erkennen schafft Bewusstheit und verhindert die Wiederholung unbewusster Handlungsweisen. Der Körper zeigt von ganz alleine an, wenn noch nicht aufgegriffene Informationen vorhanden sind. Das tut er mithilfe der Körpersignale. Eine Ansammlung von Signalen zeigt somit an, wo sich der beste Einstieg in das Leadership-Coaching befindet.

Das größte Streben unseres Körpers dient dessen Erhalt. Alle Körperprozesse dienen diesem Prinzip. Körperliche Schutzmaßnahmen werden meist unbewusst eingeleitet, als Reaktion auf alles, was als Gefahr gedeutet wird. Automatisches Schulterhochziehen oder das Verschränken der Arme vor dem Kopf, wenn plötzlich ein Gegenstand auf uns zufliegt, sind ebenso eine körperliche Schutzreaktion wie das plötzliche Einfrieren von Bewegungen, wenn uns etwas in Schock versetzt. Diese körperlichen Schutzmechanismen, die uns in der Kindheit vor Schäden geschützt haben, entpuppen sich später als Entwicklungsbremsen.

Innerhalb der Leadership-Entwicklung sind diese alten Schutzmechanismen als Behinderungen bei der Entfaltung unserer persönlichen Einzigartigkeit sichtbar. Eine Persönlichkeitsentwicklung passt die körperlichen Schutzmechanismen an die gegenwärtige Situation an. Der selbstverständliche Umgang damit lässt uns schneller über unsere Grenzen hinauswachsen. Die Entwicklungsarbeit schafft ein Verständnis für unsere Reaktionen und Grenzen. Vor allen Dingen holt sie uns dort ab, wo ein Ereignis nicht verarbeitet wurde und uns vor einer Grenze haltmachen ließ. Aus ehemaligen Grenzen wird so eine Kompetenz, die sich in Erfahrung widerspiegelt. Jede persönliche Grenze, die überwunden wird, bereichert uns um diese Erfahrung. Eine einmal überwundene Grenze baut sich nicht wieder auf.

■ 8.4 Persönlichkeitsgrenzen und ihre Signale

Jeder, der sich weiterentwickeln möchte, stößt an Persönlichkeitsgrenzen. An diesen Grenzen geht es in der Entwicklung zunächst nicht weiter. Wenn wir beispielsweise schüchtern sind und unbefangener vor Gruppen sprechen wollen als bisher, bildet unsere Schüchternheit unsere persönliche Grenze ab. Diese Grenze hat eine Entwicklungsgeschichte. Diese Entwicklung können wir nicht einfach überspringen. Möchten wir diese Grenze überwinden, müssen wir die Signale, die dort gesendet werden, aufgreifen und auflösen, indem uns bewusst wird, wie diese Grenze entstanden ist. Sobald sich die Bewusstheit einstellt, entwickeln wir uns weiter. Die bisherige Grenze verschwindet. Diese Veränderungen sind durch Grenzsignale begleitet. Je größer der Schritt ist, den wir tun, desto höher ist die Wahrscheinlichkeit, ein Schmerzempfinden dabei zu haben, gekoppelt an ein vormaliges Erleben, das schmerzvoll war. Das verwundert nicht, sobald Sie das Prinzip hinter der Veränderung verstanden haben. Unsere Grenze ist an ein Erleben gebunden. Das Erleben führte in der Vergangenheit dazu, dass wir etwas nicht mehr getan haben, was wir vorher noch wagten. So kann es das tollkühne Erklimmen eines Kirschbaumes gewesen sein, dessen Ast unter uns brach, was uns einen gehörigen Schrecken einjagte. Sind wir dabei gefallen, taucht ebenso ein Hauch des damaligen Schmerzempfindens auf, nur können wir dieses Gefühl nirgends einordnen, sofern uns der Sturz nicht mehr im Gedächtnis ist. Ebenso fungieren Schmerzempfindungen als Grenzsignal, sollte die Grenze (von uns) unbewusst als gefährlich eingestuft werden. Je näher wir dieser Grenze kommen, desto stärker wird das Grenzsignal.

Mit Konflikten verbinden die meisten Menschen irgendeine Erinnerung, die noch nicht verdaut wurde. Der eine hat beispielsweise eine Vergangenheit hinter sich, in der das Schreien der Mutter eine Grenze zog. Geht diese geräuschempfindliche Person in einen Veränderungsprozess, wird sich während des Veränderungsprozesses das Gehör mit diversen Signalen melden, sobald wir uns dieser Grenze nähern. Die Erinnerung an das stetige Schreien der Mutter löscht das Signal aus. Es taucht nicht mehr auf, und die Teamleiterin ist erstaunt darüber, dass die Mitarbeiterin mit der schrillen Stimme nun keinerlei Reaktionen mehr bei ihr auslöst.

■ 8.5 Grenzüberschreitung macht krank

Wenn Sie Husten haben, dann besorgen Sie sich etwas, das diesen lindert. Sie nehmen das Symptom der Erkältung auf und reagieren, damit sich Ihr Husten nicht verstärkt. Ebenso wie sich der Husten im Vorfeld durch ein Kratzen im Hals ankündigt, machen auch Entwicklungsgrenzen durch vermehrte Signale auf sich aufmerksam. Jede Person verfügt über ein Unbewusstes, ein Vorbewusstes sowie ein Bewusstsein. Die noch nicht bewältigten Persönlichkeitsgrenzen befinden sich im vor- und unbewussten Erleben. Das, was sich dort an Signalen zeigt, ist die Folge des Verharrens in einer unguten Situation. Eine persönliche Grenze hält uns in dieser Situation fest und ist damit der Auslöser einer Kette von Signalen. Deshalb haben diese Art von Signalen zunächst nichts mit Krankheit zu tun, sie zeigen lediglich unsere körperliche Reaktion auf eine Grenze an, die wir nicht überwinden können. Dauert die Situation zu lange an, verstärken sich die Signale bis hin zu einer krankhaften Störung. Zeigt sich diese Auffälligkeit, ist es noch schwerer, eine nicht überwundene Grenze als Ursache zu erkennen.

Praxisbeispiel: Teilhaber

Sie haben einen Konflikt mit Ihrem Teilhaber. Dieser flammt immer wieder auf und raubt Ihnen Ihre berufliche Aufmerksamkeit. Sie ärgern sich permanent darüber, doch Ihr Teilhaber geht nicht auf Ihre Bitte ein, Sie doch jetzt einmal in Ruhe zu lassen, damit Sie wenigstens ein paar dringliche Handlungen erledigen können. Das erhöht Ihren inneren Druck, denn Sie rennen Ihrer Arbeit hinterher, die durch die Konflikte liegen bleibt.

Stellen Sie sich vor, dieser Kreislauf wiederholt sich Woche für Woche.

Noch Wochen später sitzen Sie wieder einmal abends im Büro, weil Sie Ihr Tagewerk nicht geschafft haben. Unsinnige Diskussionen mit Ihrem Kompagnon haben Sie aufgehalten.

Am nächsten Morgen sind Sie der Erste am Arbeitsplatz. Sie merken gar nicht, dass es bei Ihnen zu einer Hautrötung (erstes Signal) kommt, als Ihr Partner die Räumlichkeiten betritt. Diese Hautrötung tritt fortan immer wieder auf, sobald Ihr Partner das Büro betritt. Mittlerweile ist Ihnen Ihre Hautrötung schon aufgefallen, aber Sie bringen diese Erscheinung nicht mit der Anwesenheit Ihres Kollegen in Verbindung. Nach und nach kommen Bläschen (Signalverstärkung) hinzu, die nicht nur unangenehm ausschauen, sondern auch ein Spannungsgefühl auf der Haut hinterlassen. Immer noch haben Sie Ihr Signal nicht aufgegriffen. Ihr Partner braucht nur in der Nähe zu sein, und Ihre Haut beginnt zu jucken (weitere Signalverstärkung). Zwei Monate später sitzen Sie beim Hautarzt und lassen dieses Phänomen behandeln. Sie glauben, Sie haben eine Allergie. ■

Tatsächlich sind Sie mit einer Reaktion Ihres Körpers konfrontiert. Sie scheinen im wahrsten Sinne des Wortes allergisch auf die Situation zu reagieren, in der Sie sich befinden. Sie reagieren auf die stetige Anspannung und auf den Stress, der Ihnen dadurch entsteht. Sie reagieren aber vor allem auf Ihr Nicht-entkommen-Können, das Ihre Grenze markiert. Das Ausharren im Problem besitzt bei Ihnen eine Tradition. Doch darüber denken Sie nicht mehr nach. Ihr Konfliktpartner wird von Ihnen mit der Atmosphäre verkoppelt, die sich in Ihrer beider Anwesenheit aufbaut. Ihr innerer Reizpegel zeigt sich zunehmend auch außen. Das Signal zeigt an, dass etwas nicht in Ordnung ist. Ihre Grenze ist, dass Sie in der Situation stecken bleiben. Sie sind außerstande, sich selbst herauszuholen. Leiden ist für Sie zum Alltag geworden. Ihre Grenze verstärkt die Situation unangenehm. Bei Ihnen stapeln sich die Signale. Die Erinnerung an Ihr Ursprungserleben wird zeigen, dass bei Ihnen die Rötung der Haut und die Hautbläschen damals auch schon auftraten. Es ist Ihre Reaktion auf das Gefangensein in einer für Sie unerträglichen Situation.

8.6 Nutzen Sie Ihre Signale

Gehen Sie davon aus, dass keiner besser weiß, was Ihnen guttut, als Ihr eigener Körper. Nur dann akzeptieren Sie die Sprache des Körpers als Ihren Wegweiser. Mit diesem Gedanken können wir unser Leben immer mehr nach körpereigenen Bedürfnissen gestalten. Wenn wir das tun, führen uns unsere eigenen Signale durch unser Leben. Sie zeigen uns, wo aufgeräumt werden sollte und was uns selbst einschränkt und schädigt. Praktisch gesehen bedeutet das, zunächst einmal unsere Körpersignale zu erkennen, sie für unseren Verstand verständlich zu machen und die gesendete Botschaft aufzugreifen. Schlussendlich entsteht eine alltagstaugliche Selbstführungsmethode, sofern wir Unbewusstes mithilfe einer Begleitung zu Bewusstem gemacht haben. Doch ohne externen Blick gelingt dies nicht. Ohne ihn können Sie nicht über Ihre Grenzen wachsen, sollte eine Ihnen nicht bewusste Hürde die Grenze bilden. Unbewusstes kann von uns selbst nicht erkannt werden. Jeder, der von sich sagt, er könne das auch für sich alleine machen, beschreibt lediglich die Arbeit im Bewussten.

Jeder Organismus reagiert unterschiedlich auf Einflüsse von außen, da seine Erfahrungen ebenso unterschiedlich sind. Bei dem einem sind es Hautrötungen, die zeigen, dass Handlungsbedarf besteht, bei einem anderen sind es beispielsweise Ohrgeräusche, Fingerzucken, Magenziehen oder ein feines Stechen im Unterleib, je nach Vorgeschichte und der vorherrschenden Sensibilität. Der Vielfalt der Signale ist hier keine Grenze gesetzt. Auch das Auftreten der Signale geschieht nach individuellen Gesetzmäßigkeiten. Der eine reagiert zeitnah zum Auslöser, der andere etwas zeitversetzter. Grundsätzlich können zwei Arten von Signalen unterschieden werden: körperliche und prozessbedingte Signale.

Reagieren Sie auf die körperlichen Signale, so verschwinden diese. Eine Reduktion des Speichelflusses greifen Sie auf, indem Sie ein Glas Wasser trinken. Stoppt man das Signal, werden keine Folgesignale aufgebaut, es kommt nicht zum Symptom, dem Klebrigwerden des Speichels bis hin zum Fadenziehen. Auch ein Prozesssignal zeigt sich körperlich, das Aufgreifen geschieht hier aber durch die Weiterführung des persönlichen Prozesses und führt damit zum Auflösen der vorhandenen Grenze.

So gehen Sie mit Ihren Körpersignalen um:

- Werden Sie achtsamer, was sich in und auf Ihrem Körper abspielt. Sehen Sie diese Signale als eine eigene Sprache an. Antworten Sie auf diese Sprache, indem Sie darauf reagieren.
- Verlangsamen Sie Ihr Tun, wenn Sie solche Signale entdecken.
- Merken Sie sich, dass körperliche Signale auf eine konträre Weise zur Rationalität funktionieren. Der Verstand sucht die Ursache an anderer Stelle, als der Körper es anzeigt.

  Körperliche Signale zeigen zunächst lediglich eine Reaktion auf etwas an. Erst später, wenn sie nicht aufgegriffen und somit nicht erhört werden, fungieren sie als Warnhinweise, bis die Signale zu Symptomen werden.

  Symptome reagieren nun nach dem gleichen Muster, wie sich die Signale einst zu Symptomen aufbauten: Erst signalisieren, dann warnen, schließlich tritt die Erkrankung ein. Die Weiterentwicklung eines Symptoms ist die Erkrankung.
- Hinterfragen Sie die Signale. Die Frage „Was möchte mir das Signal zeigen?“ sollte dabei Ihre Leitfrage sein.
- Beobachten Sie die Kopplungseffekte solcher Signale mit den Begebenheiten in Ihrer Umgebung.
- Üben Sie mithilfe Ihrer Beobachtung. Erweitern Sie Ihre Wahrnehmung. Was fällt Ihnen am Gegenüber auf? Was verrät die Haut? Was davon zeigt eine Krankheit an; was davon eine Reaktion auf eine Erfahrung? Beobachten Sie nur dort genauer, wo Ihnen Ihr Gegenüber das Einverständnis dafür gegeben hat.
- Seien Sie Ihr Versorger. Schauen Sie, was dem Signal fehlt, damit es aufhört, zu senden.

8.7 Hauptgruppen der Signale

Es gibt sieben Hauptgruppen, in die ein Betrachter Signale einordnen kann. Jede Ebene sendet auf eine unterschiedliche Art und Weise, das heißt, die Signale werden von Ihnen unterschiedlich empfangen, ähnlich einem Radio, das auf verschiedenen Frequenzen sendet. Die Einteilung in Gruppen vereinfacht dem Verstand das Nachvollziehen der Signalsprache. Nur deshalb ist es sinnvoll, sich diese Gruppen einmal näher anzuschauen. Für die Arbeit mit persönlichen Signalen ist es nicht relevant, diese Gruppen zu kennen, geschweige denn, sie voneinander getrennt wahrnehmen zu können.

1. **Signale des Geistes** stecken in jeder Handlung. Umgangssprachlich heißt es: „Wessen Geistes Kind bist du?" In Rollen verbergen sich zahlreiche Signale des Geistes, die zuvor nie aufgegriffen wurden. Vergeistigte Menschen zeichnen sich durch eine geringere Bodenhaftung aus. Sie schweben buchstäblich in anderen Gefilden. Sie leben in einer anderen Geschichte. Eine Erkennungshilfe bekommen Sie, sofern Sie darauf achten, wie Ihr Gegenüber auf Sie wirkt. Ist es beispielsweise ein Mann, dann fragen Sie sich: Was macht seine Haltung aus ihm? Ist diese Person sehr akribisch? Wenn ja, dann hat seine Haltung etwas mit seiner Geschichte zu tun, die auf dieser Eigenschaft aufbaut. Seine Signale des Geistes werden Ihnen als Beobachter etwas über seine ihm unbewusste Geschichte verraten. Werden die Lippen immer dann nach vorne gespitzt, wenn dieser Mann in seines Geistes Kind hineinschlüpft, gehören diese gespitzten Lippen zu den Signalen seines Geistes hinzu.
2. **Signale der Seele** zeigen sich durch die Sensibilität und die Weisheit des Handelns. Die Augen werden im Allgemeinen nicht umsonst als Eingang zur Seele betrachtet. Hier entdecken Sie viele Signale der Seele. Unterschätzen Sie bitte nicht das Aufgreifen solcher Signale - es funktioniert über Ihr Gefühl und ist daher für Sie besonders nah zu spüren. Das kann überfordernd sein. Signale über die Augen abzulesen muss geübt werden und darf ausschließlich mit der Genehmigung des Gegenübers geschehen. Auch in einem Lächeln sowie in der Mimik und Gestik sind sie gut erkennbar. Blicken Sie bewusster in die Augen des Gegenübers, so beginnen Sie, diese Signale aufzuschnappen. Es können Bilder sein, die Ihnen dann kommen, und Gefühle. Aber auch durch den Blick mit zusammengekniffenen Augen begegnen Ihnen die Signale der Seele auf eine einfachere Weise. Ihr Gefühl gibt Ihnen hier ebenfalls die Information. Schauen Sie beispielsweise ein Baby an und haben gleich das Gefühl, diese Seele ist alt, ist Ihnen ein Signal der Seele begegnet. Forschen Sie diesem Gedanken hinterher, erhalten Sie noch mehr Informationen. Was ließ Sie diesen Gedanken denken? Sie merken, zahlreiche Signale der Seele übertragen sich über Ihr Gefühl. Äußerlich sichtbar können diese Signale auch sein. Das besagte Baby wirkt immer mal wieder alt und weise. Auch das ist ein Signal der Seele. Andere Babys hingegen lösen diese Assoziation niemals aus. Sie wirken verspielt und unerfahren. Aber auch die Nähe zur Weisheit kann ein Indiz für ein Signal der Seele sein. Diese Menschen wirken erfahren und scheinen einen besonders guten Zugang zur Logik alter Weisheiten zu besitzen. Diese wurden weder auswendig gelernt noch studiert. Der besagte Mensch verfügt über dieses Wissen wie von selbst, von klein auf.

3. **Signale des Verstandes** äußern sich in Form der Abtrennung von Gefühlen. Gefühle werden sprachlich ausgedrückt und ausführlich beschrieben. Sie werden kaum gefühlt. Das können Sie als Beobachter mitverfolgen. Die Person, die Signale des Verstandes ausdrückt, lebt buchstäblich im Kopf. Hier konzentrieren sich äußerlich die Signale des Verstandes und hinterlassen auf Dauer ihre Spuren. Eine tiefe Falte zwischen den Augen kann diesen Prozess verdeutlichen. Mit zunehmendem Alter passt sich auch das körperliche Erscheinungsbild an, sollten Sie viel im Verstand unterwegs sein. Ihr Körper wird das auch zum Ausdruck bringen. Ihre innere und äußere Haltung zeigt die Konzentration dieser Signale. Sie sind wenig beweglich, auch im Annehmen anderer Ihnen fremder Sichtweisen. Auch eine gewisse Starre ist ein Signal des Verstandes. Ihr Verstand kontrolliert, was Sie tun und fühlen. Daher stammt die äußerlich wahrnehmbare Starre. Kontrolliert werden Ihre Bewegungsabläufe und das, was Sie sprachlich ausdrücken. Diese Kontrolle geschieht außerhalb Ihrer Bewusstheit, ist aber für einen Beobachter gut zu erkennen. Daher ist es recht einfach, Signale des Verstandes zu erkennen und aufzugreifen. Alles, was nicht zusammenpasst und von einer Person ausgeht, kann daher auf Signale des Verstandes hinweisen. Hören Sie genau hin, hören Sie die Trennung zwischen dem Fühlen und dem sprachlichen Ausdruck. Die Lautstärke passt nicht zum Gesagten. Oder die Bewegungen passen nicht zum Gesagten. Demzufolge begegnen Ihnen die Signale des Verstandes auf fast allen Ihrer Wahrnehmungskanäle. Sie können diese Signalgruppe sehen, fühlen und hören.
4. **Signale an der Körperoberfläche** bilden sich durch farbliche Veränderungen der Haut ab und sind durch feine Vibrationen erkennbar. Sie zeigen, wie Sie interne Prozesse verarbeiten. Diese Signalgruppe arbeitet mit dem Körperbewusstsein zusammen und bildet eine Schnittmenge mit der Signalgruppe des Körperbewusstseins. Die Signalgruppe des Körperbewusstseins speichert die unbewusste Erfahrung ab, die durch die Signale an der Körperoberfläche sichtbar werden. Die Signale der Körperoberfläche zu erkennen und richtig zu deuten, verlangt einiges Vorwissen von Ihnen. Denn das eine ist das für Sie sichtbare Signal, was sich auf der Körperoberfläche abbildet. Das andere ist die Bedeutung dieses Signals, die Sie im Körperbewusstsein vorfinden. Die Bedeutung schließt sich aus der unbewussten Erfahrung des Signalgebers. Bringen Sie beide Informationen zusammen, wachsen Sie über eine Ihrer Grenzen hinweg. Dazu nehmen Sie die sichtbare Erscheinung auf der Oberfläche des Körpers Ihres Gegenübers, zum Beispiel eine immer wiederkehrende Rötung der Augen, sobald Sie laut werden, und benennen die unbewusste Erfahrung, die dahintersteht. Mit Ihnen selbst wird Ihnen das nicht gelingen, da Sie innerhalb Ihrer Unbewusstheit blind sind und nicht an diese Informationen herankommen. Sie bemerken nicht, was Sie tun. Mit Ihrem Gegenüber gelingt es Ihnen nach etwas Übung. Durch Fragen erleichtern Sie sich diesen Prozess der Er-

kennung eines solchen Signals. So könnten Sie fragen, woher Ihr Gegenüber die Lautstärke Ihrer Stimme kennt. Woran erinnert sich diese Person? Mit welchen Gefühlen bringt sie die Lautstärke in Verbindung? Die roten Augen zeigen Ihnen, ob Sie der Antwort nahe sind oder nicht. Sie verblassen, sobald Sie als Fragender auf dem Holzpfad sind. Das liegt daran, dass diese Rötung ausschließlich bei einer Art der Lautstärke auftritt. Bei derjenigen, die dem Ursprungserleben Ihres Gegenübers entspricht.

5. **Signale des Körperbewusstseins** bilden unser körperliches Gedächtnis ab. Sie sind durch Veränderungen der Temperatur gut erkennbar sowie durch kurz sichtbare Abzeichnungen des damaligen Erlebens an Ihrer Körperoberfläche. Aber auch durch Zusammenziehen und Verkrampfen einzelner Muskelpartien, Zittern, Schmerzen oder die kurzfristige Erweiterung einzelner Organe – je nach Ursprungserleben – können Sie diese Signale erkennen. Diese Signale zeigen keine Krankheit an, sondern sind ausschließlich die Wiedererinnerung eines Ihnen unbewussten Ereignisses, was Ihr Verhalten prägt und begrenzt. Ihr Körperbewusstsein weicht mit seiner Erinnerung keinen Millimeter von der Bewegung ab, die es im Ursprung gab. Der Ursprung muss nicht von Ihnen selbst erlebt worden sein. Ihre Hauptbezugspersonen übergaben Ihnen diese Signale. Daher erkennen Sie die Signale des Körperbewusstseins an identischen Bewegungs-, Schluck- und Sprachabläufen. Das unbewusste Ereignis spult sich bestenfalls in ganzen Stücken ab. Meistens aber tauchen die Signale des Körperbewusstseins in Fragmenten auf. Zum Beispiel während des Arbeitstages in der Anwesenheit eines Kollegen, abends beim Partner oder wenn Sie alleine sind, ohne dass Sie es bemerken. Sie fühlen sich dabei belastet, wissen aber nicht, woher diese Belastung stammt. Als Signalleser haben Sie die Aufgabe, aus den zahlreichen Einzelstücken einen Film zu basteln. Konzentrieren Sie sich dabei bitte ausschließlich auf die Gewinnung eines größeren Handlungsspielraums, die Überwindung Ihrer Handlungsbegrenzungen sowie das Verstehen Ihres Gegenübers. Interessieren Sie sich nicht für das Ursprungserleben, da Sie dabei schnell den Schmerz treffen. Es ist irrelevant, dieses zu kennen. Wichtig ist zu erkennen, dass das Verhalten von Ihnen selbst oder Ihrem Gegenüber aus einem alten Erleben stammt. Verfangen Sie sich nicht in Streitereien, da die Signale des Körperbewusstseins immer auch mit starken Gefühlen verbunden sind, die die damaligen Gefühle widerspiegeln. Sie lösen bei Ihnen und Ihrem Gegenüber etwas aus. Ihr Gegenüber geht in die Überforderung. Ihre Aufgabe ist lediglich das Erkennen und Deuten, damit Sie reibungsloser miteinander umgehen können, nicht die Entschlüsselung. Die Entschlüsselung wird von Fachpersonen übernommen und ausgeführt.

6. **Signale der Organe** sind leicht innerlich wahrzunehmen. Von hochsensiblen Menschen können die organischen Signale anderer auch bei sich selbst wahrgenommen werden. Tut der Magen des Gegenübers weh, zeigt der eigene Magen

den Schmerz des Gegenübers an. Die Information überträgt sich über das Körperbewusstsein. Wird einem selbst bewusst, dass es nicht der eigene Schmerz ist, hört der eigene Körper auf, anzuzeigen. Das Signal dient lediglich der Informationsübertragung. Ein leicht erkennbares Signal der Organe ist die vorübergehende Gelbfärbung der Haut, die dann auftritt, wenn Ihr Gegenüber eine Erinnerung bekommt, die eine frühere Situation anzeigt. Erinnert wird jene Situation, die damals zur Gelbfärbung führte. Das zugrunde liegende Organ ist hier die Leber. Die Färbung taucht kurz auf, sobald jetzige Erfahrungen unbewusst an das alte Ereignis erinnern. Als Signal steht grundsätzlich die Gelbfärbung für Erfahrungen, die einen vergiftenden Charakter hatten. Hierbei gibt es unterschiedliche Verfärbungen, die auf unterschiedliche Ursprungsereignisse hinweisen. Die Vielfalt der Signale ist erstaunlich. Ein Signal der Organe zeigt sich nur vorübergehend. Signale dienen dazu, Sie selbst auf die alte, noch nicht aufgegriffene Erfahrung aufmerksam zu machen. Das Anzeigen geht in der Regel schon nach wenigen Minuten weg, dauert meistens aber nur ein paar Sekunden. Sollten Sie eine solche zugrunde liegende Erfahrung auflösen, kann das Signal bis zu zwei Tage anhalten. Länger darf dieses Anzeigen auch nicht gehen, da sich ansonsten dieses Signal verselbständigt. Ihr Körper erhält die Information, krank zu sein.

7. **Systemische Signale** erkennen Sie leicht in Organisationen, innerhalb von Familien und jeglicher Art von Gruppen ab zwei Personen. Nicht immer bildet sich das systemische Signal auf der Körperoberfläche ab. Sie können es auch anhand der Wirkungsweise von Räumen, Flächen und Gebäuden erkennen sowie an Handlungs- und Verhaltensabläufen von Personen, die im Schatten eines alten Ereignisses stehen. Starke Konflikte, die über Generationen bestehen, spiegeln sich immer auch im Umfeld der im Konflikt integrierten Personen wider. Sie haben beispielsweise gerade zum vierten Mal alles frisch renoviert, aber das Antlitz Ihres Raums sieht trostlos aus. Es könnte an der Geschichte dieses Raums liegen. Systemische Signale erkennen Sie, indem Sie auf wiederholende Vorkommnisse achten, deren Ursachen nicht auf derzeitige Ereignisse zurückzuführen sind. Systemische Signale beziehen sich auf einen längst vergessenen Vorfall. Konflikte jeglicher Art weisen eine Anhäufung systemischer Signale auf, sofern diese mit der Organisationsgeschichte zusammenhängen und auf eine Geschichte zurückblicken. Sie zeigen dem Begleiter des Konfliktprozesses, worum es wirklich geht. Systemische Signale erkennen Sie an Abläufen, die sich rational schwer erklären lassen. Eine Kammer in Ihrem Haus ist durch Heizen nicht aufzuwärmen. Keiner weiß, warum.

Ein erfolgreicher Unternehmer verliert immer wieder ein großes Vermögen, kann dieses aber wiederholt erneut aufbauen. Er denkt nicht einmal daran, den Grund seiner Verluste in der Vergangenheit seiner Familie zu suchen. Er sucht den Grund in seiner Gegenwart. Einmal investiert er falsch, das andere Mal kooperiert er mit dem falschen Partner und ein drittes Mal hintergeht ihn sein eingestellter Geschäftsführer. Diese Kette setzt sich endlos weiter fort, bis der Unternehmer während einer systemischen Beratung den Ursprung findet. Das Unternehmen ist ein Familienunternehmen. Am Ende des Zweiten Weltkriegs wurde der Onkel des Unternehmers um einen beträchtlichen Teil des Vermögens gebracht, welches er sich damals durch seine Leidenschaft, den Verkauf von Kunst, erwarb. Es war ein sehr angespanntes Verhältnis zwischen Vater und Onkel des heutigen Inhabers. Der Onkel starb tragisch während eines Streites mit dem Vater. Der tragische Tod wurde nie aufgeklärt, sondern vertuscht. Er war ein Tabuthema der Familie. Das Vermögen des Onkels, das nicht aus dem Familienunternehmen stammte, floss in das erwähnte Unternehmen hinein. Mit dem Aufgreifen dieser bisher fehlenden Information konnte der Unternehmer sofort etwas anfangen. Er fühlte sich dem damals geschädigten Bruder seines Vaters sehr nahe und identifizierte sich sofort mit dessen Ohnmacht und Schmerz. Genau diese Gefühle hatte er während seiner Kindheit seinem Vater gegenüber und konnte sich diese bisher nie erklären. Die Systemtheorie leitet hieraus ein Muster ab, dessen Wirkung zum Verlust des Vermögens führt, sofern der Ursprung nicht aufgegriffen wurde. Unbewusst wird das Unrecht weitergegeben, bis jemand dieses beendet, indem er aus den Fußspuren des damaligen Vorfalls heraustritt. Bleiben Sie hier unbewusst, übernehmen Sie einen Part der Geschichte, indem Sie buchstäblich in den Schatten einer damals beteiligten Person gehen.

Je weiter der Ursprung zurückliegt, desto schwieriger ist es, das eigene Verhalten auf das damalige Ereignis zurückzuführen. Die systemischen Signale helfen, dem Ursprung auf die Spur zu kommen. Sie sind zu sehen und auch zu fühlen. Durch das Erkennen dieser systemischen Signale gelangen Ihre fehlenden Erinnerungen in Ihr Bewusstsein zurück.

■ 8.8 Übertragung von Signalen

Stephen Hawking sagte einmal: „Jeder lebt in mehreren Welten gleichzeitig.“ Untersuche ich diesen Satz genauer, dann kann ich nur zustimmen.

Zum einen befinden wir uns beispielsweise bei der Arbeit, also in der Alltagswirklichkeit, wo wir unseren Aufgaben nachgehen. Parallel dazu melden unsere (Körper-)Signale, ob körperlich gesehen alles glattläuft. Wiederum parallel dazu bekommen wir über die Atmosphäre unserer Umgebung mit, was sich dort an Informationen gerade ansammelt und wie es den Kollegen geht. Gleichzeitig sind wir mit all den Menschen verbunden, die uns nahestehen. Auch über diese Beziehungen erhalten wir stetig Signale. Wie funktioniert so etwas? Das folgende Beispiel beschreibt, wie Informationen über unsere intuitive Wahrnehmungsbegabung entgegengenommen werden. Verbinden wir uns mit unserer inneren Führung, dem eigentlichen Ziel des Leadership-Coachings, erweitern wir unseren Rahmen der Informationsaufnahme. Signale zu erkennen fällt uns dann zunehmend leichter, denn wir versuchen, diese nicht ausschließlich über unseren Verstand aufzunehmen. Unbefangenheit hilft hier, nicht an der Grenze des eigenen Verstandes zu scheitern. Sie benötigen aber auch die Vorstellungsgabe, dass Ihr Denken nur einen unter vielen innerkörperlichen Prozessen beschreibt. Ihre Wahrnehmung geschieht außerhalb Ihres Denkapparats. Das folgende Beispiel lädt Sie ein, umzudenken.

Praxisbeispiel: Notfallwahrnehmung

Herr M. befand sich inmitten seines Tagesgeschäfts, als sich seine optische Wahrnehmung plötzlich veränderte. Er nahm wahr, wie sein Herz wie wild zu schlagen anfing, und unterbrach sofort seine Tätigkeit. Wie in Trance griff er zum Telefonhörer und wählte die Telefonnummer seiner Partnerin. Sie nahm das Gespräch zwar entgegen, doch aus ihren Worten konnte er nicht klug werden. Sie stammelte, und bei ihm „schoben sich Bilder vor seine Augen". Diese Bilder zeigten ihm einen Unfall, und er begann, seine Partnerin auszufragen.

So erfuhr er, dass sie sich kurz zuvor kochendes Wasser versehentlich übers Bein gegossen hatte und jetzt dabei war, den Teppich zu schrubben. Ihr verletztes Bein schien dabei wie ausgeblendet... Sie stand unter Schock. Er informierte ohne weitere Informationen den Rettungsdienst und leitete alle notwendigen Maßnahmen ein, wie etwa die Anweisung zum Kühlen der Verbrennung. Im Nachhinein stellte sich heraus, dass seine Partnerin das kochende Wasser auf ihre Strumpfhose, die aus Synthetik war, geschüttet hatte, weshalb ihre Haut durch die Hitze mit der Strumpfhose verschmolzen war. Die Verbrennung zog sich breitflächig über das gesamte Bein, und nur durch Herrn M.s schnelles Handeln konnte Schlimmeres verhindert werden. Der Rettungsdienst brachte sie sofort ins Krankenhaus. ■

Dem einen von Ihnen wird dieses Beispiel geläufig vorkommen und vorstellbar. Anderen unter Ihnen ist der Gedanke der Gedankenübertragung fremd. Wie sollen sich Informationen austauschen, sofern keine räumliche Nähe besteht? Anhand dieses Beispiels wird deutlich, dass Informationen nicht nur auf direktem und verbalem Weg übertragen werden. Ihre Intuition arbeitet. Hierzu gibt es Überlegungen und Forschungen. Insbesondere die Zwillingsforschung bemüht sich, dieses Phänomen wissenschaftlich zu belegen, obwohl nicht nur eineiige Zwillinge eine tiefe Verbindung zueinander haben, die diese Art von Kommunikation möglich macht. In jeder nahen Beziehung existiert diese Form der Kommunikation. Sollten

Sie ein Kind haben oder eine intensive Beziehung zu Ihrem Partner pflegen, kennen Sie eventuell solche intuitiven Impulse, die unvermittelt sowie unvorbereitet eintreten. Auch in Krisen- und Gefahrensituationen schaltet sich diese intuitive Kommunikation ein. Während einer Persönlichkeitsentwicklung beginnt die sich entwickelnde Person, sich zu öffnen, den Stress zu führen und aus Konflikten auszusteigen. Infolgedessen nimmt sie mehr als zuvor wahr und beschränkt sich zunehmend nicht nur auf die Ebene des Verstandes. Sie wird in ihren Entscheidungen intuitiver. Auf diese Weise können Sie die Situationen ganzheitlicher sehen und führen. Sie arbeiten mit Ihrem Körper und nicht gegen ihn. Die Gedankenübertragung sowie die intuitiven Impulse gehen über das Körperbewusstsein. Dieses sendet die Signale an das Gehirn.

8.9 Der träumende Moment

Träume sind das Fenster zur Welt jenseits unserer rationalen Sichtweisen. Sie sind authentisch und spiegeln Gefühle wider. In der Signalarbeit kommt es nicht auf den Inhalt des Traums an, sondern auf das Gefühl, welches mit dem Traum einherkommt. Das Gefühl ist der Zugang zu Ihrem Körperbewusstsein, welches Ihr Körpergedächtnis ausmacht. Träume sind das Schlupfloch in eine Welt hinter unserer „realen" und rational gesteuerten Situation und nicht selten wirklicher als das, was wir in unserer Alltäglichkeit erleben. Sie sind eine Erweiterung Ihres Sehens und Wahrnehmens. Dies findet zu jeder Tages- und Nachtzeit statt und wird Traum genannt, weil Informationen nicht kognitiv verarbeitet werden, sondern körperlich fühlbar vermittelt, in Bildern, Gerüchen und kleinsten Zeitverschiebungen. Im Alltag verdrängen Sie jene Informationen, mit denen Sie kognitiv nichts anfangen können. Also sind Träume wie Wegweiser zu jener Welt „dahinter" und damit zu einer erweiterten Wahrnehmung. Im Laufe der Entwicklung Ihrer Führungskompetenz wird Ihre Arbeit mit dem zunächst schwer Greifbaren immer wichtiger. Die Traumebene spiegelt Systemabläufe stärker, als so manch einer es für möglich halten würde. Sie zeigt nämlich auf, was täglich unter dem Einfluss des Verstandes ausgeblendet wird. Betreten Sie zum Beispiel eine Organisation und fühlen eine unerklärliche Beklemmung, so kann diese Beklemmung auf etwas hinweisen, was diese Organisation einmal „erlebt" und nicht verarbeitet hat. Sie sind gerade einem systemischen Signal begegnet. Würden Sie Ihr Empfinden dort als Geschichte erzählen, würden Sie sagen, dass die Organisation träumt, da sie die damaligen Erlebnisse noch nicht verarbeitet hat.

Auch Institutionen, Landstriche und Gebäude verfügen über Informationen. Insbesondere sensible Hunde reagieren stark auf solche Hinweise. So sträuben sie sich beispielsweise, in einen Raum zu gehen – geschweige denn, dort zu bleiben –, in dem etwas Tragisches passiert ist, außer ihnen wurde diese Reaktion abtrainiert. Auch wenn der Vorfall schon Jahrzehnte zurückliegt, das Prinzip der Weitergabe von Informationen wirkt. Tagsüber geht Ihr Träumen weiter. Alle nicht aufgegriffenen Signale des Körperbewusstseins und der Seele gehen an Ihrem Körper nicht vorbei. Passt das aufgegriffene Signal zu Ihrem nicht verarbeiteten Erleben, so speichert Ihr Körper es unter Ihren Erinnerungen ab. Nachts wird es dann gegebenenfalls verarbeitet. Sie träumen.

Träume haben viel mit veränderten Bewusstseinszuständen gemeinsam. Sie laden Sie ein, nicht bewusste Informationsquellen wahrzunehmen. Das funktioniert tags wie auch nachts. Die geträumten Informationen liefern Hinweise und Erklärungen, die durch die Verstandesebene allein nicht zugänglich sind, da der Verstand sich zurückzieht, wenn er etwas nicht versteht. Ihre Träume offenbaren, was an Ihrem Bewusstsein vorbeigegangen ist, aber für Ihre Weiterentwicklung relevant ist. Sind Sie in einer Persönlichkeitsentwicklung, zeigen Ihnen Ihre Träume den Stand Ihrer Entwicklung. Sie träumen Ihre derzeitige Grenze. Tagsüber begegnet Ihnen das gleiche Gefühl wie nachts im Traum. Es ist ein Signal Ihres Körperbewusstseins, welches das Gefühl ausdrückt, das Sie hatten, als ein Verhalten oder ein Ereignis zur jetzt vorhandenen Grenze führte. Wurden Sie durchgeschüttelt, als Sie Ihr Können zeigten, weil Ihre Mutter mit Ihrem Können überfordert war, dann fühlen Sie immer dann diesen speziellen Schwindel, der damals auftauchte, sobald Sie versuchen, Ihr Können zu präsentieren. Dieser Schwindel taucht tagsüber sowie auch nachts im Traum auf, wenn es darum geht, dass Sie heute wieder Ihr Können nicht präsentieren konnten, trotz Ihrer Bemühungen. Die damals geborene Grenze stand Ihnen im Weg. Heute hilft Ihnen Ihr Signal des Schwindels dabei, die Grenze, die durch Ihre Mutter entstand, nicht mehr zu Ihrer eigenen zu machen. Denn in Wirklichkeit war es ja nur ihre Begrenzung.

> Veränderte Bewusstseinszustände, bei denen wir wie in Trance agieren, sind ein fester Bestandteil unseres Alltags. Wer kennt ihn nicht, den Zeitpunkt, an dem sich die Gedanken verabschieden und der Blick glasig wird. Man träumt vor sich hin. Oder den Moment, in dem man sich im nächsten Augenblick fragt, wie man die Handlung, die man gerade vollzog, überhaupt zustande gebracht hat, da wir uns ihrer nicht bewusst waren. Sie geschah wie von selbst. ■

So unspektakulär sich der Zugang zu nicht aufgegriffenen Informationen in der Alltagsrealität zeigt, so selbstverständlich gehört er zu uns. In der Leadership-Entwicklung ist dieser Zugang maßgeblich dafür da, unsere tiefste Begabung aufzuspüren und Störungen wahrzunehmen, bevor sie sichtbar werden. Der Zustand des Träumens verwandelt sich im Zuge der Leadership-Entwicklung zu einer geöffneten Wahrnehmung. Die empfangenen Informationen sind ein Teil unserer Kommunikation mit der Welt, die uns umgibt. Wir sind im Austausch und offen für das, was ist. Träumen ist eben nicht auf die Nacht und den Schlafzustand beschränkt, es findet an allen 24 Stunden des Tages statt und beschreibt unsere Empfänglichkeit für nicht bewusste Informationen.

8.10 Realitätsverzerrungen erkennen

Das höchste Ziel des Leadership-Coachings ist es, die Realität so wahrnehmen zu können, wie sie tatsächlich ist, faktisch und ohne Verzerrung. Durch eigene Erfahrung weiß ich, was hierfür notwendig ist. Zunächst brauchen wir eine demütige Haltung unserer Umwelt gegenüber. Sie hält den Verstand davon ab, voreilig seine Sicht auf die Dinge zur allgemeingültigen Realität zu erklären. Dann braucht es einen kontinuierlichen Entwicklungsprozess, denn mit jeder neu gefassten Erkenntnis offenbart sich ein weiteres Stück der Realität. In der Praxis gibt es zahlreiche Situationen, in denen mein Gegenüber glaubt, von der gegenwärtigen Realität zu sprechen, tatsächlich aber in der Vergangenheit festhängt, ausgelöst durch vor- und nicht bewusste Erlebnisse und Erschütterungen in der Vergangenheit. Hat jemand beispielsweise den Schock, der in frühen Kindheitstagen einem Ereignis folgte, nicht verarbeitet, erlebt er diesen immer wieder aufs Neue, wenn auch in abgeschwächter Form. Es reicht eine Drucksituation oder ein erhöhtes Arbeitspensum aus, oder ein Konflikt, der dem familiären Muster folgt, schon rutscht der Betroffene in die Vergangenheit. Damals verkroch sich das Kind in die äußerste Ecke des Bettes und versteckte sich unter Decken; heute treten typische Schocksignale auf, angefangen von aschfahler Haut, tiefen Schatten unter den Augen bis hin zu kaltem Schweiß auf der Stirn. Die Signale des Körperbewusstseins zeigen sich in Verbindung mit den Signalen der Körperoberfläche. Aber heute, in der Gegenwart, taucht nur noch ein Schatten des damaligen Ereignisses auf, nicht das Vollbild. In diesen Momenten glaubt die Person, die gegenwärtige Realität zu erleben, tatsächlich macht sie aber gerade einen Zeitsprung durch und betrachtet die Welt von heute mit den Augen von damals. Sie nimmt sie verzerrt wahr. Ihre Reaktionen gelten der damaligen Situation, auch wenn sie die heutigen Anwesenden treffen. Das können Kollegen, Vorgesetzte, geschäftliche und private Partner sein, eben alle Personen, die in diesem Moment anwesend sind.

In der Prozessbegleitung des Leadership-Coachings wird zwischen der rationalen Auffassungsgabe und dem Empfangen von Signalen auf der Ebene des körperlichen Bewusstseins unterschieden. Kommunikation, die über das rationale Verstehen funktioniert, ist weitverbreitet. Ganz anders verhält es sich (jedenfalls in der westlichen Kultur) mit der Kommunikation, die über unser Körperbewusstsein läuft. Diese wird meist außer Acht gelassen und läuft weitgehend unterbewusst ab. In der Team- und Persönlichkeitsentwicklung werden beide Ebenen angesprochen und miteinander in Einklang gebracht. Unterschiedliche Frageweisen erreichen einmal den Verstand und zum anderen die körperliche Ebene. Deshalb können auf den Körper bezogene Fragen vom Verstand kaum erfasst werden, vor allem wenn er noch überaktiv ist und meint, alles kontrollieren zu müssen. Eine auf den Körper bezogene Frage spricht Ihr körperliches Befinden mit an. Bemerken Sie beispielsweise, dass der Körper Ihres Gegenübers mit einem Signal der Körperoberfläche reagiert, fragen Sie: „Was meinen Sie, was sagt Ihre Haut dazu?" Die Aufmerksamkeit Ihres Gegenübers wird auf die körperinternen Prozesse verlagert. Ihr Körper signalisiert durch diverse Reaktionen, dass er verstanden wurde, und gibt auf seine Weise Antworten. Es ist auffällig, dass Fragen, die an das Körperbewusstsein gerichtet werden, in der Regel von der Ratio nicht verstanden, aber vom Körper mit sofortigen Signalen beantwortet werden.

Das zeigt, dass der Körper samt seinen Reaktionen der gegenwärtigen Realität näher verbunden ist als der Verstand, der dann und wann in der Vergangenheit hängen bleibt. Verstehen wir uns nicht nur als ausschließlich verstandesgesteuerte Wesen, lassen wir zu, mehr zu sehen und wahrnehmen zu können und damit komplexer zu werden, als es der Verstand zulässt.

> In einer offenen Haltung nehmen Verzerrungen ab. Deshalb arbeitet ein ergebnisorientiertes Leadership-Coaching an der Verbindung zwischen der körperlichen Ebene und dem Verstand. Ziel der Bewusstwerdungsarbeit ist es, ein möglichst klares Bild der gegenwärtigen Realität zu erarbeiten. Dazu ist es notwendig, die Dinge positiv anzuschauen, statt in Problembewusstsein zu versinken.

Probleme haben eine hohe Verzerrungskraft. Begegnen wir aber auch Negativerlebnissen mit einer gewissen Selbstverständlichkeit, können wir mit vergangenen Erschütterungen liebevoller umgehen, anstatt an ihnen hängen zu bleiben und daran zu zerbrechen. Es ist völlig natürlich, im Laufe seines Lebens Negatives wie auch Positives zu erleben. Gehen Sie deshalb mit allen Dingen um, den guten und den schlechten, beide sind Teil Ihrer Realität. Finden Sie immer wieder zurück in die positive Sicht auf die Dinge. Mit dieser Haltung dem Leben gegenüber nimmt die Wahrscheinlichkeit von Verzerrungen ab.

8.11 Den Prozess begreifen

Prozesssignale tauchen stets in identischer Reihenfolge auf und verbergen ein nicht verarbeitetes Erleben, das bisher unbewusst war. Wichtig ist, eine natürliche Haltung gegenüber nicht aufgearbeiteten Ereignissen einzunehmen. Ein psychisch erkrankter Mensch ist von der Persönlichkeitsentwicklung ausgeschlossen. Das liegt daran, dass die Prozesssignale stark sind. Sie zeigen sich immer stärker an, je näher Sie der Entschlüsselung kommen. Das kostet Kraft, aber der Gewinn, dies zu tun, ist so groß, dass es sich lohnt, diesen Prozess zu gehen. Sie gewinnen Ihr Leben zurück, was an Begrenzungen unmerklich verloren ging. Sie scheiden aus Negativkreisläufen aus. In der Persönlichkeitsentwicklung wird mit allen Signalen gearbeitet, die von gesunden Menschen ausgehen. Das Entfalten von Prozesssignalen verhindert die Wiederholung des nicht verarbeiteten Grunderlebens. Auf eine alltägliche Weise wird das starke Gefühl dahinter verarbeitet. Dieser Prozess verbindet die Person mit der Gegenwart. Das signalträchtige Grunderleben hat die Person oder Ihre nahen Bezugspersonen in der Vergangenheit schwer beschäftigt; so schwer, dass es verdrängt wurde, also außerhalb des bewussten Erlebens abgespeichert ist. Hat beispielsweise Ihr Vater einen Sturz aus dem Fenster erlebt, dessen Ursache nie ganz geklärt wurde, haben Sie dieses Ereignis quasi übergestülpt bekommen, denn Ihr Vater konnte das Erleben nicht verarbeiten, da er vielleicht im Krieg aufwuchs und das damalige Leben keine Zeit für eine Verarbeitung ließ. Durch die Reaktionsweisen Ihres Vaters wurde es zu Ihrem Erleben, obwohl nie ein Wort darüber verloren wurde. Sie haben aber seine Reaktionsweisen übernommen und damit auch die Prozesssignale Ihres Vaters zu Ihren eigenen gemacht. Die Signale Ihres Körperbewusstseins speichern somit den Sturz mit ab, denn das Verhalten Ihres Vaters war geprägt durch den Schock, der dahinterstand. Entfalten Sie Ihre Signale, verstehen Sie plötzlich auch das Verhalten Ihres Vaters. Sie bemerken, dass beispielsweise der Sturz Ihres Vaters durch einen Stoß verursacht wurde. Der Stoß ging von einer vertrauten Person aus. Dieses Gefühl wird über die Signale Ihres Körperbewusstseins übermittelt. Sie fühlen den Verrat Ihres Vaters und dessen Schmerz darüber. Er schwang damals immer wieder mit, wurde durch seine Unbewusstheit aber nicht ausgesprochen. Der nicht verdaute Schock Ihres Vaters zeigt den Schock über den starken Vertrauensverlust. Das wahre Problem ist also nicht der Sturz, sondern der Vertrauensmissbrauch. Oder Sie haben aktiv etwas erlebt, das Sie als Kind überfordert hat. Stellen Sie sich vor, Sie saßen auf der Rückbank des Autos Ihrer Eltern, unsachgemäß angeschnallt. Es kam zu einem Auffahrunfall, und der Gurt hat Ihnen für eine Weile die Luft genommen. Erst im Krankenhaus kamen Sie wieder zu sich. Da Sie noch klein waren und Ihre Eltern aufgrund ihrer Schuldgefühle nie mehr ein Wort darüber verloren, geriet das Geschehen ins Vergessen. Als längst erwachsene Führungskraft in einem Großunternehmen plagen Sie sich mit plötzlich auftauchender Atemnot und dem Gefühl, Ihr Brustkorb würde zusammengeschnürt. Wiederholt erleben Sie diese Signale, die Ihr Körperbewusstsein Ihnen sendet. Sie können sich keinen Reim darauf machen und sind stark verunsichert. Tatsächlich handelt es sich bei Ihren Beschwerden aber um ein Prozesssignal, das aufgegriffen werden möchte. Nicht mehr und nicht weniger.

Resümierend kann festgehalten werden, dass ein Prozesssignal ein Signal dessen ist, was bis heute nicht verarbeitet wurde. Sie leben Ihr Leben, arbeiten, haben eine Familie, aber die Signale pochen immer wieder an und erinnern Sie, dass hier noch Aufräumarbeit zu leisten ist. Werden diese Signale nicht aufgegriffen, fühlen Sie sich unbewusst zu Menschen hingezogen, deren Verhalten zu einer Wiederholung Ihres nicht verarbeiteten Erlebens führt. Dadurch spulen Sie, mit anderer Besetzung, ihr inneres Erleben erneut ab. Das ist menschlich und völlig normal. Es ist weder krank noch ungewöhnlich, denn jeder Mensch muss Dinge verkraften, was nicht immer sofort möglich ist. Allerdings nervt dieser Zustand auf Dauer, da er Sie nicht wirklich ein selbstbestimmtes Leben führen lässt. Sie sind im Schatten des Ereignisses gefangen.

Mit der Entfaltung der Signale finden Sie den Hintergrund des Signals heraus. Sie erfahren, welches Erleben sich hinter dem Signal verbirgt, welche Historie es besitzt. In der Persönlichkeitsentwicklung unterstützt Sie der Begleiter des Prozesses dabei, die Prozesssignale zu erkennen und aufzulösen. Das Geheimnis hinter den Signalen lüftet sich. Sie fühlen sich befreit und können in der Gegenwart leben, statt immer wieder in einen alten Film einzutauchen. Sie nehmen Kontakt mit dem Signal auf und erhalten dadurch Impulse in Form von Blitzgedanken und Bildern, die Ihnen zeigen, welche Informationen dort gespeichert sind.

Eine Wiederholung der Gefühle des Erlebens ist nicht nötig, um hier weiterzukommen. Ganz im Gegenteil. Ihr Körperbewusstsein wird von einer Speicherung befreit und damit entlastet. Die Einspeicherung beginnt oberhalb der Haut und endet im Körperinneren. Das liegt daran, dass die eingespeicherten Erinnerungen auch durch Außeneinflüsse zustande kamen, wie zum Beispiel durch das Anfliegen eines Gegenstandes, der Sie später traf. Dort, wo Sie den Gegenstand als Erstes bemerkten, und das ist häufig, bevor der Schlag Sie trifft, beginnt die Einspeicherung, und dort, wo der Aufprall endete, endet die eingespeicherte Information. Die Haut fängt den Schlag ab, was aber nichts daran ändert, dass der Schlag auch innere Organe trifft. Nur Bewegungen sind imstande, diese Information ganz aus dem Körperbewusstsein herauszulösen. Deshalb arbeitet die Körpersignalarbeit immer mit Hinzunahme des Körpers. Das geschieht im alltäglichen Tun, damit der vergangene Schmerz im Hintergrund bleibt und die Befreiung durch die Entlastung des Körperbewusstseins nach vorne tritt.

> Hüten Sie sich davor, ein mögliches Leid hinter einem Signal erneut zu (er) leben. Das Grunderleben wird dadurch wiederbelebt und letztlich nur angefacht, eifrig und frischer als zuvor weiterzuwirken. Es wird revitalisiert. Eine vage Zuordnung zum Ursprungserlebnis reicht bereits aus, um das Erleben aus seiner Wiederholungsschleife zu befreien. Und dies so natürlich und undramatisch wie möglich. Dazu benötigen Sie einen alltäglichen Ort und einen Begleiter, der es schafft, Sie in der Gegenwart zu halten. ■

Was hier gebraucht wird, ist das Gefühl von Normalität und die Entscheidung, den Fokus auf Ihre Weiterentwicklung zu lenken, in Richtung eines erfüllten und selbstbestimmten Lebens, im Privaten wie im Beruflichen. Die Signalaufnahme geschieht nebenbei, die Entwicklung Ihrer Firma und Ihres Verantwortungsbereiches steht stets im Vordergrund. Damit stellen Sie sicher, dass Sie sich in Ihrer Vergangenheit nicht verlaufen, egal wie sehr Sie Ihr erlittenes Leid noch anzuziehen versucht.

■ 8.12 Prozessschmerzen sind Signale

Wiederkehrende Schmerzen können also, sofern sie nicht krankheitsbedingt sind, auf interne Prozesse hinweisen, die von Ihnen noch nicht verarbeitet wurden. In diesem Fall dient die Schmerzempfindung als Signal. Ihr Körperbewusstsein ist aktiv. Meist wird dieses Schmerzsignal ausgelöst, weil Sie durch einen Vorfall unbewusst an das alte Erleben erinnert wurden. Unterdrücken Sie diesen Impuls, indem Sie ein Schmerzmittel einnehmen, verstellen Sie sich den Einstieg in die Verarbeitung des Prozesses von anno dazumal. Haben die Konflikte, in die Sie geraten, etwas mit einem nicht verarbeiteten Erleben zu tun, erkennen Sie das an einem Muster: Sie wiederholen den Konflikt mit jeweils anderer Besetzung wieder und wieder. Diese Wiederholungen sind ebenfalls ein Signal Ihres Körperbewusstseins, bei dem Sie aufmerksam werden sollten. Systemische Signale mischen sich dann ein, sofern der Grund für den Konflikt mit Ihrer Familie zusammenhängt und niemand zuvor sich diesem Thema zugewandt hat.

Das Schmerzsignal kann als erweiterte Form der Kommunikation verstanden werden. Über die Entfaltung dieses Signals gelangen Sie an die eigentliche Ursache, das dahinter liegende Erleben. Dort angelangt hört das Schmerzempfinden sofort auf, denn nun ist es ja verstanden worden, indem die Erinnerung gesehen wurde, wodurch der Grund der Empfindung aufgelöst wurde. Dieser Prozess läuft völlig undramatisch ab, wenn man ihn gut führt. Selbst innerhalb eines Business-Coachings kann die Entfaltung solcher Aspekte stattfinden, eingebettet in ein firmeninternes Sachthema. Diese Körpersignale wollen erhört werden. Sie sind keine Antwort auf Schmerzen oder krankhafte Veränderungen Ihres Körpers. Ist das Signal ein Schmerz und stammt aus Ihrem Körperbewusstsein, so ist die Ursache dafür immer alt, also nicht aktuell. Prozesssignale können überall auftauchen, unabhängig vom Rahmen des Gesprächs. Bei Prozessbegleitungen in der Öffentlichkeit sind die Signale authentisch und schnell zu entmystifizieren. Nicht der Schmerz steht im Vordergrund, sondern lediglich das Aufgreifen der Erinnerung. Ihr Schmerz ist hier die Erinnerung. In der Regel kennen Verantwortungsträger diese Schmerzsignale sehr gut, da Verantwortung den Druck erzeugt, der Prozesse hervorbringt und Signale des Körperbewusstseins auslöst. Nur beziehen Sie es nicht auf Ihren Prozess, sondern Sie denken, Sie seien krank oder der Stress erzeuge den Schmerz.

Infolgedessen sollten Sie lernen, Signalschmerzen von körperlichen Schmerzen zu unterscheiden. Körperliche Schmerzen, die einem aktuellen Ereignis geschuldet sind, tauchen willkürlich auf. Signale, die sich im Prozess zeigen, folgen einem Muster. Sie erkennen das Muster, durch das wiederholte Auftreten des Schmerzsignals, immer im gleichen Kontext. Ein Beispiel dafür ist folgendes: Ihre Hüfte schmerzt immer dann, wenn Sie von oben herab behandelt werden. Dieser Schmerz ist in Ihrer Kindheit entstanden und zeigt an, dass Sie eine Auseinandersetzung mit Ihrem Vater hatten, die Sie damals sehr bewegt hat. Er hatte Sie sehr herabschätzend behandelt, und Sie sind infolge der Auseinandersetzung auf Ihre Hüfte gefallen. Die Auseinandersetzung haben Sie längst vergessen. Das Signal des Hüftschmerzes zeigt Ihnen heute die Herabschätzung Ihnen gegenüber an. Ihr damaliger Sturz hatte einen Hüftschmerz zur Folge, der mit dem inneren Schmerz, welcher der fehlenden Wertschätzung folgte, verbunden wurde.

■ 8.13 Was die Körperkontur zeigt

Im Laufe der Jahre formt der Umgang mit uns selbst die Kontur unseres Körpers. Das geschieht parallel zu den biologischen altersbedingten Veränderungen. Diese Konturen lassen sich von außen sehen und von innen wahrnehmen. Schreit ein Mensch häufig, sieht man ihm das auf Dauer an, nicht nur im Gesicht. Ist schon Ihre Mutter nicht Ihren Weg gegangen und war darüber verärgert oder unglücklich, so steigt die Wahrscheinlichkeit, dass auch Ihr Prozess damit etwas zu tun hat. Dafür sorgen die Signale Ihres Körperbewusstseins. Je kontinuierlicher die Information des Nichtgehens eines eigenen Weges ein Thema Ihrer Familie ist, desto mehr zeichnet dieses Thema auch Ihre Körperkontur mit, je älter Sie werden. Ihr System, in dem Sie leben, zeigt sich. Auch das ist ganz normal und kein Grund zur Sorge. Allerdings sollten Sie Rückschlüsse ziehen, sollte Ihre Körperformierung ein systemisches Signal sowie ein Signal Ihres Geistes darstellen.

Bei einer Kundin zeigte das Aufgreifen dieses systemischen Signals eine erstaunliche Wirkung: Durch die Bewusstwerdung fiel ihr plötzlich auf, dass sie auf Fotos immer „wie ein Schluck Wasser“ dastand. Ihrem Körper fehlte so gut wie jede Spannung. Alles an ihr war schlaff. Diese Erkenntnis lenkte den Prozess in Richtung der Frauen ihrer Familie, generationsübergreifend. Sie bemerkte, dass sie bei Weitem nicht die Erste mit dieser Haltung war. Sie entwickelte ein Verständnis für die Signale ihres Geistes und des Systems, aus dem sie stammte. Nach dieser Erkenntnis zog Spannung in ihre Haltung ein, ganz ohne sportliches Hinzutun. Diese körperliche Reaktion erstaunte sie selbst, da sie vorher nie darauf gekommen wäre, dass sich hinter ihrer Körperhaltung ein Prozessthema verbarg.

Zusammenfassung

Das Glück liegt in unseren Händen. Das Glück hat viel damit zu tun, ob wir in der Lage sind, unserer Aufgabe folgen oder eben nicht folgen zu können, die uns unser Sein aufgibt. Doch um diese Weisheit leben zu können, benötigen wir drei Dinge: den unerschütterlichen Glauben an uns selbst, die Fähigkeit, offen und unbefangen der Welt entgegentreten zu können, sowie die Kraft, Dinge anzupacken und damit auch verändern zu wollen. Wie weltoffen wir sind, zeigt sich in der Art und Weise, wie wir unser Glück gestalten. Es zeigt sich in den Signalen des Geistes, wie beweglich unser Geist ist. Ob wir bereit sind, die Enge unseres Verstandes zu überwinden, ist entscheidend für den Weg zu unserem Glück. Überwinden wir die Enge unseres Verstandes, so werden wir automatisch allem nicht Greifbaren sensibler entgegentreten. Je sensibler wir sind, desto größer ist unsere Verbindung mit unserem Körper und der Umwelt um uns herum. Wir sind fähig, unser Körperbewusstsein als Speicher vergangener und schwer verdaulicher Ereignisse anzuerkennen. Wir verstehen die Seele als Informationsgeber und begreifen, dass hierüber Informationen verteilt werden, die nicht unbedingt in unserer Lebenszeit entstanden sind. Sind wir offen, ist unser Herz geöffnet. Wir lauschen neuen Ideen und folgen alten Weisheiten, denn das Wissen um das Gute in der Welt ist Teil einer generationsübergreifenden Weisheit. Die Signale des Verstandes verfügen nur dann über dieses Wissen, wenn die Personen, die uns geprägt haben, dieser Weisheit nahestanden. Trotz aller negativen Ereignisse gilt: Das Gute gab es und wird es immer geben. Das jedenfalls ist der Grundgedanke des Leadership-Coachings. Für einen Verantwortungsträger ist diese Sichtweise nützlich, da dieser beginnt, darauf zu achten, dass alles eine positive Konsequenz hat. Das gestaltet das Leben freudiger und kommt gut an in unserer Umwelt. Egal was der Verantwortungsträger tut, es wird einen Nutzen geben. Folgen wir hier unseren Signalen, stellen wir uns auf die Seite des Lebens und der Güte. Der Körper ist per se dem Leben zugewandt, also signalisiert er, wenn er Schädigendes feststellt. Die Signale der Körperoberfläche sowie die Signale der Organe zeigen uns diese Schädigung an. Persönlichkeitsgrenzen geschehen auf der Verstandsebene. Sie kommen hier nicht weiter, da unbewusst etwas gegen Ihr Vorhaben vorgeht. Ihre Prägung zeigt sich. Ihre Signale werden Ihnen diese Grenze anzeigen. Sie bekommen Beschwerden, wofür die Signale der Organe und die Signale Ihres Körperbewusstseins zuständig sind. Sie wiederholen Verhaltensweisen, sofern es Auslöser gibt, die Ihrem bisher unverdauten Ursprungserleben nahekommen. Es folgt eine Ihnen unbewusste Erinnerung, die durch Ihre Signale des Körperbewusstseins nach außen hin angezeigt werden. Damit wird die Geschichte hinter Ihren Signalen offenbar. Systemische Signale treten in den Vordergrund und zeigen dem Beobachter Zusammenhänge, die Generationen zurückliegen können.

Die Körpersignalarbeit erscheint zunächst unscheinbar, aber ihre Wirkung ist groß. Die Basis bildet der Verständnisaufbau für die Signale Ihres Körpers und des dahintersteckenden Systems. Alles hängt miteinander zusammen. Ihre Begrenztheit entscheidet, was Sie von Ihrer Umwelt haben, nutzen und gebrauchen können. Ein Nichthandeln geschieht durch Ihre Begrenzung. Die Signale zeigen Ihnen diese Begrenzung an. Das erklärt ihre Daseinsberechtigung. Bewegungen holen Ihre Signale auch von Ihrer Körperbewusstseinsebene ab, denn hier finden Sie die ganze Geschichte. Akzeptieren Sie die Befindlichkeit Ihres Körpers als Ihre Leitplanke, nähern Sie sich dem Glück in seiner Natürlichkeit. Das Glück steht hier für ein selbstbestimmtes und verantwortungsvolles Leben. Erhören und deuten Sie die Signale, bleibt Ihnen Ihre Sensibilität erhalten. Sie ist der Garant dafür, gut zu sein, denn in einem geöffneten Herzen findet das Böse keinen Platz. Die Körpersignalarbeit arbeitet daran, das Herz und dessen Wissen wieder Ihrem Handeln zugänglich zu machen. Das Aufgreifen der Signale erfolgt durch die Fähigkeit zur Beobachtung und der Unterscheidung aller Signalebenen. Sie lernen, die Sprache Ihres Körpers vielfältiger zu sehen als bisher. ■

■ 8.14 Reflexion: Was verbindet Signale mit Störungen?

Mit Ihren körperlichen Signalen erhalten Sie Informationen über Ihre speziellen Reaktionen auf Nähe-, Distanz- und grenzübertretende Verhaltensweisen Ihres Umfelds. Sie reagieren stets auf Störungen, die etwas mit Ihnen zu tun haben. Handelt es sich jedoch um Gewalt, reagiert jede Person, denn Gewalt zerstört, unabhängig davon, was Sie selbst erlebt haben. Darüber hinaus zeigen Ihre Reaktionen an, dass dort, wo Sie Signale erhalten, Störungen vorliegen, die für Ihren Körper nicht gut sind.

Durch das Achten auf Ihre körperliche Signalsprache in Stress-, Druck- und Konfliktsituationen erfahren Sie frühzeitig von der Existenz einer Störung. Oft geschieht dies, noch bevor der Konflikt ausgebrochen ist. Statt in den Konflikt zu gehen, sollten Sie, sobald Ihr Körper reagiert, aus dem Störungsfeld hinausgehen. Sie sollten sich distanzieren. Dazu brauchen Sie den Ort nicht zu verlassen, aber Sie sollten darauf achten, dass Sie sich nicht in das Geschehen hineinziehen lassen. Distanz aufzunehmen ist nicht einfach und in der Leadership-Entwicklung eine komplexe Entwicklungsaufgabe. Verfügen Sie über die Kunstfertigkeit der positiven Distanz, also einer Distanz, die klar und deutlich kommuniziert wird und die der Situation hilft, sich zum Guten zu wenden, haben Sie viel erreicht. Je klarer Sie sich distanzieren, desto schneller kann sich die Situation entspannen, wobei Sie mit einer hohen Wahrscheinlichkeit zunächst Gegenreaktionen hervorrufen werden. Davon dürfen Sie sich nicht irritieren lassen, denn ein Teil einer sich negativ auswirkenden Beziehung zu sein, bedeutet lediglich, dass Sie zum Aufrechterhalten einer auf Dauer zerstörerischen Dynamik beitragen. Die Distanz zur Störung hilft Ihnen, Ihre berufliche oder private Beziehung auf einem störungsniedrigen Level zu halten. Für die Tragfähigkeit einer Beziehung ist das bedeutend. Sind erst einmal Störungen entstanden, wird es immer schwieriger, Beziehungen positiv auszuleben. Die Störung tritt zunehmend stärker in den Vordergrund, bis Sie in der Störung aufgehen und nicht mehr in Ihrer Beziehung zum Gegenüber.

Beantworten Sie folgende Fragen, um mehr Bewusstheit über Ihre Signale zu erhalten:

- Welche Körperreaktionen treten bei Ihnen auf, wenn Sie sich mit einer Person nicht wohlfühlen?
- Wie reagieren Sie in Zukunft auf Ihre Signale? Was tun Sie?
- In welchen Situationen bemerken Sie, dass Ihr Körper in besonderer Weise reagiert?
- Wenn Sie sich fragen, was Ihr Signal für Handlungen braucht, was fällt Ihnen ein?
- Mit welchen Personen leben Sie Störungen anstatt einer Beziehung?

9 Von Zwillingsgemeinschaften lernen

Zwangs- und Nutzungsgemeinschaften machen vor, wie es geht

Wie entkräften Sie Ihre Zwänge im Arbeitsumfeld?

Welche fünf Schritte führen zur Distanz in Konflikten?

In welchen Fällen kommen Sie um eine Entstörung des Konflikts nicht herum?

Wann und wie greifen Sie in einen Negativprozess ein?

Evolutionär betrachtet, deutet das Verhalten, das innerhalb von Langzeitkonflikten in Unternehmen auftritt, auf Selbstzerstörung hin. Geschädigt werden die eigene Existenzgrundlage, die Organisation und unser Körper. Zielpersonen, die unbewusst in die Opferrolle gehen, verweilen in einer Art Schockstarre, unterbrochen von immer schwächer werdenden Gegenreaktionen. Die sich im Recht fühlende Gegenseite pendelt zwischen den Positionen Angreifer, Mobber und Parasit. Beide Seiten können wechseln, das heißt, ein vermeintliches Opfer kann auch auf die Täterseite übersiedeln und ein Täter zum Opfer werden. Die im dritten Kapitel beschriebenen Rollen werden aktiviert und mischen unbewusst mit. Wer nicht mehr in diesem Kreislauf bestehen kann, wird krank. Werden Organisationen auf diese Weise geschwächt, gehen Personen und deren Persönlichkeit unter. Jeder bezieht Position und spielt mehr oder weniger mit. Auch wenn Sie sich heraushalten wollen, stecken Sie im Zerstörungsprozess so lange mit drin, bis Sie aus der Firma ausscheiden. Scheiden Personen aus, wird die alte Konfliktposition schnell durch Nachrücker neu besetzt. Der Konflikt wird systemisch. Der Missstand bleibt der Firma als Systematik erhalten.

In zahlreichen Kliniken und Krankenhäusern kann ein Außenstehender diesen Prozess beispielhaft erkennen. Das System, das sich um den „Gott in Weiß" aufgebaut hat, ist antiquiert und doch noch vorherrschend. So kommt es in dieser Berufssparte immer noch vor, dass Visiten gleich einem Theaterspektakel durchgeführt werden. Auch Degradierungen und cholerische Anwandlungen sind an der Tagesordnung, sofern die Institution das Machtthema nicht erkannt und entkräftet hat. Je länger eine Person Teil dieses Systems ist, desto mehr geht der Blick für die Absurdität dieser Handlungen verloren. Kaum einer bemerkt, dass es sich bei diesen Verhaltensweisen um systemische Signale handelt. Früher oder später spielen Sie als Akteur mit, oder Sie verlassen das Krankenhaus. Verantwortlich sind die nicht verarbeiteten Informationen, die im Gesamtbild die systemischen Muster in der Klinik abbilden. Die Frage der Macht ist in puncto Rang des Arztes noch nicht verarbeitet worden. Der Machtmissbrauch, den es historisch gesehen immer wieder gegeben hat, zeigt sich hier ebenfalls und signalisiert, dass der Missbrauch von Macht noch nicht aufgearbeitet wurde. Deshalb bilden sich diese Aspekte in manchen Klinikstrukturen bis heute ab. Wird das systemische Signal einmal aufgegriffen, taucht es nicht mehr auf. Doch insbesondere Chefärzte beziehungsweise -ärztinnen sind empfänglich für solche alten Muster. Das ist der Macht ihrer Position geschuldet. Gehen sie in diese Muster, wirkt ihr Verhalten überzogen. Die Unterwürfigkeit ihrer „Gefolgschaft" bildet dann das Pendant zur Übermächtigkeit. Egal auf welcher Seite Sie stehen, Sie stützen dieses alte Muster, sofern Sie keine Bewusstheit über diese Abläufe erhalten.

Beobachten Sie symbiotische Zwillingsbeziehungen, erfahren Sie viel über die Wirkungsweise von Beziehungen auf engem Raum und deren Funktions- sowie Reaktionsweisen im Umfeld. Sie erfahren Prinzipien, die eine Gemeinschaft zu einer erfolgreichen machen, und sehen, mit welchen Mechanismen Sie Misserfolge herbeiführen. Einige der Prinzipien lassen sich gut auf das berufliche Miteinander übertragen und negative Machtstrukturen damit entkräften. Denken Sie nach und denken Sie neu.

9.1 Zwangsbeziehungen und deren Auswege

> Zwänge produzieren Reaktionen, die eine negative Auswirkung auf Ihr Selbst und Ihr Umfeld haben. Innerhalb des Zwangs sind Sie mit unguten Gefühlen verbunden. Sie produzieren Gegenbewegungen, die Sie vermeintlich befreien, und entwickeln dabei doch nur Ohnmachtsgefühle, denn die Gegenbewegungen führen lediglich in eine gefühlte Ausweglosigkeit. „Schafft man ja eh nicht, dem zu entkommen." Diese Haltung lebt in Ihnen, sofern Sie zwanghafte Beziehungen kennengelernt haben. Der Kern eines Zwangs ist immer eine empfundene Abhängigkeit. Verarbeiten Sie dieses Gefühl nicht, taucht es in Ihrem Leben immer wieder auf.

Arbeitsbeziehungen sind bestens dafür geeignet, Abhängigkeits- und Machtkonflikte an die Oberfläche zu bringen, von denen wir glauben, dass Ihnen durch den gefühlten Zwang nicht zu entkommen ist. Das Gemeine an einem Zwang ist, dass er zunächst einmal nur in Ihrem Kopf besteht, weil sich Ihr Verstand das Beziehungsmuster Ihrer Vergangenheit als Usus eingeprägt hat. Sie haben mit Zwängen nur dann ein Problem, wenn Sie diesbezüglich vorbelastet sind. Dementsprechend muss ein von Ihnen empfundener Zwang in Wirklichkeit gar nicht existieren, auch wenn Sie ihn empfinden. Es reicht aus, zu denken, dass Sie Ihren Arbeitskontext nicht verändern oder verlassen können, da Sie ja abhängig von Ihrem Einkommen und diesem Arbeitsplatz sind. Hatten Sie in Ihrer Vergangenheit wenig Freiräume, waren Ihre Erfahrungen mit Nähe von Regeln abhängig und Ihre Freiheitsversuche durch Ängste Dritter belastet, entstand allmählich ein Klima von Macht und Ohnmacht. Der andere besaß die Macht und Sie gefühlt die Ohnmacht. Je näher man Ihnen kommt, desto mehr suchen Sie Abstand. So in etwa funktioniert eine Machtbeziehung innerhalb von Zwangskontexten. Sie wollen mehr erreichen, schlucken die Reglementarien und weichen der vermeintlichen Vereinnahmung aus. Je heftiger Sie auf Zwangskontexte reagieren, desto mehr hat Ihre eigene Geschichte etwas damit zu tun. Sie verhindern Nähe, und damit erschweren Sie auch den Zusammenschluss von Erfolgsgemeinschaften. Beziehungen sind bei Ihnen unbewusst belastet und mit Zwängen verbunden. Damit Sie sachlich und erfolgreich Beziehungen leben können, braucht es bei Ihnen eine Bewusstwerdung, dass nicht die Beziehung als solche negativ ist, sondern Ihr unbewusstes Verhaltensmuster Sie zur negativen Handlung treibt. Zum Beispiel weichen Sie der Nähe aus, um nicht vereinnahmt zu werden. Dadurch isolieren Sie sich gerade von den Personen, deren Nähe Ihnen guttun würde, und akzeptieren im Gegenzug die Personen, die ebenfalls eine Störung mit Nähe besitzen. Diese kommen Ihnen durch deren Störung nicht zu nahe. Das akzeptieren Sie, weil Ihnen diese Personen nicht zu nahe kommen und damit nicht gefährlich werden. Sie verletzen damit Ihre Ihnen nahestehenden Mitmenschen und sich selbst. Sie verbauen sich nährende und wohlwollende Beziehungen.

Arbeitsbeziehungen sind grundsätzlich gesehen Zwangsbeziehungen, die gesetzlich geregelt sind. Jede Zwangsbeziehung wird bei demjenigen ungute Gefühle und Reaktionen hervorrufen, der sein altes Erleben nicht überwunden hat. Seine Reaktionen auf den Zwangsfaktor werden im Arbeitsverhältnis ebenfalls aktiviert. Eine Arbeitsbeziehung ist niemals frei von Zwängen, da der Arbeitnehmer sich an Verpflichtungen bindet, um Geld zu verdienen. Er macht die Arbeit nicht freiwillig und gibt damit seine freie Selbstbestimmung auf. Reglementarien begleiten ihn durch den Tag, sollte der Arbeitgeber nicht ein förderliches System aufgebaut haben. Doch auch der Arbeitgeber steht unter vielen Zwängen. Sein Verhalten ist durch gesetzliche Regelungen begrenzt. Sich von Mitarbeitern und Kollegen zu trennen, kann beispielsweise über den Weg der Abmahnung funktionieren, was sehr konfliktträchtig ist und gerne für das Loswerden unbequemer Menschen missbraucht wird. Gebraucht der Arbeitgeber dieses Instrument nicht, sitzt er mit Mitarbeitern im Boot, von denen er nicht begeistert ist, da sie dem Unternehmen eher schaden als nutzen. Hier erlebt der Arbeitgeber einen Zwang. Der Arbeitgeber ist von der Arbeitswilligkeit seiner Mitarbeiter abhängig und steht permanent unter finanziellem Druck, selbst wenn das Geschäft gut läuft.

Ein Bewusstwerdungsprozess kann diesen Zwangsfaktor auflösen, indem ein Milieu geschaffen wird, das nur noch Menschen bindet, die in der Konsequenz ihres Handelns positiv sind. Das ist vielen Chefs nicht bewusst. Wird aber dieses Milieu geschaffen, braucht niemand gekündigt zu werden. Die Personen, die dem Unternehmen schaden, gehen von alleine.

Im Falle eines Konflikts sollte der Konfliktbegleiter auf Zwangsfaktoren eingehen, indem er die Konfliktbeteiligten zunächst in eine emotional unabhängige Ausgangsposition bringt, die sich außerhalb von Opfer- und Tätergefühlen befindet. Diese Ausgangsposition ist für das Gelingen einer Konfliktentschärfung ausschlaggebend. Denn Zwänge sind mit den nicht verarbeiteten Informationen vergangener Zeiten verbunden.

Bei einem Konflikt hat der Begleiter mit alten Informationen zu tun, die sich in jetzige Verhaltensweisen unbewusst einmischen. Hier tritt die Vergangenheit in die Gegenwart und führt zu verzerrten Sichtweisen. Eine emotional unabhängige Ausgangsposition aller Konfliktbeteiligten ermöglicht es dem Begleiter, die derzeitigen Zwangsfaktoren isoliert zu betrachten und die Vergangenheit vom derzeitigen Konflikt zu trennen. Übrig bleibt die Realität, die das Heute bestimmt. Auf dieser Basis kann das Problem sachlich gelöst werden. Unterlässt der Begleiter dieses, wird er auch die alten Zwänge begleiten und damit inmitten des negativen Systems vergangener Zeiten landen. Hier ist keine Lösung möglich. Ganz im Gegenteil, der jetzige Konflikt wird immer mehr zum alten Konflikt. Eine Lösung findet sich lediglich außerhalb des Problems, außerhalb aller Zwänge und emotionaler Betroffenheit sowie Verletzungen.

Praxisbeispiel: Konfliktbegleitung in Zwangsbeziehungen mit Machtdynamik

Ein erfahrener Mediator versuchte verzweifelt, zwei Konfliktbeteiligte, die in einem eskalierten Machtkonflikt gefangen waren, auseinanderzubekommen. Es gelang nicht, da im Zwangsverhältnis zwischen dem Chef und seinem ins Geschäft eingekauften Partner mit geringerer Beteiligung von vornherein keine Gleichberechtigung bestand und der zugekaufte Partner sich abhängig und ohnmächtig fühlte.

Der Mediator aber versuchte, mit beiden als gleichberechtigten Partnern zu kooperieren und auf dieser Basis den Konflikt zu schlichten. Die Reaktion war, dass der zugekaufte Partner anfing, den Mediator als parteiisch anzugreifen. Er fühlte sich nicht verstanden und vom Mediator nicht vor den vermeintlichen Angriffen des Chefs geschützt. Tatsächlich aber fehlte für eine emotional unabhängige Ausgangsposition die Aufdeckung der vorhandenen Realität. Hätte der Mediator erwähnt, dass der Partner nicht die gleiche Position und Macht besitzt, wie der Chef behauptete, so hätte sich der zugekaufte Partner verstanden gefühlt und der Chef hätte nicht mehr so tun können, als ob es gar keinen Konflikt gebe, da ja alles ganz gleichberechtigt ablaufe. Der Partner hätte seinen alten unbewussten Konflikt verlassen können und sich dem Hier und Jetzt zuwenden. Tatsächlich aber fühlte sich der zugekaufte Partner vom Goodwill des Chefs abhängig und hörte nicht auf, dies zu betonen.

Der Chef wehrte alles ab, weil ihm die Impulsivität und Abwehrreaktionen zu stark waren. Der Mediator wurde immer defensiver, der zugekaufte Partner lauter und aggressiver. Schnell tauchten Versprecher auf. Der Chef wurde mit einem falschen Namen angesprochen, ein Name aus der Vergangenheit des zugekauften Partners. Die Verzerrung der jetzigen Situation und die Vermischung mit der Vergangenheit waren voll im Gang. Der Mediator erzählte im Nachhinein, dass aufgrund der hohen Aggressivität die Bereitschaft zur Vermittlung nicht vorhanden gewesen sei. Deshalb lege er sein Mandat nieder. Was er nicht sah, war der Umstand, dass er die Übertragung des Partners, die in solchen Fällen ganz normal ist, nicht erkannt hatte. Er griff sie nicht auf, sondern er wurde zum Teil des Konflikts. ■

Wie bei allen Konflikten hilft auch in Zwangskontexten, gerade bei machtgesteuerten Konflikten, eine reale Darstellung der Situation. Je sachlicher diese vom Konfliktbegleiter beschrieben wird, desto besser ist es. Sachlichkeit gelingt aber lediglich in einer emotional unabhängigen Ausgangsposition aller Beteiligten. Sie erhalten sie niemals, wenn Verletzungen oder ein Gefühl von Ungerechtigkeit, Wut oder Zorn sowie die damit einhergehenden Aggressionen mit im Spiel sind. Dann herrscht ein Gefühl von Ohnmacht und Auslieferung vor, das zu krassen autoritären Aktionen führt. Der kämpfende Part ringt um Anerkennung und erhält sie doch nie, da in seinem Empfinden, das aus der Vergangenheit gespeist wird, keine Anerkennung existiert, sondern nur die Macht anderer. Gegen dieses Gefühl wird unbewusst angekämpft, angefeuert vom eigenen Verstand, der sich auf der richtigen Seite wähnt. Dadurch werden solche Konflikte so eskalationsträchtig.

Zwangsbeziehungen unterliegen einer Machtdynamik und lassen nur begrenzt einen Ausstieg zu. Das erschwert den zwischenmenschlichen Umgang miteinander und wirkt sich gleichzeitig verstärkend auf den vorhandenen Konflikt aus. Im Störfall werden Zwänge spürbarer, und all diejenigen, die mit Abhängigkeiten negative Erfahrungen gesammelt haben, geraten in Konfusion. Die Konfusion entsteht, weil sich Gegenwartsinformationen hier unbemerkt mit Informationen aus der Vergangenheit mischen. Ist der Arbeitsplatz nicht sicher, erhöht sich automatisch der Zwangsfaktor und damit auch das Konfliktpotenzial. Der sich abhängig fühlende Part neigt stärker dazu, den Konflikt zu suchen und starke Emotionen zu entwickeln, die das Gegenüber bald überfordern. Defensive und Offensive wechseln hin und her.

9.2 Auf Distanz gehen

Fluchttiere, wie etwa Pferde, reagieren sehr empfindlich auf Situationen, die ihnen keinen Ausweg lassen. Sie geraten in Panik und trampeln alles nieder, was ihnen im Weg steht. Dabei spielt es dann keine Rolle mehr, ob sie sich vielleicht lebensbedrohlich verletzen. Auch Menschen, die an ihre Grenzen geraten, reagieren möglicherweise affektiv. Extremsituationen fördern extremes Verhalten. Störungen in zwischenmenschlichen Arbeitsbeziehungen sowie Konflikte erreichen in ihren Hochphasen das Level einer Extremsituation. Hier geht es nicht mehr um einen Konflikt, sondern um eine Krise, unter der das gesamte Umfeld leidet. Es gelten Gesetzmäßigkeiten, die nur in extremen Situationen zum Vorschein kommen. Der Affekt nimmt zu, der Verstand verliert an Boden. Es wird aufeinander losgegangen, sich bespuckt, geprügelt, an den Haaren gezogen und geohrfeigt. Schläger werden engagiert und auf die Fährte des anderen angesetzt, es wird sich angeschrien, geschubst sowie auf vielfältige andere Weise gedroht und beschimpft. Weises Handeln weicht blindem Hass. Handgreiflichkeiten werden heruntergespielt und vertuscht. Ereignisse dieser Art sind keine Seltenheit. Auch wenn es nicht zu aktiven Handgreiflichkeiten kommt, so liegen sie zumindest in der Luft. Auslöser gibt es so viele, wie es Reaktionen auf vermeintliche Ausweglosigkeiten gibt. Diejenigen, die Teil einer solchen Konfrontation waren, suchen danach wieder nach Stabilisierung. Derartige Eskalationen destabilisieren jeden Beteiligten, unabhängig davon, ob er aktiv daran beteiligt war oder lediglich Beobachter. Ein Teil der Beteiligten wird krank und ist erst einmal aus der Bahn geworfen.

Befinden Sie sich inmitten einer solchen Krise, müssen Sie sofort auf Distanz gehen. Das ist nicht einfach, aber sollten Sie es schaffen, aus dem „Gefecht" herauszutreten, werden Sie nicht mehr weiter hineingezogen. Distanz heißt, Sie müssen die Situation nicht verlassen, aber außen vor bleiben.

So bauen Sie Distanz in einer eskalierenden Situation auf:

1. Den Sachverhalt erkennen. Die Eskalation beginnt, wenn die Aggression buchstäblich zu spüren ist. Sobald Ihr Gegenüber nicht mehr für Sachverhalte offen ist, sondern gleich in die Abwehr geht, ist eine Eskalationsgefahr gegeben. In der Abwehr zeigt sich die Wut Ihres Gegenübers.
2. Ruhig, sachlich und freundlich bleiben, egal wie sich Ihr Gegenüber verhält. Das ist leichter gesagt als getan, denn Sie sind ja nicht gefühllos. Es lässt Sie nicht gleichgültig, wenn Sie mit Falschaussagen konfrontiert werden oder Ihr Gegenüber die Realität nicht mehr erkennt. Hier korrigieren Sie zunächst Ihr eigenes Verhalten und ziehen sich immer wieder in die innere Distanzierung zurück.
3. Ihre Lautstärke dem Gegenüber kurz anpassen, aber sofort in ein normales Niveau überführen. Seien Sie klar in Ihren Aussagen.

4. Auf der Sachebene bleiben. Die Sachebene umfasst ausschließlich Fakten, die im Hier und Jetzt belegbar sind. Ihre persönlichen Meinungen und Einschätzungen bleiben außen vor, alle Konfliktinhalte ebenso. Auf der Sachebene existiert lediglich die Arbeit, die zu tun ist.
5. Auf Verzerrungen und Angriffe nicht eingehen, sondern mit der Gegenwart argumentieren.

Beispiel:

Angreifer: „Sie sind immer so aggressiv, nicht zum Aushalten. Da kann man ja nur ausflippen!"

Ihre Antwort: „Was brauchen Sie, damit Sie in meiner Anwesenheit ruhig bleiben können?"

Angreifer: „Jedenfalls nicht Ihre Visage!"

Ihre Antwort führt zu dem Punkt zurück, der durch die Krise im Unternehmen offenbleibt: „Die Projektbesprechung steht als Tagungspunkt noch aus. Wann können wir uns diesbezüglich zusammen hinsetzen? Geht heute um 16.00 Uhr?"

Angreifer: „Sie sind wirklich zum Kotzen." Er verlässt die Tür mit einem lauten Zuknallen.

Die von Ihnen aufgebaute Distanz führt dazu, dass Sie sich nicht mehr in den Konflikt hineinziehen lassen. In dieser Phase löst es das Problem nicht. Ihr Angreifer wird sich höchstwahrscheinlich der Zusammenarbeit weiter entziehen. Ihr Angreifer ist durch starke Emotionen blind für die Realität geworden. Er ist in einem alten Film gelandet, dessen Handlung er aber jetzt mit Ihnen ausagiert. Ihr Herausziehen steigert zwar die Aggression des Gegenübers, senkt aber auch die Eskalationsbereitschaft. Es eskaliert in der Regel, wenn zwei Aggressionen gegeneinanderprallen. Die Aggressivität steigt an, aber Sie machen nicht mehr mit. Damit weicht der aggressive Part zurück, also Ihr Gegenüber. ■

Die Entstörung des Konflikts beendet jegliche Aggression und baut die Beschämung ab, die sich natürlicherweise im Anschluss an eine Eskalation einstellt, und führt so zur Beendigung der Krise. Gegenseitige allergische Reaktionen lassen nach. Der Schaden fürs Geschäftliche bleibt so lange bestehen, bis durch die Entstörung die Folgen des Konflikts abgearbeitet wurden und Sachlichkeit wieder an erster Stelle steht. Je nach Ausmaß kann dieser Prozess Wochen dauern, denn die Folgen werden stark unterschätzt. Während eines Konfliktgeschehens minimieren Sie den Schaden, indem Sie sich ausschließlich dem Sachverhalt widmen. Solange eine aggressiv gesteuerte Emotionalisierung in Ihrem Unternehmen vorherrscht, kann keine sachliche Zusammenarbeit stattfinden. Alle Ihre Klärungsversuche und Beschwichtigungen kommen beim Gegenüber nicht an. Ihren Angreifer auf Abstand zu halten kann Ihnen alleine durch Distanz zum Konfliktgeschehen gelingen.

9.3 Den Konflikt mit Unterstützung beenden

Konflikte nicht auszuleben ist die beste Prävention. Dazu braucht man zumindest einen Beteiligten, der nicht weiter in den Konflikt einsteigt oder für eine Konfliktbegleitung sorgt, die zur Konfliktentstörung führt. Sollten Sie derjenige sein, der aus dem Konflikt tritt, scheuen Sie sich nicht, einen erfahrenen Konfliktbegleiter aufzusuchen, auch wenn Sie die anderen Konfliktbeteiligten nicht dazu bewegen können, ebenfalls teilzunehmen.

Zahlreiche theoretische Ansätze sind der Meinung, dass Konflikte nur durch die Anwesenheit aller Beteiligten gelöst werden können. Sie gehen davon aus, dass grundsätzlich alle Seiten gleichberechtigt gehört werden müssen. Meine Erfahrungen widersprechen diesen Ansätzen folgendermaßen:

- Wichtig ist, den Konflikt zu beenden, und zwar sofort. Das geht auch dann, wenn nur eine Seite dazu bereit ist. Denn nicht immer wollen alle Seiten mitmachen. Oft besteht auf einer Seite eine zu große Grenze oder überhaupt kein Interesse, den Konflikt zu beenden. Mit Schlichtung ist hier nichts zu machen.
- Auch wenn es ideal wäre, alle Beteiligten einzubeziehen, um die Entstörung der Konfliktfolgen zu beschleunigen: Entstört werden kann jederzeit, sobald sich einer dazu entschließt.
- Wenn Sie alleine kommen, arbeiten Sie daran, nicht unbewusst Teil des Konflikts zu sein. Sie erleben, wie es gelingt, aus dem Konfliktkreislauf auszusteigen. Sie bearbeiten Ihre unbewusste Beteiligung, Ihre Achillesferse. Sie erhalten Ideen, wie Sie die anderen ins Boot holen können oder wen Sie besser außen vor halten, bis Sie Stabilität erreicht haben.
- Kommen Sie zu mehreren, wird der Auslöser des Konflikts lahmgelegt.
- Am besten schaffen Sie dies mit einer erfahrenen Begleitung, die sich nicht einer speziellen Methode, sondern der Herausnahme von Konflikten im Unternehmen verpflichtet hat. Sie benötigen deren systemischen Blick, das Erkennen von Signalen und ein organisatorisches Verständnis.
- Die Rollenarbeit, die sich mit alten, nicht aufgelösten Mustern beschäftigt, ist ein wichtiger Bestandteil dieser Arbeit, denn an allen eskalierenden Konflikten sind alte Rollen beteiligt! Diese Rollen sind mit „gewaltigen“ Erfahrungen verbunden und sorgen für Brisanz.

- Auch der Konfliktbegleiter sollte sich selbst kontinuierlich weiterentwickeln und seine alten Muster aufgelöst haben. Ansonsten wird er mit hineingezogen oder schnell überfordert sein und das Mandat ohne Erfolg beenden oder zwischenzeitlich ablegen. Damit ist Ihnen nicht geholfen. Dies geschieht automatisch, wenn der Begleiter in seiner persönlichen Vergangenheit eine ähnliche Erfahrung gesammelt hat, die er nicht aufgearbeitet hat.
- Theoretisches Lernen von Methoden hilft hier nicht weiter. Konflikt- und Krisenbegleitungen sind, was die Begleitung und Entstörung von konfliktgeschwächten Firmen betrifft, eine Herausforderung für jeden Berater.
- Eine von Konflikten geschwächte Organisation kann sich keine Experimente erlauben.
- Wählen Sie sich deshalb einen erfahrenen und flexiblen Begleiter aus.
- Akzeptieren Sie keine starren Methoden. Der Schwerpunkt muss auf der Entstörung und nicht bei der Klärung und Schlichtung von Konflikten liegen.
- Die Entstörung macht eine Wiederholung von Konflikten unmöglich, da sie die Atmosphäre des Unternehmens verändert und Handlungen mit positiven Konsequenzen etabliert.

9.4 Machtdynamiken und ihre Bedeutung

Das eigene Territorium abzustecken gehört zu den tief sitzenden Instinkten des Menschen. Auf diese Weise entstanden Staaten, Regierungen und Grenzen. In zahlreichen geschäftlichen Beziehungen geschieht das Gleiche, nur in einem kleineren Rahmen. Machtdynamiken sind also etwas Natürliches. Macht zu haben bedeutet, Verantwortung zu tragen. Gehen Sie mit der Macht so um, dass die Konsequenzen, die daraus entstehen, positiv sind; dann ist Macht zu besitzen eine förderliche Sache. Doch auch die Macht hat ihre Schattenseiten. Diese Schattenseite bekommen alle negativ zu spüren, wenn die Machthabe nicht als Verantwortung, sondern als persönliche Bereicherung gesehen wird. In machtgesteuerten Konflikten lassen sich etwa zehn Entwicklungsstadien der Entmachtung beobachten, die sich in ihren Folgen auf das gesamte Unternehmen auswirken. Hieraus entsteht ein Milieu, in dem eine positive, zwischenmenschliche Arbeitsbeziehung nicht mehr gedeiht. Es lebt der Schein und nicht die Autonomie einer gesunden Organisation. Alle Konflikte, die hieraus entstehen, laufen intrigant und verräterisch ab. Folglich funktionieren Entmachtungsprozesse immer über die Schwächung des Rangs der Zielperson. Das führt zu erheblichen Störungen im Unternehmen. Vertrauen gibt es nicht mehr. Während der Machtübernahme werden Maßstäbe für das Miteinander gesetzt, die so lange bestehen bleiben, bis eine Entstörung stattgefunden hat. Warum das so ist, erklärt sich aus der Sensibilität von Systemen. Die Ehrlichkeit zieht sich zurück. Das Misstrauen steht im Vordergrund und überwacht jegliches Geschehen. Wenn jetzt gelacht wird, geschieht dies nur noch auf Kosten anderer.

Die Stufen der Entmachtung:

1. Das Anvisieren der Zielperson geschieht, ähnlich wie beim Mobbing, durch die graue Eminenz. Die graue Eminenz ist der Drahtzieher und gibt sich nicht zu erkennen. Ihr ist die Zielperson ein Dorn im Auge.
2. Die langsame Vergiftung des Umfelds der Zielperson dient deren Schwächung. Alle, die sich daran beteiligen, werden zu Läufern der grauen Eminenz. Sie handeln im verdeckten Auftrag dieser Person. Die graue Eminenz gibt vor, nachsichtig und fair zu sein, aber im Endeffekt laufen ihre Aktionen darauf hinaus, die vermeintlichen Mängel der Zielperson aufzuzeigen und diese an den Pranger zu stellen. Oft sind sich die Läufer darüber nicht bewusst, dass ihre Dienste von der grauen Eminenz missbraucht werden.
3. Die Entmachtung der Zielperson geschieht durch deren zunehmende Isolation. Üble Nachrede findet im gesamten Umfeld statt.
4. Die Zielperson ist mittlerweile geschwächt. Häufig erkrankt sie in diesem Stadium und verliert die Lust an der Arbeit. Sie erkennt den Sinn ihrer Gegenwehr nicht mehr, denn sie findet kaum noch bis gar keine Unterstützung. Dem Umfeld wird es zu heikel, sich noch für die Zielperson starkzumachen. Die Zielperson lässt sich gehäuft zu emotionalen Ausrutschern hinreißen. Sie wird laut und aggressiv.
5. Diese Ausrutscher sind ein willkommenes Fressen für die graue Eminenz. Ausführlich wird im Umfeld diskutiert, wie unangemessen die Reaktion der Zielperson ist.
6. Die Intensität des Angriffs nimmt zu. Geschah er anfangs nur hinter dem Rücken der Zielperson, so wird mittlerweile offen angegriffen.
7. Anders als beim reinen Mobbing tritt jetzt die graue Eminenz in Erscheinung. Sie führt sich als Retter des Unternehmens auf und will dieses vor der Zielperson schützen. Sie macht öffentlich, wie schädigend das Verhalten der Zielperson ist, und fordert, endlich Schluss zu machen mit der falschen Machthabe der Zielperson. Sie bietet sich immer wieder selbst durch ihre vermeintliche Loyalität dem Unternehmen an und verspricht, das Unternehmen vor Fehlverhalten zu schützen.
8. In dieser Phase der Entmachtung zieht sich der Drahtzieher wieder zurück, vermeintlich durch den Kampf ausgelaugt. In dieser Phase ist für Außenstehende schon nicht mehr zu erkennen, wer der eigentliche Angreifer ist. Die graue Eminenz stilisiert sich zum Opfer des unmöglichen Verhaltens der Zielperson.

9. Mitarbeiter sind irritiert, gestresst und manche intrigant. Die eigentliche Arbeit bleibt liegen, die Produktivität sinkt. Gute Mitarbeiter gehen, Aufträge gehen verloren und die Aufmerksamkeit ist im Konflikt gebunden.
10. Machtübernahme durch den Drahtzieher. Er spielt sich als Retter auf und opfert sich vermeintlich für die Firma auf.

Besitzen Sie Verantwortung, besitzen Sie auch Macht. Macht lenkt den Fokus auf sich, denn was Sie als Verantwortungsträger tun, betrifft immer mehrere Personen. Deshalb ist Ihre Handlung entscheidend. Wem und was Sie mit Aufmerksamkeit begegnen, entscheidet darüber, was in Ihrem Verantwortungsgebiet gestärkt wird und was nicht. Wie Sie an die Macht kommen, prägt das unternehmerische System. Gelangen Sie durch die Entmachtung anderer an die Macht, leidet das ganze Unternehmen. In machtgesteuerten Konflikten sinkt die Bewusstheit über die Folgen des Tuns. Irgendwann glauben die Drahtzieher selbst an die Berechtigung ihres Verhaltens. Je länger eine solche Entmachtungspraxis Teil des unternehmerischen Handelns ist, desto mehr wird diese Praxis Teil des Systems. Der Schaden ist groß, da nicht der Gerechte, der Wohlwollende und auch nicht das sogenannte Alpha(-tier) die Macht erhält, sondern der Hintertriebene und Hinterlistige führt jetzt das Unternehmen. Ein Alpha ist nicht derjenige, der durch Dominanz und Durchsetzungsvermögen an die Macht gelangt, sondern durch den Nutzen, den er für die Gemeinschaft erbringt. Beim Studium von Hunderudeln und Pferdeherden wird auf eine eindrückliche Art und Weise vermittelt, was die Persönlichkeit eines Alphas ausmacht. Ein wirkliches Alpha drängelt sich nicht an die Macht, sondern erhält sie von den anderen, da sein Wirken weise, schützend und erfahren ist. Die Herde oder das Rudel weiß das zu schätzen und sucht die Nähe zu diesen Tieren. Die körperliche Kraft des jeweiligen Alphas ist hier völlig uninteressant, es kann sich auch um eine äußerst kleine und unscheinbare Stute handeln.

9.4.1 Ihre Rolle als Verantwortungsträger

Als Verantwortungsträger bestimmen Sie das Klima im Unternehmen entscheidend mit, da Sie stetig vor der Wahl stehen: Entweder sind Sie Teil einer Störung oder leben mit den Störungen, die durch andere verursacht werden, oder aber Sie arbeiten an der eigenen Bewusstheit, um sich Störungen auf Dauer entziehen zu können. Dieses Bewusstsein hilft Ihnen, Systeme um Sie herum zu verstehen und Ihre Beteiligung darin einschätzen zu können. Je höher Ihre Position ist, desto mehr sollte Ihre Arbeit zu einer Arbeit an einem Unternehmen ohne Störungen sein. Sollten Sie sich dazu entscheiden, Störungen nicht als einen normalen Teil Ihres Lebens zu akzeptieren, sollten Sie die unabhängigste Form der Entstörung wählen. Das ist eine Leadership-Arbeit, die auf Ihrem Bewusstwerdungsprozess aufbaut.

Die unabhängigste Form der Störungsentnahme ist die Arbeit an Ihnen selbst. Verändert sich Ihre Haltung einem Problem gegenüber, verändern sich gleichzeitig auch die Auswirkungen Ihrer Handlungen. Sie erhalten mehr Abstand und geraten nicht selbst in den Konflikt. Sie entziehen sich intriganten Mustern und konzentrieren sich auf Ihre Stärke statt auf den Klüngel innerhalb eines Konfliktgeschehens. Vor allen Dingen aber durchschauen Sie Ihre Mitarbeiter und Kollegen samt deren unbewussten Rollen auf eine förderliche Art. Sie erkennen immer besser, wer dem Unternehmen nutzt und wer ihm schadet. Statt zu verurteilen und damit den Konflikt zu befeuern, fokussieren Sie sich auf den Erfolg Ihres Verantwortungsgebietes und die Schaffung einer Basis für ein Miteinander, das Störungen den Boden entzieht. Sie kündigen schwierigen Mitarbeitern nicht das Arbeitsverhältnis, sondern geben stattdessen Maßstäbe vor, die ein förderliches System schaffen. Sie sparen auf Dauer Kraft, schonen Ihr Unternehmen und müssen nicht entscheiden, wer geht. Es werden automatisch diejenigen gehen, die nicht mit den positiven Richtlinien Ihres neuen, störungsfreien Miteinanders umgehen können.

Der Weg dahin kann sehr mühselig sein, je nachdem, welches Störungsbild vorliegt. Die Mühe aber lohnt sich, weil Ihr Verantwortungsbereich aufatmen kann. Das Unternehmen wirkt nach einer Entstörung wie ein frisch von einer Krankheit Genesener, der sich nach den Strapazen seiner Erkrankung erst einmal erholen muss. Dass negativ Handelnde von selbst gehen, hat einen systemischen Hintergrund. „Positiv“ und „negativ“ sowie „förderlich“ und „unproduktiv“ können nicht nebeneinander existieren. Sie als Verantwortungsträger entscheiden, welches Klima in Ihrer Firma herrschen soll. Sie geben jedem eine Chance, selbst zu entscheiden, auf welcher Seite er stehen will. Das muss nicht einmal formuliert werden. Im Zuge einer Entstörung geschieht das wie von selbst. Je nachdem, welche Seite Sie stärken, bleibt das eine und geht das andere. Im Change-Management-Prozess, der eine Organisation ins gesunde Funktionieren begleitet, baut sich nach und nach ein förderliches, sich selbst erhaltendes Klima auf.

9.4.2 Wann sollten Sie in einen Negativprozess eingreifen?

Die Kommunikation der Mitarbeiter verändert sich während Entmachtungen zunehmend, sie wird härter und anklagend. Sie beinhaltet Phrasen, die in Krisen- und Kriegszeiten benutzt werden wie „eiskalte Zeiten“, „Köpfe rollen“ sowie die Benennung von „Fronten“. Insgesamt weht ein kalter Wind, und der Spaß an der Arbeit fehlt. Statt einer angenehmen Small-Talk-Atmosphäre herrscht nun ein scharfer und bissiger Kommandoton, die Umgangsweise wird „ruppiger“. Das Misstrauen untereinander wächst stetig. Es wird viel getratscht, die Arbeit bleibt liegen. Türen, die früher offen standen, werden nun geschlossen. Die Flure wirken dunkel und leer. Der Austausch untereinander weicht dem Hetzen und Lästern. In den oberen

Führungsebenen verstärken sich Rang- und Machtkämpfe. Wer nach oben kommen will, hält mit der einen Hand seinen Stuhl fest und wehrt mit der anderen die Angriffe ab. Will man dieses Spiel nicht mitspielen, gelangt man schlechter nach oben. Ignorieren hilft nicht, denn ehe Sie sichs versehen, sind Sie Teil eines solchen Spiels. Je höher der Posten, desto höher der Neidfaktor und die Anzahl der Neider. Der Mächtige begegnet immer auch dem potenziellen Nachfolger. Eine Entmachtung bleibt unternehmerisch gesehen nie spurenlos und betrifft in jedem Fall die ganze Organisation. Der Prozess der Entmachtung bindet wirtschaftliche Energie, indem er den Fokus von der Arbeitsleistung ablenkt. Eine personelle Fluktuation ist im Nachfeld der Entmachtung zu erwarten. Die Guten gehen.

Dieser Vorgang endet nicht von alleine. Erwarten Sie keine Verbesserung. Ein guter Zeitpunkt zum Aktivwerden ist spätestens dann gegeben, wenn eine Veränderung der Kommunikationskultur einsetzt. Bemerken Sie diese, werden Sie hellhörig. Distanzieren Sie sich sofort. Suchen Sie die freundlichen Mitarbeiter im Unternehmen. Stärken Sie diese. Schenken Sie diesen Ihre Aufmerksamkeit, nicht den Störern. Fehlt Ihnen bereits die Kraft dazu, da die Umstände Sie bereits lähmen, suchen Sie umgehend Kontakt zu einer kompetenten Institution, die Unternehmen von ihren Störungen und deren Folgen befreit. Lehnen Sie aber unbedingt Standardverfahren ab.

9.4.3 Schleichende Gefahren rechtzeitig erkennen

Unsere Reaktionsfähigkeit in chronischen Machtkonflikten lässt sich in bestimmter Hinsicht mit denen von Fröschen vergleichen, die Wärme ausgesetzt werden. Würde man einen Frosch versuchsweise in heißes Wasser werfen, würde der Frosch der unangenehmen Umgebung sofort zu entfliehen versuchen und mit einem Satz heraushüpfen. Setzt man das sensible Tier hingegen behutsam in ein mit Wasser gefülltes Gefäß und erhöht die Temperatur nur ganz allmählich, so erträgt es die geringfügigen Veränderungen. Der Gewöhnungseffekt lässt den Frosch so lange dort verharren, bis es am Ende zu spät für ihn ist. Mittlerweile ist er zu schwach, um sich durch einen Sprung zu retten. Er stirbt. Viele von Ihnen werden dieses makabre Beispiel aus der Systemtheorie kennen, aber diese Dynamik nicht auf sich selbst beziehen.

Die Gefahr zu spät zu erkennen, gehört zu Machtkämpfen dazu. Deren Dynamik verhindert das rechtzeitige Handeln. Wer einen Konflikt hat und diesen offenbart, zeigt sich von seiner schwachen Seite. Das passt in kein Unternehmen, das von Machtkämpfen durchzogen ist. Wer einen Konflikt hat und diesen zeigt, verliert Ansehen und damit auch Macht. Er ist unbequem und wird gemieden. Infolgedessen entsteht ein langsamer Gewöhnungsprozess, der klärende Handlungen immer schwerer macht, da irgendwann die Kraft dazu fehlt. Der Machtkampf bindet die Kraft mit negativer Konsequenz.

9.4.4 Durch Bewusstheit aussteigen

Machtkämpfe entfalten eine starke Sogwirkung. Die vermeintliche Sicherung von Ressourcen erlaubt plötzlich Handlungen, die das Gewissen im Normalfall verbietet. Es werden Verhaltensweisen toleriert, die unter anderen Umständen als unfein gelten. Das geschäftliche Überleben wird als Legitimation für fast alle Vorgehensweisen herangezogen. Unter vielen Geschäftsleuten gilt es als Sakrileg, an die Mandanten und Kunden des anderen heranzutreten. Das gilt insbesondere für Geschäftspartner. Dieses Berufsethos tritt jedoch zurück, wenn ein Macht- und Existenzkampf einsetzt. So ein Prozess geschieht schleichend, aber stecken Sie erst einmal mitten in dieser Machtdynamik, verändert sich unmerklich Ihre Sichtweise. Ihr Rechtsbewusstsein nimmt ab. Recht hat nun der, der gewinnen wird. Also wird fortwährend darum gekämpft, auf der Siegerseite zu stehen. Nach außen wird geklotzt und geprahlt, nach innen getreten. Die Schädigung anderer wird zur Normalität und als unausweichlich akzeptiert. Übliche Dienstleistungen werden als besondere verkauft, junge Mitarbeiter marketingtechnisch bevorzugt. Machtsysteme verleiten dazu, den Verkauf in den Vordergrund zu stellen und nicht die Qualität. Aus einem pubertierenden Jungtrainer wird Deutschlands jüngster und bester Excellent Speaker. Letztendlich bescheren Machtkämpfe eine gemeinsame Leidensgeschichte. Der Kunde wird geprellt, Kollegen werden ausgebootet und ein Kampf um Anerkennung beginnt.

In machtorientierten Unternehmen existiert kaum noch ein Posten, der allein durch Leistung und nicht durch eine Intrige erreicht wurde. Das desillusioniert die Fähigen und verbittert die Leistungserbringer. Machtsysteme verhärten auf Dauer, sie werden starr und unflexibel. Und sie produzieren sogenannte „Königsmörder". Niemand kann sich dort sicher fühlen. Der erbrachte Erfolg zieht das Sichern des Gewinns nach sich. Mit untergrabenem Rechtsbewusstsein geschieht das nicht immer auf der positiven Seite. Das Unternehmen gerät durch die Verschiebung von „Plus" nach „Minus" ins Straucheln. Aus einem funktionierenden System wird eines, dessen Werte Erfolg, Reichtum und Macht lauten. Diese Werte an sich wären gut, wenn sie durch Handlungen erreicht würden, die für alle Seiten positiv und förderlich sind. In einem System, in dem das „Minus" vorherrscht, erreicht man diese Werte aber ausschließlich auf Kosten anderer. Positive „Plus"-Systeme hingegen achten auf die Stärkung aller. Hier führen Werte wie die Achtung voreinander, Mitgefühl, Teilen und Spaßhaben, Konzentration auf das Wesentliche sowie die Fokussierung auf Sachthemen auf Dauer zu Erfolg, der Wohlstand wird durch Wachstum und Macht im Positiven erreicht. Die Firma zeichnet sich durch hohe Qualität aus. Die Kunden kommen, weil Ihnen das Unternehmen empfohlen wurde und weil die Qualität einfach stimmt.

> Befinden Sie sich inmitten eines Negativsystems, brauchen Sie darüber zunächst einmal eine Bewusstheit, um aussteigen zu können. Erst wenn Sie fühlen, dass etwas nicht in Ordnung ist, beginnen Sie zu begreifen, wie es geschehen konnte, dass Sie ein Teil dieses Systems wurden. Ohne diese Bewusstheit werden Sie sich als kleines Zahnrad im Gefüge so lange immer weiterdrehen, bis das System entscheidet, sie auszustoßen; sei es durch eine schwere Erkrankung oder durch die Verbitterung, die sich durch den immerwährenden Kampf auf Ihr Gemüt legt. Negativsysteme machen nicht glücklich.

9.5 Die Gefahr des Identitätsverlusts

Zwillingsbeziehungen zeigen ebenso auf, was zwischenmenschliche Beziehungen schwächt und eine Gemeinschaft zur Feindschaft werden lässt. Die sogenannte **Einheitsidentität, die voneinander abhängige Identität** sowie **die gespaltene Identität** gelten als misserfolgsträchtige Identitätsgruppen.

Probleme von Zwangsbeziehungen:

- Der eine ist nichts ohne den anderen. Nur im gemeinsamen Auftritt wird Stärke demonstriert. Einzeln besitzen die Teilnehmer dieses Beziehungstyps kaum ein Profil, das von außen wahrgenommen wird. Es existiert eine einheitliche Identität als Paar.
- Die Abhängigkeit voneinander bestimmt die Beziehung und somit auch ihr Bestehen. Keine der Persönlichkeiten kann einzeln bestehen. Der eine kann ohne den anderen nicht. Es wird fast ausschließlich zusammen aufgetreten. Fällt der eine aus, geht es dem anderen schlecht. Erfolg und Misserfolg hängen immer vom Zweiten ab. Der Druck auf den Einzelnen ist hoch. Einzelnes Versagen bedeutet immer auch das Versagen des anderen. Schuldzuweisungen und eine Atmosphäre der Verzweiflung sind Merkmale dieser Gruppe. Das Zwillingspaar ist so aufeinander eingestellt, dass nicht selten der eine den Satz beginnt und der andere ihn beendet. Gemeinsam wird eine Stärke entwickelt, die nur zu zweit möglich ist. Der Einzelne ist hier nichts und damit abhängig vom anderen.
- Ein Oben und Unten durchzieht das gemeinsame Auftreten einer Paarformation, wo die Identität des Paars gespalten ist. Durch eine Dominanz, die sich auf der Unterlegenheit des anderen aufbaut, sind die Aufgaben klar aufgeteilt. Die Stärke des einen ist nichts ohne die Schwäche des anderen. Wer oben und wer unten ist, wechselt sich zyklisch ab. Es bestehen undifferenzierte Rollenzuschreibungen, die die Betroffenen auf ihre Rollen reduzieren. Doch darüber

hinaus werden diese Zuschreibungen auch gelebt. Es gibt den Klugen und den Dummen, den Erfolgreichen und den Verlierer, den Schüchternen und den Dominanten. Einzeln betrachtet fehlt beiden etwas. Beide sind in ihrer Rolle perfekt, nur der andere Aspekt fehlt fast vollkommen. Fällt ein Part weg, funktioniert die Stärke des anderen nicht mehr.

- Zwillingspaare, die diesen misserfolgsträchtigen Identitätsgruppen angehören, besitzen eine störungsanfällige Kommunikation, ihre Beziehung zueinander gilt als sich gegenseitig schädigend. Diese Beziehungsformen entwickeln sich in der Regel durch das Verhalten der Bezugspersonen. Im früheren Familiensystem war es oft die Mutter, die (meist durch Überforderung) die Zwillinge nicht als zwei eigenständige Individuen ansah, sondern in einem Aufwasch managte. Die Umwelt tat ihr Übriges. Statt beide mit jeweils ihrem Namen anzusprechen, waren es kurz „die Zwillinge". Maßgeblich ist aber auch das Abwägen, wem Aufmerksamkeit zuteilwird. Aufmerksamkeit ist an Bedingungen geknüpft und nicht ans Naturell des Einzelnen. Anerkennung ist so nicht selbstverständlich. Um Anerkennung muss gebuhlt werden. Genießt sie einer, wird sie dem anderen entzogen.

Die Folgen eines solchen Beziehungsmusters sind nachhaltig:

- Intrigantes und verräterisches Verhalten wird forciert und belastet die Beziehung zueinander lebenslang oder bis zu dem Zeitpunkt, wo zumindest einer der Zwillinge Bewusstheit über dieses Verhalten erringt. Die Folge der Bewusstheit ist der Ausstieg aus den sich negativ auswirkenden, abhängigen Beziehungsmustern.
- Sobald um Anerkennung gebuhlt werden muss und der eine gegen den anderen ausgespielt wird, setzt ein Dilemma ein, das Beziehungen spaltet. Anerkennung gibt es nur dann, wenn der andere blöd dasteht.
- Kern der Beziehung ist der Kampf um die eigene Stellung. Damit wird der andere Part unwillkürlich zum Konkurrenten um Liebe, Anerkennung und Aufmerksamkeit.

Bei Firmen mit einer nicht transparenten und machtbetonten Führungskultur, in der Anerkennung erarbeitet werden muss (mit der stets drohenden Gefahr, diese wieder entzogen zu bekommen), finden sich in den Arbeitsbeziehungen ähnliche Muster wieder. Es existiert ein klares Oben und Unten. Nicht die individuelle Leistung wird honoriert, es wird vielmehr versucht, durch das Zurückhalten von Anerkennung Leistung zu steigern. Es entsteht eine Abhängigkeit vom „Good Will" des Verantwortlichen. Solche Systeme sind störungsanfällig. Verantwortungsvolle Positionen bauen sich hier nicht durch den Nutzen für die Firma auf, sie entspringen stattdessen einer negativen Machtrolle, bei der Sanktionen nicht lange auf sich warten lassen.

9.6 Arbeitsbeziehungen richtig strukturieren

Neben der Entstörung sollten Sie auch auf ein funktionstüchtiges unternehmerisches System setzen. Im Mittelpunkt dieses Systems steht arbeitsfähige, produktive und stabile Zusammenarbeit. Wirken Sie an der Erschaffung stabiler Arbeitsbeziehungen mit. Erfolgreiche Beziehungen folgen Prinzipien, die das Miteinander nicht dem Zufall überlassen, sondern funktional strukturieren. Dabei müssen Sie gar nicht viel eingreifen, lediglich die Grundlage sollte stimmen. Sie besteht aus dem gegenseitigen Nutzen. Diese Grundlage können Sie in Ihr Arbeitsleben implementieren. Unter Leadership-Aspekten gesehen ist eine Beziehung dann erfolgreich, wenn alle Seiten am Erfolg partizipieren. Um aus der Abhängigkeitsfalle auszusteigen, in die viele Arbeitsbeziehungen geraten, müssen Sie nicht darauf warten, dass alle mitmachen, nehmen Sie stattdessen die Veränderung selbst in die Hand. Verhalten Sie sich auch am Arbeitsplatz nach den Erfolgsprinzipien einer zwischenmenschlichen Beziehung. Ignorieren Sie die negativen Verhaltensweisen anderer. Das gelingt Ihnen allerdings nur, wenn Sie selbst nicht eingestiegen und damit selbst zum Teil des Negativverhaltens geworden sind. In diesem Fall genügt ignorieren nicht mehr. Es braucht nun Ihre Distanz. Das klingt schwerer, als es ist. Blicken Sie aus der Distanz auf eine gegenseitig förderliche Beziehung, erkennen Sie unbewusste Reglementarien, die diese Beziehung positiv halten. Diese Reglementarien werden zum Rezept für Ihre erfolgreiche Zusammenarbeit. Möchten Sie selbst korrigierend in Ihre Arbeitsbeziehungen eingreifen, hilft es Ihnen, den Merkmalen von erfolgreichen Zwangsbeziehungen zu folgen.

Das Ziel einer störungsfreien Arbeitsbeziehung ist einfach und machbar. Die Leitlinie lautet: Ermöglichen Sie ein reibungsloses Nebeneinander.

Distanzieren Sie sich von jeglicher Beteiligung an negativen Abläufen. Steigen Sie in keinen Konflikt ein. Überlegen Sie, was Arbeitsbeziehungen positiv hält. Bauen Sie diese Reglementarien in die Arbeitsbeziehungen in Ihrem Arbeitsumfeld ein. Dies ist eine Präventivmaßnahme. Sind Arbeitsbeziehungen erst einmal gestört, funktioniert die Implementierung erst nach einer Entstörung.

9.7 Die richtige Verbindung

Als Autorin und eineiiger Zwilling liegt es mir nahe, erprobte Erfolgsprinzipien aus der schwierigsten und engsten zwischenmenschlichen Zwangsbeziehung abzuleiten, den Beziehungen eineiiger Zwillinge untereinander. Zwillingsbeziehungen sind anfällig für Macht- und Konkurrenzkämpfe. Können eineiige Zwillingsbeziehungen es schaffen, harmonisch und förderlich zu werden oder zu sein, dann schaffen es auch Arbeitsbeziehungen in belasteten Umfeldern. Der Weg in die eigene Identität ist immer schwer, das gilt für eineiige Zwillinge ebenso wie für den zunächst unsicheren Kompagnon in einer durch Partner geführten Sozietät. Wenn die Eltern von Zwillingen überfordert sind und dazu neigen, alles in einem Aufwasch zu erledigen, um ihren Aufgaben gerecht zu werden, gerät die Identität unter Druck. Der Zwilling wird nicht als Einzelperson, sondern als Paar gesehen. Im schlimmsten Fall bedeutet das: gleiche Kleidung, gleiche Schule, gleiche Klasse, gleiche Freunde und dieselben Geschenke. Geschäftliche Partner erleben ansatzweise Ähnliches, wenn beispielsweise einer der Partner die Geschicke an sich reißt oder die obere Chefebene die untere Ebene nicht als Personen, sondern als Paket wahrnimmt.

Ich selbst stamme als eineiiger Zwilling aus einer Generation, in der weiche pädagogische Ansätze noch nicht Usus waren. Diese Erfahrungen habe ich genutzt, um tiefer in die Forschung rund um die Zwillingsbeziehung einzutauchen. Eineiige Zwillingsbeziehungen zeigen positive und negative Wirkungsfaktoren wie durch ein Vergrößerungsglas, denn sie zeigen diese deutlicher ausgeprägt als in herkömmlichen Beziehungen. Das liegt daran, dass sich bei Zwillingen alles kompakter, enger, intensiver, voneinander abhängiger und fokussierter gestaltet als in herkömmlichen Geschwisterbeziehungen üblich. Daher eignen sich Zwillingsbeziehungen so gut zum Aufzeigen von Wirkungsfaktoren und geben ein gutes Beispiel für die Gestaltung von Beziehungen in Zwangskontexten.

Bei eineiigen Zwillingspaaren sind zwei von fünf Zusammenlebensgruppierungen erfolgsträchtig. Zusammengefasst bedeutet dies, beide Zwillingspartner können hierin eine starke und voneinander unabhängige Identität entwickeln und den Status einer engen Beziehung für sich nutzen. Die übrigen drei Gruppierungen weisen sich gegenseitig hemmende und zerstörende Verhaltensweisen auf. Bei störungsanfälligen Arbeitsbeziehungen, besonders in kooperierenden Partnerbeziehungen und in Führungskräftegruppen innerhalb hochrangiger Positionen, treten ähnlich zerstörerische Verhaltensweisen zutage. Eigenständigkeit zu bewahren und eine starke, unabhängige Identität in Arbeitsverhältnissen zu leben, stellt eine schwierige Herausforderung dar. Schon allein die eigene Position zu wahren, ohne im negativen Sinne den anderen dominant zu beherrschen, fällt zahlreichen Führungskräften und Verantwortungsträgern nicht leicht. Gelingt es, ist der Gewinn für alle Beteiligten groß, da nun ein gegenseitig förderliches System wachsen kann.

Bei Zwillingen spielt die Verbindung zueinander eine primäre Rolle. Je nach Außeneinwirkung können sich unter den Bedingungen der Nähe und Verbundenheit, gekoppelt mit dem starken Druck äußerlicher Gleichheit und Konkurrenz zueinander, erstaunlich unterstützende Verhaltensweisen herausbilden.

- Die Beziehung steht über allem. Sie ist das Fundament für alles Wirken.
- Dies gelingt, sofern die eigene Identität in der Beziehung zueinander beibehalten werden kann. Das eigene Profil zeichnet die Persönlichkeit aus und besteht gleichberechtigt gegenüber dem Profil des anderen. Es ergänzt die Persönlichkeit des anderen, ohne in einen Anpassungsprozess gehen zu müssen.
- Die Beziehung muss trotz aller Widrigkeiten für den Einzelnen nutzbar und förderlich sein. Lasten werden zusammen getragen und gehen nicht auf Kosten eines Einzelnen. Das passiert auf der Basis des gemeinsamen Fundaments. Die Beziehung bedeutet alles und wird zu keinem Zeitpunkt infrage gestellt.
- Alles was der Beziehung dient, dient in diesem Fall auch dem Einzelnen.
- Das Zwillingspaar geht durch dick und dünn. Es steht füreinander ein, nimmt Lasten füreinander auf sich, ohne einen Ausgleich zu fordern. „Einer für alle" ist das Motto einer förderlichen Zwillingsbeziehung.
- Je eingeschworener die Gemeinschaft ist, desto weniger Worte fallen. Das Ziel der Gemeinschaft ist der Erhalt der Beziehung. Es wird eigenverantwortlich dafür gearbeitet, diese Beziehung zu schützen. Der Schutz garantiert eine Gemeinschaft auf einer vertrauensvollen Basis. Die Beziehung ist das Kapital.
- Streitigkeiten treten in den Hintergrund, der Austausch von Erfahrungen steht eindeutig im Vordergrund.

Zusammenfassend zeigt sich, dass Arbeitsbeziehungen, die Verantwortung teilen, dann positiv werden, wenn die Zusammenarbeit als fundamentaler Bestandteil des Erfolgs angesehen wird. Alles was den Partner stützt, stärkt den gemeinsamen Erfolg.

9.8 Erfolgsprinzipien auf einen Blick

Erfolgreiche Beziehungsmuster folgen nur wenigen Merkmalen – denen aber konsequent. Das ist erstaunlich, denn dementsprechend müsste es eigentlich, aufgrund der leichten Erzielbarkeit, weitaus mehr erfolgreiche Arbeitsbeziehungen geben. Doch es ist genau umgekehrt. Es scheint weitaus mehr streitbare als erfolgreiche und harmonische Beziehungen zu geben. Jedenfalls fallen die streitbaren mehr auf und ziehen so die Aufmerksamkeit auf sich. Warum dies so ist, erklärt sich aus der Rollentheorie. Gute und wohltuende Informationen tun für den Moment gut und stärken die positive Seite im Unternehmen. Negative Erfahrungen hingegen bleiben einem Unternehmen so lange erhalten, bis die Firma Verantwortung für die sich daraus entwickelten Störungen übernimmt. Die vorhandene Störung zeigt sich nicht nur durch Konflikte, sondern auch durch die Überzeichnung von Verhaltensweisen, insbesondere bei den Verantwortungsträgern. Je unbewusster ein Verantwortungsträger handelt, desto mehr trifft ihn die Überzeichnung. Störungen beheben Sie durch Ihr Bewusstsein. Je klarer Sie erkennen, welcher Realität Sie gegenüberstehen, desto weniger kann die Störung Fuß fassen. Dieser Bewusstwerdungsprozess läuft vornehmlich über Ihr Körperbewusstsein, also nicht über Ihren Verstand. Nichtsdestotrotz ist es wichtig, sich die Erfolgsprinzipien einer stabilen Arbeitsbeziehung auch rational näher anzuschauen. Wenn Ihr Verstand mit im Boot sitzt und die Wichtigkeit Ihres Handelns erkennt, bildet er keine Grenze mehr in Bezug auf Ihren Bewusstwerdungsprozess. Da Arbeitsbeziehungen das Fundament erfolgreicher und positiv wirkender Firmen darstellen, folgen nun Anregungen, wie Sie Arbeitsbeziehungen gesund halten.

9.8.1 Integrieren Sie Ihre Schwächen

In der Persönlichkeitsentwicklung geht es nicht darum, einen Menschen umzuformen. Vielmehr geht es um die Integration bestehender Persönlichkeitselemente in ein für alle Seiten förderliches Verhalten. Ihre Erkenntnisse genügen, um eine Integration stattfinden zu lassen. Neigen Sie beispielsweise dazu, schnell in eine Konkurrenzsituation zu gelangen, dann hilft Ihnen Folgendes:

- Bauen Sie einen engen Zusammenhalt auf, bei gleichzeitigem gegenseitigem Ansporn. So führt das Bessersein des anderen zum Besserwerden bei Ihnen. Darüber freut sich die Firma.
- Verleiten Sie sich zu einer hohen erfolgsorientierten Disziplin. Leben Sie gemeinsam mit dem Mitverantwortlichen ein Leistungsdenken und feiern Sie Erfolge, wenn diese zum Nutzen aller waren.
- Überlegen Sie sich Modelle, in denen alle vom Gewinn profitieren.

Neigen Sie eher dazu, andere zu idealisieren und sich nicht realistisch einzuschätzen und Ihr Licht buchstäblich unter den Scheffel zu stellen? Der andere ist immer besser als Sie, jedenfalls Ihrem Gefühl nach? Dann probieren Sie es mit folgenden Erfolgsmerkmalen aus:

- Arbeiten Sie an einer harmonischen Beziehung, die aber tendenziell an der Oberfläche bleibt.

- Ihre Idealvorstellung einer Zusammenarbeit soll im Vordergrund stehen, und alle Ihre Handlungen sollen diesem Ideal dienen. Ihr Gegenüber braucht dieses Ideal nicht zu kennen.
- Ihre Zusammenarbeit profitiert von der Idealisierung. Ihr Fokus verbindet sich mit Ihrem Idealbild und verliert sich nicht in der Begutachtung negativer zwischenmenschlicher Ereignisse.
- Von Ihrer Seite aus gesehen gibt es ein „Wir-Bewusstsein", das gehegt und gepflegt wird. Nach außen wird dieses Bewusstsein inszeniert, zum Beispiel durch kleine Aufmerksamkeiten. Die freundliche Oberflächlichkeit der Beziehung schützt vor dem Einstieg in Konflikte. Distanz ist hier Gold wert, sie hält das Ideal aufrecht.

9.8.2 Den eigenen Platz finden

In erfolgreichen Zwillingsbeziehungen finden Sie vier weitere Erfolgsprinzipien zwischenmenschlicher Beziehungen, von denen Sie profitieren können. Was alle Erfolgsprinzipien vereint, ist die Unterordnung persönlicher Belange gegenüber gemeinschaftlichen Interessen. Von erfolgreichen Zwillingsbeziehungen kann man den Umgang mit Konkurrenz lernen, wie man ihn nirgends sonst erlernen kann. Denn eineiige Zwillingspartner sind mit der schärfsten Konkurrenz unter Menschen konfrontiert: Ihr „Ebenbild" ist ihre Konkurrenz. Das ist der Maßstab, an dem sie gemessen werden. Um daran nicht kaputtzugehen, wird ein ausgefeiltes zwischenmenschliches Verhalten benötigt. Zwillingspaare, die hier ihre Balance gefunden haben, sind Vorbilder in Sachen eines positiven Umgangs miteinander, bei gleichzeitig hoher Nähe zueinander. Jeder ruht in sich selbst und kennt seinen Wert.

- Erfolgreiche Zwillingspartner nehmen die Konkurrenz an. Anstatt den Partner zu bekämpfen und den Versuch zu starten, sich künstlich vom anderen zu unterscheiden, wird der feine Unterschied herausmodelliert und gelebt.
- Wenn es hart auf hart kommt, sind erfolgsorientierte eineiige Zwillinge füreinander da, zu 100 Prozent. Darauf ist Verlass.
- Ein symbiotischer Zusammenschluss von eineiigen Zwillingen baut gegenüber der Außenwelt eine klare, kraftvolle Grenze auf, ohne die Außenwelt auszuschließen. Die Begrenzung ist die Bewusstheit über den Gewinn, den es durch die Beziehung gibt.
- Während eines Konflikts wird der Zusammenhalt nie infrage gestellt. Dadurch nimmt die Präsenz eines Konflikts ab. Der Zusammenhalt steht an erster Stelle.

9.8.3 Die kooperative Co-Existenz

Folgen Sie diesen Prinzipien, entsteht eine kooperative Co-Existenz. Das Gemeinschaftliche im Sinne eines „Nebeneinanders“ führt zu einer „Entemotionalisierung“, und die Erfolgsprinzipien lassen ein sachdienliches Zusammenrücken zu. Die Prinzipien enthalten entstörende Automatismen, da der Fokus eindeutig im Positiven liegt. Eine Co-Existenz funktioniert nach evolutionären Prinzipien. Wenn Sie beispielsweise Co-Existenzen im Tierreich beobachten, können Sie viele Beziehungen zwischen unterschiedlichen Arten sehen. Diese entstehen durch eine wechselseitige evolutionäre Anpassung. Dabei führt der Selektionsdruck dazu, dass sich die Anpassungen der einen Art im Zusammenhang mit den Anpassungen der anderen Art entwickeln, wodurch mit der Zeit Abhängigkeiten entstehen können, die sich positiv auf den Erhalt beider Spezies auswirken. Erst wenn das Gleichgewicht gestört wird, schlägt die Abhängigkeit in Zerstörung um, die meist eine Seite vernichtet. Bei Begleitungen im Sinne eines gesunden geschäftlichen Wachstums haben sich einige Merkmale herauskristallisiert, die eine funktionierende Co-Existenz möglich machen:

- Es braucht eine Ergänzung aller Bedürfnisse. Die Bedürfnisse des einen ergänzen die Bedürfnisse des anderen.
- Die Ergänzung darf nicht zur Abhängigkeit des Einzelnen führen, da innerhalb von Zusammenarbeit das Gleichgewicht durch Konflikte zu schnell gestört werden kann.
- Nutzgemeinschaften kippen, wenn es zu einem Ungleichgewicht kommt.
- Solange ein Nebeneinander nicht zum Schaden eines Beteiligten führt, kann es bedenkenlos geduldet werden.
- Bei knapper werdenden Ressourcen ist es sinnvoll, über eine kooperierende Arbeit nachzudenken, die allen Beteiligten Profit verspricht. Ergänzung macht repräsentativer.

  „Ein kleiner Fisch kann einem großen nützlich sein, wenn er das übernimmt, wozu der Große zu unbeweglich ist.“
- Scheuen Sie sich nicht, ungleiche Verbindungen einzugehen. Stellen Sie den Nutzen in den Vordergrund, den der andere von Ihnen hat. Sehen Sie aber auch den Nutzen, den es für Sie gibt.
- Kooperative Zusammenarbeit überlebt, wenn sie offen gegenüber den Veränderungen ihrer Umgebung bleibt und nicht im Alten verharrt. Äußere Umstände beeinflussen das Verhalten derer, die überleben.
- Die Evolutionsgeschichte ist voll von Beispielen gegenseitig nützlicher Zusammenlebensformen. Zwischenartliche Beziehungen entstehen in einer wechselseitigen evolutionären Anpassung.

- Anpassungen werden zur Abhängigkeit, wenn das Gleichgewicht kippt. Darum achten Sie auf ein Gleichgewicht, das sich aus dem Nutzen der Beteiligten errechnet. Auch der Kunde muss aus der Vereinigung einen klaren Nutzen ziehen.

Diese Prinzipien finden sich auch in der Natur wieder. Überall dort, wo Gruppen verschiedener Arten leben, kommt es zu Nutzgemeinschaften. Das Gesetz der Größe, Stärke und Macht wird hier ausgesetzt, da der vermeintlich Schwächere Fähigkeiten besitzt, die der Stärkere nicht bedienen kann. Veränderungen der Lebensbedingungen fordern fortwährend Anpassung, sonst droht der Tod. Was in der Natur ausgeprägt zu beobachten ist, kann ebenso auf die geschäftliche Welt übertragen werden, zumindest bis zu dem Zeitpunkt, in dem Bewusstheit über die geschäftlichen Prozesse vorhanden ist. Bewusstheit erzeugt ein Wissen, das die Automatismen von Kampf und Zerstörung im Zaum hält, bis hin zum Ausstieg aus solchen Systematiken. Ihr Erkennen hilft Ihnen, Distanz aufzubauen.

Eine Grundregel, die sich aus der Evolutionsgeschichte ergibt, könnte folgendermaßen lauten: Sobald Ressourcenknappheit herrscht, bilden Organismen Symbiosen aus. Die Symbiose ermöglicht das Überleben. Das Wort Symbiose kommt aus dem Griechischen und heißt übersetzt so viel wie funktionales Zusammenleben. Die Bedeutung des Wortes Symbiose beschreibt eine Wechselbeziehung. Im weit gefassten Sinn bezeichnet die Symbiose das Zusammenleben, setzt hier aber nicht unbedingt den gegenseitigen Nutzen als Endergebnis voraus. Das kommt daher, da in der Entwicklungsgeschichte nicht jede Verbindung für beide Seiten förderlich war. Die Symbiose kann zu unterschiedlichen Varianten einer Abhängigkeit führen. Das Prinzip der Handlung mit positiver Konsequenz duldet lediglich Zusammenlebensformen mit beidseitigem Nutzen. Wenn Arbeitsbeziehungen aufeinander eingespielt sind und jede Handlung der Gemeinschaft dient und nutzt, weist diese Beziehung positive, symbiotische Merkmale auf. Wenn Sie genau hinschauen, erkennen Sie, dass eine Symbiose neutral betrachtet eine reine Überlebensstrategie ist. Gemeinschaften werden nicht zum Spaß, sondern aufgrund gegenseitigen Nutzens gegründet. Regeln aus dem Zusammenspiel innerhalb einer Symbiose sichern hier den Fortbestand.

> Um druckvolle Arbeitsbeziehungen zu entstören, übernehmen Sie stresserprobte Erfolgsprinzipien aus den engsten Zusammenlebensformen im Zwangskontext, den eineiigen Zwillingsbeziehungen. Die Übertragung von Erfolgsprinzipien dieser Zwangsbeziehung auf Geschäftsbeziehungen ermöglicht Ihnen einen entspannten Umgang miteinander. Statt Abhängigkeit, zerstörerischer Konkurrenz, geschäfts- und beziehungsschädigender Alleingänge gelten Prinzipien, die der Zusammenarbeit dienen. Zusammenfassend kann man sagen: Ergänzen sich die Bedürfnisse, führt dies zur Funktionstüchtigkeit von Nutzgemeinschaften. Wenn einer Seite der Gemeinschaft Schaden entsteht, endet der Nutzen.

9.9 Syndrome auflösen

Bei einem Syndrom liegen verschiedene negative Merkmale gleichzeitig vor. Als Außenstehender erkennen Sie während eines Konflikts eine Anhäufung von Faktoren. Beispielsweise spielen die Körpersignale der Beteiligten verrückt, und es zeigt sich die stark abfallende Produktivität. Es gibt noch viele weitere Faktoren, aber alleine schon diese beiden besitzen zusammengenommen eine zerstörerische Kraft. Alle Faktoren weisen letztendlich auf einen nicht gelösten Grundkonflikt zurück. Gemeinsam bilden sie ein Syndrom aus, welches das Unternehmen „erkranken" lässt. Dieses Syndrom entwickelt sich schnell, wenn eine tragende Arbeitsbeziehung durch einen nicht gelösten Konflikt schleichend arbeitsunfähig wird.

Das Syndrom wirkt auf die gesamte Organisation. Sind hierbei noch Merkmale eines symbiotischen Verhältnisses vorhanden, verschärft sich die Situation aus organisatorischer Sicht. Die Firma hat einen Konflikt, den sie durch Gespräche nicht mehr lösen kann. Die gesamte sprachliche Ebene ist blockiert. Infolgedessen bringen Konfliktlösungsverfahren auf rein sprachlicher Ebene keinen Erfolg mehr. Vermittlungen scheitern an der Blockierung. Je mehr sich die Konfliktentschärfung um die Entschärfung systemisch aktiver Rollen kümmert, desto mehr kommt der Konflikt in Bewegung. Der Grundkonflikt zeigt sich. Das Syndrom kann weichen, indem es zunächst offensichtlicher wird. Der Konfliktbegleiter muss lediglich noch vorhandene Rollen voneinander distanzieren und die Entstörung der Folgen des Konflikts einleiten. Dieser Prozess ist für Beteiligte oft rational schwer nachvollziehbar, da sich die Entstörung auf die körperliche und systemisch-organisatorische Ebene konzentriert. Dies hat einen Grund: Die beiden Ebenen sind frei zugänglich und rational nicht blockiert. Die systemische Arbeit garantiert, gemeinsam mit der Entnahme von Störsignalen auf der Ebene des Körperbewusstseins, die Nachhaltigkeit der Konfliktentstörung.

Das Vorhandensein eines Syndroms lässt den Arbeitsprozess der ihm untergeordneten Personen erstarren. Unternehmen, in denen beim Führungswechsel die Nachfolger keine Hilfe vom Vorgänger erhalten haben, produzieren besonders häufig Syndrome als Folge von Konflikten. Unternehmensgrößen mit bis zu etwa 30 Personen sind hiervon besonders schmerzhaft betroffen. Größere Unternehmen schaffen es meist noch, einzelne Einheiten, die mit den verkrachten Verantwortungsträgern nur indirekt zu tun haben, arbeitsfähig zu halten. Gewachsene Großunternehmen haben Stabilisierungsmechanismen entwickelt, die das Syndrom auf eine Abteilung beschränken. Das verändert sich bei Krisen, die das ganze Unternehmen betreffen. Beispielsweise, wenn das Unternehmen droht, in die Insolvenz zu gehen. Hier wirken sich die Syndrome dann wie ein Flächenbrand aus, der an verschiedenen Stellen aufflackert und sich von dort aus verbreitet. Das System verhärtet sich. Nichts geht mehr einfach oder unbelastet, und die Atmosphäre und der Anspannungsgrad im Unternehmen spiegeln das wider.

Bei einem Syndrom liegen immer Störungsketten vor, also Störungen, an denen weitere Störungen hängen. Je länger ein Unternehmen damit lebt, desto länger wird die Kette. Je länger die Kette geworden ist, desto schwerer ist der Konflikt durch eine rational orientierte Vermittlung aufzulösen. Man verheddert sich buchstäblich in den unterschiedlichsten Blickwinkeln. Gesprächsrunden zur Klärung der Kommunikation in einer durch Konflikte geschüttelten Abteilung können Sie sich sparen. Hier ist eine systemisch-organisatorische Entstörungsarbeit gefragt, unter Berücksichtigung der Körpersignale. Nur so können die eigentlichen Auslöser freigelegt werden, die unbewussten Rollen im Hintergrund eines jeden Beteiligten. Denn sobald Rollen mit im Spiel sind, gerät jede Sachlichkeit ins Aus. Die Rollen offenbaren alte Gefühle und zeigen dem Kenner von systemischen Rollenspielen, worum es im Grundkonflikt ging. Der Grundkonflikt liegt in der Vergangenheit des Trägers. Manche Rollenspiele bestehen schon über mehrere Generationen und sind daher so aufgeladen. Eine Firma ist hiermit überfordert, denn sie sucht die Ursache stets innerhalb der eigenen vier Wände. Die Bemühungen bleiben vergeblich, denn jeder, in dessen Familie nicht aufgearbeitete schwer verdauliche Probleme vorhanden sind, kann in einen Konflikt geraten, der alte Rollen hervorholt. Konflikte, die ein Syndrom entwickeln, weisen auf die Anwesenheit unbewusster Rollen hin.

9.9.1 Ein Symbiose-Syndrom entsteht

Innerhalb von Doppelspitzen tauchen immer wieder Syndrome auf, die aus einer symbiotischen Struktur hervorgegangen sind. Sie verhindern jegliche positive Co-Existenz. Folgende Faktoren zeigen die Entwicklung eines Symbiose-Syndroms an:

- Isolation und Druck herrschen vor. Der Arbeitsdruck lässt wenig Blick nach außen zu, die Aufmerksamkeit ist nach „innen“ gelenkt.
- Ein sachlich-fachlicher Austausch untereinander findet nicht statt.
- Es besteht eine Konkurrenz innerhalb der Doppelspitze. Die Konkurrenz wird zum Schaden des anderen eingesetzt.
- Eine intrigante, spitzzüngige Kommunikation überwiegt. Ein gegenseitiges Verstehen wird zunehmend unwahrscheinlicher.
- Vor den Mitarbeitern finden immer wieder Machtdemonstrationen der Verantwortungsträger statt, bei denen einer der Chefs vorgeführt wird.
- Die Mitarbeiterschaft ist gespalten.
- Die Stärke des einen wird zum Kummer des anderen.
- Missgunst rückt an die Stelle von Wohlwollen.

- Alleingänge der Partner sind keine Ausnahme. Dem jeweilig anderen Partner wird mit den Alleingängen geschadet.

Sollten Sie mehrere dieser Faktoren bei sich erkennen und selbst an einem Symbiose-Syndrom beteiligt sein, bildet Ihr Erkennen bereits die Voraussetzung zum Handeln. Erkennen Sie diese Struktur, gilt es, Distanz einzunehmen. Aus der Distanz erkennen Sie mehr. Auch hier beginnt die Veränderung durch das Aussetzen der eigenen Beteiligung: keine negativen Worte über Ihren Kompagnon und keine spitzen Bemerkungen von Ihrer Seite mehr. Gehen Sie auf Angriffe nicht ein. Ein Syndrom erhält lediglich durch die Verzahnung mehrerer Prozesse seine negative zerstörerische Kraft. Sind Sie nicht mehr Teil des Spiels, haben Sie dynamisch gesehen dem Konflikt Ihre Kraft entzogen. Mitarbeiter, deren Chefs in einer solchen Dynamik stecken, sollten sich ebenfalls heraushalten und sich keinesfalls auf eine Seite stellen. Am besten ist es, wenn Sie einen Weg finden, sich aus allem herauszuhalten, und sich lediglich Ihrer Arbeit zuwenden.

Die Symbiose-Blockade

Sobald in einer Doppelspitze nichts anderes mehr geschieht, als den anderen entsetzlich zu finden, hat sich die symbiotische Struktur der Beziehung blockiert. Besonders häufig geschieht dies bei ehemaligen Lebensgefährten. Dann herrscht nur noch reine Zerstörung, die je nach Naturell und Rollen der Beteiligten eskaliert. Dem Unternehmen geht es schlecht, und wenn es klein ist, kann es in diesem Stadium auch scheitern. Starke Isolationstendenzen verhindern ein Herankommen. Der Reizpegel ist so hoch, dass es zu einer Häufung geschäftsschädigender Handlungen kommt. Telefonate werden mit aggressivem Ton angenommen, auch wenn ein wichtiger Kunde am anderen Ende der Leitung ist. Geschäftspartner werden aus dem Nichts heraus angebrüllt, Dienstleister in Grund und Boden argumentiert. Die Aggression sucht sich überall ihren Weg. Die sogenannten Ausfallsignale nehmen stark zu. Es sind Entgleisungen normalen Verhaltens, und sie betreffen alle Ebenen: die Signalebene des Körpers, die kommunikative und zwischenmenschliche Ebene, die produktive und ökonomische Ebene sowie alle biologischen Funktionsebenen. Die Symbiose-Blockade ist das fortgeschrittene Stadium eines Syndroms.

Wie steigen Sie aus?

Ein Beteiligter muss aussteigen und innehalten, damit sich die Blockade wieder löst. Sind Sie ein Angehöriger, ein vertrauter Mitarbeiter oder ein Freund, sollten Sie Klartext sprechen. Zeigen Sie kurz und knapp auf, dass dieser Prozess rein der Zerstörung dient und nichts anderem. Sind Sie ein Beteiligter, den diese Worte erreicht haben, dann sollten Sie unverzüglich aus dem Zerstörungskampf aussteigen. Nicht mehr mitmachen, lautet hier die Devise. Klingt einfach, gestaltet sich aber in der Praxis komplizierter, denn Ihre verletzten Gefühle sinnen auf Rache. Vielleicht leiden Sie aber auch so stark, dass Ihnen die Kraft zum Aussteigen fehlt. Dann werden Sie immer tiefer hineingezogen in Ihren persönlichen Prozess; quasi in den Kern Ihres Prozesses. Dieser Kernprozess zeigt, wo Ihr eigener Prozess begonnen hat. Oft sind es schwer zu verarbeitende Ereignisse, auf die sich Ihr gesamter persönlicher Prozess aufbaut. Der Kernprozess beinhaltet Ihre unbewussteste, tiefste Verletzung, aber auch Themen, die generationsübergreifend nicht bewältigt wurden. Etwas in Ihnen möchte unbedingt schaffen, diesen „Krieg" zu beenden. Dieses Etwas hält Sie in diesem Zerstörungskreislauf und ist Ihnen derzeit noch nicht bewusst. Lassen Sie sich mit Ihrem Umfeld daher auf keine Diskussion mehr ein, die im Endeffekt nur dazu dient, den anderen zu demontieren. Sind Sie Außenstehender, sollten Sie beachten, dass die Beteiligten nicht mehr imstande sind, innezuhalten. Der Sog, der durch die Blockade entsteht und die Beteiligten in die unbewussten Anteile des persönlichen Prozesses zieht, ist zu stark.

Drängen Sie zumindest einen der Beteiligten zur professionellen Entstörung des Konflikts, solange dieser nicht imstande ist, selbst auszusteigen. Der aufgesuchte Konfliktentstörer muss in diesem Falle in der Lage sein, die Rollen zu erkennen und Körpersignale zu deuten. Ein reines Schlichtungsverfahren ist bei einem Prozessgeschehen überfordert, denn das Stadium, in dem eine Schlichtung möglich war, ist bei der Blockade vorbei. Meistens kommt es dann irgendwann zu einem gerichtlichen Vergleich. Doch bis dahin sind wertvolle Zeit und meist auch ein Vermögen an den Konflikt verloren gegangen. Das sollten Sie unbedingt verhindern. Denn wenn erst die Mitarbeiter verschwinden, dann auch die Kunden und zum Schluss das Vermögen. Diesen Kreislauf sollten Sie stoppen.

> Ein symbiotisches System blockiert vollständig, wenn die Beteiligten zu nichts anderem mehr in der Lage sind, als sich auf den jeweils anderen zu fokussieren. Dieser negative Zustand schreitet fort. Gemeinsam mit einer zunehmenden Isolation entsteht die Blockade.

9.9.2 Symbiose als Erfolgsmodell

Erfolgreiche Zusammenarbeit zum gegenseitigen Nutzen ist erfolgreich, wenn das zwischenmenschliche Miteinander einer Sache dient und wenn zerstörerische Prozesse gesehen und bewusst gemieden werden. Schon die einleitenden Worte zeigen aber: Eine funktionierende Zusammenarbeit braucht Ihre Bewusstheit und die Kompetenz, sich aus aufreibenden Auseinandersetzungen heraushalten zu können. Sollten Sie planen, eine Kooperation zu gründen, wählen Sie sich Ihre Kooperationspartner nicht nur nach Nutzen, sondern auch ihren Persönlichkeitsmerkmalen aus. Ihnen dient kein noch so brillanter Kooperationspartner, wenn er im Endeffekt nicht teilen kann und bei bestimmten Situationen immer gleichermaßen unbewusst reagiert. Wenn diese Unbewusstheit dann auch noch zum „zwischenmenschlichen Krieg“ führt, ist Ihnen mit dieser Wahl nicht geholfen. Alte Muster können Sie an Wiederholungen in den Geschichten erkennen, die Ihnen Ihr Gegenüber erzählt: zum Beispiel bei Erzählungen über Trennungssituationen, in denen das eine oder andere Arbeitsverhältnis beendet wurde. Ein bewusster Mensch spart seinen Anteil dabei nicht aus und sieht die Wahl der Partner als Teil seines persönlichen Prozesses an. Alte Muster sind für sich gesehen ganz normal und Teil des Lebens. Um störungsarm kooperieren zu können, ist es jedoch wichtig, die Bereitschaft zu besitzen, diese alten Muster aufzulösen, wenn sie zerstörerisch wirken. Auflösen gelingt durch Erkennen. Ist ein Muster erst einmal erkannt, wiederholt sich dieses nicht mehr.

9.9.3 Voraussetzungen erfolgreicher Zusammenarbeitsbeziehungen

1. Teamwork muss begründet sein. Sie sollten durch Ihren Partner oder Kollegen einen Gewinn haben, den Sie alleine nicht erzielen können.
2. Die kooperierenden Partner brauchen Gleichberechtigung. Um eine erfolgreiche Zusammenarbeit zu etablieren, benötigen alle Partner freie Entscheidungsbefugnis für ihr Resort.
3. Sie brauchen Regeln, die zwischenmenschlich greifen, um Störungen vorzubeugen.
4. Streben Sie eine Teilhabe an, benötigen Sie einen Kooperationsvertrag, der neben den rechtlichen Bedingungen auch die zwischenmenschlichen Beziehungen regelt. Die Regelung der zwischenmenschlichen Beziehungen genießt denselben Stellenwert wie die rechtlichen Regelungen.
5. Beauftragen Sie eine Entstörung, wenn Altlasten vorhanden sind, die von Ihnen nicht befriedet werden können. Ansonsten macht diese Störung eine Zusammenarbeit unmöglich.
6. Eine erfolgreiche Kooperation bildet den Anreiz, 100 Prozent Einsatz zu bringen. Arbeiten Sie an diesem Anreiz.
7. Machtkämpfe, die dem Ziel der Entmachtung folgen, müssen ausbleiben. Sind derartige Machtkämpfe im Spiel, funktioniert eine symbiotische Kooperationsweise nicht mehr. Wo Machtkämpfe mit Entmachtungsanspruch herrschen, ist keine Gleichberechtigung vorhanden. Dann haben Rollen das Sagen und gestalten unbewusste Prozesse, die von den Beteiligten auf Dauer nicht mehr zu führen sind. Nur ein Gegenüber kann den eigenen unbewussten Anteil sehen, deshalb hört beim persönlichen Unbewussten die Arbeit an sich selbst auf.

9.9.4 Änderungsbedarf erkennen

Wenn der Erfolg ausbleibt oder nur einen der Partner begünstigt, wissen Sie, dass Sie keinem Erfolg versprechenden Kooperationsmodell folgen!

Arbeiten Sie dann an

- ... der Distanz zu Ihren betroffenen Gefühlen, um in eine Position zu gelangen, die Ihnen eine sachliche Sicht auf die Dinge ermöglicht.
- ... der Störungserkennung: Was stört die Gemeinsamkeit am meisten? Sprechen Sie hier keine Verurteilungen aus, denn das treibt den Konflikt in die Verschärfung.
- ... der Ergänzung der Kompetenzen.
- ... der Spezialisierung der Kompetenzen.
- ... der Atmosphäre im Unternehmen.
- ... dem gegenseitigen Vertrauen.
- ... Ihrem Kopf-Kino. Gedanken, die von Aufgabe träumen, da ja alles keinen Sinn mehr macht, führen zu destruktivem Verhalten und direkt in den persönlichen Kernprozess hinein. Dieser beinhaltet alle familiär nicht aufgearbeiteten Erlebnisse. Der Kernprozess ist ein Sammelsurium von unbewussten Informationen. Sie meinen, die Dinge realistisch zu sehen, de facto sind Ihre Wahrnehmungen aber im Kern verzerrt. Sie übertragen Ihre nicht aufgearbeiteten Informationen auf Ihr Gegenüber. Sie kämpfen also einen alten Kampf mit Ihrem heutigen Gegenüber.

Selbst für stark zerstrittene berufliche Zusammenschlüsse existieren Möglichkeiten, sich zu einer erfolgreichen Zusammenarbeit zu entwickeln. Während eines eskalierenden Konflikts ist das kaum vorstellbar. Für zerstrittene, berufliche Beziehungen ist ein Ende der Beziehung, die durch den Konflikt herbeigeführt wird, sehr nachteilig. Denn was die Beteiligten nicht sehen, ist, dass sich hier nicht die Gegenwart streitet, sondern eine nicht verdaute Vergangenheit. Doch die Praxis zeigt, dass diese Konflikte gut zu beenden sind. Voraussetzung ist der Wille zur Beendigung des Konflikts. Eine gute Möglichkeit ist es, zwei Felder abzustecken, ein Plus- und ein Minusfeld. Das Plusfeld beinhaltet ausschließlich Handlungen, denen eine positive Konsequenz folgt. Der Wechsel in dieses Feld sollte jedem Beteiligten gelingen. Jeder, dem dieser Schritt in Richtung positiver Zusammenarbeit gelingt, ist bei der Fortführung der beruflichen Zusammenarbeit dabei. Der Konflikt wird verlassen. Gelingt jemandem dieser Positionswechsel nicht, wird er früher oder später die Zusammenarbeit verlassen.

Zusammenfassung

Zwillingsbeziehungen zeigen viel über das Funktionieren oder das Scheitern einer zwischenmenschlichen Beziehung, denn eineiige Zwillingsbeziehungen sind die engsten zwischenmenschlichen Beziehungen überhaupt. Das Wissen der Persönlichkeitsentwicklung sowie der Umgang mit Störungen profitiert aus den Erkenntnissen, die aus der Untersuchung eineiiger Zwillingsbeziehungen entstehen. Damit Sie fähig werden, gemeinsam erfolgreich zu werden, braucht es eine Bewusstwerdung über Ihre unbewussten Grenzen gegenüber Gemeinschaft. Diese zeigen sich insbesondere im Leben von aller Art von Beziehungen. Ihre Nähe zu anderen Menschen ist von unbewussten Erfahrungen überschattet. Schnell werden Beziehungen als beengend und abhängig empfunden, auch wenn keine Abhängigkeit vorhanden ist. Sie empfinden Zwang. Diesen Zwang können Sie entkräften, indem Sie feststellen, wo der Zwang in Ihrer Vergangenheit Wirklichkeit war. Verarbeiten Sie diese alten Erfahrungen, ansonsten stehen Ihnen diese in jeder Beziehung im Weg. Zwänge und Begrenzungen finden im Kopf statt. Der Weg aus dem Zwang besteht in Ihrer Möglichkeit, zu handeln. Bei geschäftlichen Zusammenschlüssen schaffen Sie Alternativen, die Sie im Falle von Konflikten unabhängiger machen und die Beziehung erhalten, da Sie keine Umwege über Ohnmachtsgefühle gehen müssen. Geraten Sie in einen Konflikt, folgen Sie den fünf Schritten, die Sie in die Distanz zum Konflikt führen. Dazu erkennen Sie zunächst den vorliegenden Sachverhalt. An diesem orientieren Sie Ihre Argumentationsweise. Steigen Sie aus allen Emotionen aus, die am Konflikt gebunden sind, und korrigieren Sie die angreifende Emotionalität Ihres Gegenübers, indem Sie sich dieser kurz anpassen, um sofort wieder sachlich zu werden. Sachliche Argumente, die Ihre Arbeit betreffen, sind erlaubt. Gehen Sie auf keine Verzerrungen ein, sondern argumentieren Sie ruhig auf der gegenwärtigen Ebene, indem Sie auf die offenen und für die Arbeit wichtigen Fakten hinweisen. Ist diese Argumentationsweise nicht möglich, distanzieren Sie sich freundlich vom Gespräch. Ihren Konflikt selbst lösen können Sie nur dann, wenn Ihr persönlicher Prozess Ihnen bewusst ist und Sie Ihr altes Muster kennen. Handelt es sich um einen systemisch bedingten Konflikt oder fühlen Sie sich zu sehr in den Konflikt hineingezogen, hilft die Außenwahrnehmung einer Fachperson, die sich keiner Methode verpflichtet, sondern individuell Ihr System anschaut und die Signale aufgreift, die ansonsten zu Wiederholungen führen. Auch sollte diese Fachperson die systemisch bedingten Rollen kennen und führen, die in solchen Konflikten agieren. Greifen Sie in einen Negativkreislauf sofort dann ein, sobald sich die interne Kommunikation scheinbar plötzlich verändert. In diesem Fall erkennen Sie Ihre Kollegen nicht wieder. Wo Gemeinschaft noch Platz hatte, geht sie. Anstelle dieser wird Macht im negativen Sinn ausgelebt.

9.10 Reflexion: Unumgängliche Trennungen

Im Grunde können alle Zusammenarbeitsformen trotz heftiger Konflikte zusammengehalten werden. Eine Entstörung der Arbeitsbeziehung ist immer möglich, wenn dies zumindest durch einen Part gewollt wird. Je kleiner eine Teilhaberschaft wird, desto schwieriger wird ein Zusammenhalten, denn systemische Kräfte verhindern die Vermischung von positiv und negativ. Ist die positive Seite stark, geht die negative. Es ist nur eine Frage der Zeit. Der Konflikt als solches gesehen ist nicht das Problem, denn er ist im Endeffekt nicht lösbar. Sie können ihn lediglich beenden. Es gibt nur eine Grenze: Bleiben Personen auf der schädigenden Seite, sollten Sie mit diesen auf Dauer nicht mehr zusammenarbeiten, sofern Sie Teil eines kleinen Teams oder eines Zusammenschlusses sind und keine weiteren Personen sich ausgleichend und relativierend auswirken können. Sie können es nicht einmal, denn sind Sie auf der förderlichen Seite und sollte der andere auf der negativen Seite verharren, wird es Sie beide irgendwann einmal auseinanderbringen. Sie erkennen die schädigende Seite am Ergebnis Ihrer Handlungen. Zwietracht, Machtgedanken, Übervorteilungsversuche – mit diesen Handlungen kann keine positiv orientierte Co-Existenz zum gegenseitigen Nutzen gedeihen. Diese schädigenden Handlungen sind dem Konfliktpartner oft nicht bewusst. In diesem Fall gehören die Handlungen zum sogenannten Rollenspiel, mit den Rollen, die ein jeder durch seine Entwicklungsgeschichte erhalten hat. Ein Bewusstwerdungsprozess ist notwendig, um sich von diesen verabschieden zu können. Dazu ist nicht jeder bereit.

Wollen Sie sich von Ihrem Kooperationspartner oder Teilhaber trennen oder eine Zusammenarbeit beenden, sollte dies in einem begleiteten Prozess stattfinden. Das verhindert unnötige Verluste. Diesen Prozess können Sie auch ohne den Partner bewerkstelligen, denn zu diesem Zeitpunkt wird sich Ihr Partner dem Prozess höchstwahrscheinlich ohnehin versperren. Je mehr darauf geachtet wird, dass jegliche Handlung innerhalb des Trennungsprozesses eine positive Konsequenz besitzt, desto schneller bereinigt sich die Situation zum Positiven! Da jeder Trennung systemisch gesehen eine Erneuerung folgt, sollten Sie diesen Zeitpunkt ebenfalls nutzen, Ihr bisheriges unternehmerisches System zu verbessern, es zu überdenken und sich wiederholende unbewusste Muster zu verabschieden.

Beantworten Sie folgende Fragen, um mehr Bewusstheit über die Verbindung zwischen Ihrer Arbeitsbeziehung und der Anwendung von Erfolgsprinzipien aus Zwangsbeziehungen zu erhalten, um das Grundmuster Ihrer Beziehung zu verbessern:

- Was ist die größte Schwachstelle Ihrer wichtigsten Arbeitsbeziehung aus Sicht einer funktionierenden Zwillingsbeziehung?
- Wo folgen Sie Misserfolgsprinzipien, wenn Sie sich die Misserfolgsprinzipien von Zwillingsbeziehungen ansehen?
- Wie integrieren Sie Ihre zwischenmenschliche Schwäche in den Arbeitsrahmen und fangen sie durch ein Erfolgsprinzip auf?
- Was müssen Sie tun, um aus Ihrer wichtigsten Arbeitsbeziehung eine Co-Existenz zu gestalten?
- Mit wem in Ihrem Umfeld bietet sich ein Zusammenschluss an, im Sinne einer symbiotischen Gemeinschaft zum gegenseitigen Nutzen? ■

TEIL II

Eine Vorlage zur Teilentstörung von Konflikt(folg)en

10 Maßnahmen und Strategie zur Entstörung

Handeln statt Zerstörung dulden

Wie handeln Sie trotz vermeintlicher Machtlosigkeit?

Wie nehmen Sie kleine Entstörungen selbst vor?

Was bringt eine Kooperationsstrategie?

Wie bekommen Sie strukturelle Konflikte in den Griff?

Wie planen Sie Konflikte weg?

Wie sehen Ihre Akutmaßnahmen aus?

Wie entemotionalisieren Sie?

Wie entfernen Sie Konfliktschleifen?

Gestalten Sie einen Konfliktbewältigungsplan.

Nicht mehr Teil von zerstörerischen Abläufen zu sein, bedeutet vor allem, diese nicht mehr zu dulden und sich nicht mehr aktiv daran zu beteiligen. Ein solches Verhalten können Sie aus jeder Position heraus entwickeln. So simpel diese Prämisse auch klingen mag, sie ist der Kern jeder entstörenden Maßnahme. In diesem Kapitel werden Sie näher an aktiv entstörende Maßnahmen herangeführt.

10.1 Den Betriebsrat als Vermittler einschalten

Als Verantwortungsträger haben Sie jederzeit die Möglichkeit, in ein Konfliktgeschehen einzugreifen. Sie haben die Macht und auch die Befugnis dazu. Ganz anders empfinden Mitarbeiter, die sich nicht selten der Situation ausgeliefert fühlen, wenn sich beispielsweise die Chefin Ihres Standortes mit dem Chef des anderen Standorts verkracht hat. Wenn innerhalb der Chefetagen Fronten gezogen werden, obwohl aus Ihrer Sicht als Mitarbeiter eine Vertiefung der Zusammenarbeit dringend notwendig wäre, müssen Sie die Konsequenzen dennoch mittragen.

Das Erste, was sich ändern sollte, ist Ihre Einstellung. Sie sind in keiner Position machtlos. Ihre Macht bezieht sich immer auf Ihr direktes Wohlbefinden. Hier können Sie schalten und walten, wie es Ihr Wohlbefinden verlangt. Das ist nicht nur Ihr Recht, sondern auch Ihre Pflicht, denn nüchtern betrachtet bringen Sie gesund den größten Nutzen. Ihre Arbeitsleistung steigt in einer Wohlfühlatmosphäre. Dieses Wohlbefinden gilt es in jeder Hinsicht aufrechtzuerhalten. Wenn Sie Machtlosigkeit verspüren, ist Ihr Arbeitsumfeld bereits gestört, sonst hätten Sie dieses Gefühl nicht. Zumindest ist die Kommunikation zwischen Ihrem Vorgesetzten und Ihnen gestört. Das, was diese Kommunikation stört, stört ebenso die Kommunikation nach außen, auch wenn es Ihrem Vorgesetzten nicht bewusst ist.

Manche Mitarbeiter sehen einen Ausweg darin, den Betriebsrat hinzuzuziehen. Erst einmal ist dieser Gedanke nicht abwegig, oft scheitert aber dieses Vorgehen an der zögerlichen Herangehensweise des Betriebsrats oder an einem bereits gestörten Verhältnis zwischen Betriebsrat und Geschäftsführung. Je mehr hier eine Front existiert, desto mehr läuft es auf einen unbefriedigenden Vergleich hinaus, oder die Lösung wird buchstäblich totgekämpft. Die Sachinhalte bleiben auf der Strecke. Entstörte Unternehmensspitzen müssen keinen Betriebsrat fürchten, denn der Betriebsrat ist ein wichtiges Sprachrohr der Mitarbeiterseite und damit eine Bereicherung für die Geschäftsführung. Er artikuliert Sachverhalte, die von der Geschäftsführung nicht klar gesehen werden.

In einem störungsarmen Unternehmen weiß die Geschäftsführung um die Bedeutung des Betriebsrats. Hier mutiert dieser aber auch nicht zur Kampfmaschine gegen die Geschäftsführung. In einem störungsarmen Unternehmen existiert kein Gegeneinander, die Mitarbeiter werden vielmehr als wichtigstes Glied des Systems anerkannt. Damit steht der Betriebsrat für eine erweiterte Sicht mit einer Essenz der Mitarbeiterstimmen auf rationaler Ebene, er agiert nie gegen etwas, sondern stets im Sinne aller und sieht auch die Blickwinkel, die im geschäftlichen Tun der Unternehmensspitze untergegangen sind. Er vermittelt Sachverhalte und keine Kampfparolen. Stehen Sie als ratsuchender Mitarbeiter einem solchen Betriebsrat gegenüber, haben Sie Glück. Diesem können Sie die Folgen einer Frontenbildung in den Führungsebenen der verschiedenen Standorte sachlich schildern. Er wird Ihr Anliegen dann gemeinsam mit anderen Tagesordnungspunkten der Geschäftsführung übergeben. Überheblichkeit ist dieser Art von Betriebsrat fremd.

Sollte aber die Diskrepanz zwischen Geschäftsführung und Mitarbeitern zu groß geworden sein, steht der Geschäftsführung mit dem Betriebsrat ein Gegner gegenüber. Das führt unweigerlich zu Konflikten. Schlimmstenfalls wird der Betriebsrat als Gegenstimme zur Geschäftsführung gewählt. Dann ist schon mit der Wahl eine „feindliche“ Ausrichtung im organisatorischen Gefüge implementiert. In diesem Fall sollten Sie tun, was Ihnen möglich ist.

10.2 Was Sie immer tun können

Es liegt eine Störung vor. Wenn Sie das bewusst anerkennen, können Sie auch handeln.

- Distanzieren Sie sich so weit, dass Sie nicht mehr hineingezogen werden können.
- Werden Sie sich darüber im Klaren, wo sich die Störung genau befindet.
- Falls Sie selbst an einem Punkt mitbeteiligt sind, ändern Sie das sofort. Schließen Sie aus, dass Sie mit Ihrem Verhalten die Störung verstärken. Reden Sie nicht negativ über Ihre Chefs, sondern bleiben Sie immer sachorientiert.
- Sehen Sie die Störung nur außerhalb Ihres Verhaltens, sammeln Sie stichpunktartig, welche Art von Einbußen Ihr Arbeitsgebiet davonträgt.
- Listen Sie diese Einbußen nach Priorität auf. Die höchste Priorität erhält die Konsequenz des Konflikts, die Ihnen, sprich Ihrem Arbeitsgebiet, den größten Schaden zufügt. Auf dieser Liste stehen lediglich Sachverhalte, ähnlich einer Berichterstattung innerhalb eines seriösen Nachrichtensenders.
- Nun beschreiben Sie, was der Firma an Nutzen verloren geht. Lediglich diese Punkte tragen Sie dann der für Sie zur Verfügung stehenden Ansprechstelle vor. Keine emotionalen Äußerungen, keinerlei Angriffe dürfen hier enthalten sein.
- Entemotionalisierte Fakten haben die größte Chance, gehört zu werden. Der Grund dafür ist, dass sich Sachverhalte in keinen Prozess einhaken, der konfliktüberladen ist.

10.3 Teilentstören durch einen Klärungsprozess

Wollen Sie eine Klärung herbeiführen, so denken Sie stets an die Grundregel der Konfliktentstörung. Klären Sie das Zwischenmenschliche und entfernen Sie sich vom Konflikt. Ihre Aufmerksamkeit gilt der Entstörung der Beziehung und der Wiederherstellung einer reibungslosen Zusammenarbeit. Durch die Entstörung werden Arbeitsabläufe störungsfrei möglich gemacht, sodass Ergebnisse wieder erzielt werden können. Um eine zwischenmenschlich erfolgreiche Arbeitsbeziehung zu schaffen, brauchen Sie daher zunächst Bewusstheit, da Unbewusstheit Ihren Handlungsspielraum begrenzt. Veränderungen in Ihrem Umfeld können Sie nur bis zu Ihrer persönlichen Bewusstheitsgrenze bewirken. Das, was Sie sehen und begreifen, können Sie verändern. Erkennen Sie ein Störungsdetail nicht, bleibt dies außen vor. Insgesamt werden Sie bei einem niedrigen Störungsniveau mit einer Entstörung gut zurande kommen. Je komplexer der Konflikt jedoch ist, desto mehr Überblick, Zeit und auch Know-how wird er Ihnen abverlangen oder Ihnen auch über den Kopf wachsen. Sie werden schnell zum Teil des Konflikts.

Die Arbeit mit Systemen bedarf eines hohen Maßes an Erfahrung sowie einer Bewusstheit über systemische Abläufe im Allgemeinen, ansonsten gerät der Unterstützende an seine eigene Begrenzung. Kleine Entstörungen sollten Sie aber ruhig selbst in die Hand nehmen. Selbst entstören können Sie alle Konfliktbilder, bei denen eine Sache gestört wird, also Arbeitsabläufe und Ergebnisse. Ist ein Konflikt zu persönlich, ist er für Laien schwerer zu entstören, und Sie sollten sich Hilfe suchen, da Sie sonst wichtige Zeit verlieren. Je länger ein Konflikt wirkt, desto mehr zerstört er auch.

Fragen, die sich alle Beteiligten stellen sollten:

- Wo sehen Sie den größten Veränderungsbedarf?
- An welcher Stelle zeigt sich die größte Notwendigkeit zu einer Veränderung?
- Wie unterstützen Sie sich während des Entstörungsprozesses? Welche Regelung verpflichtet Sie, den Klärungsprozess bis zur Wiederherstellung der Arbeitsfähigkeit durchzuführen?
- Wie bleiben Sie bei der Entstörung der zwischenmenschlichen Beziehung und verlieren sich nicht im Versuch, den Konflikt zu lösen?
- Welche Bereiche lassen sich durch Sie selbst klären? Welche Teilbereiche sollten extern in die Klärung gegeben werden?
- Im Falle eines Trennungswunsches auf der Ebene der Verantwortungsträger stellen Sie sich folgende Fragen und beantworten Sie für sich selbst:
  - Was bedeutet die Trennung Ihrer geschäftlichen Zusammenarbeit für Sie persönlich?
  - Was bedeutet die Trennung für Ihr Unternehmen?
  - Wenn Sie sich trennen wollen, wie viel kostet Sie diese Trennung?
  - Weshalb ziehen Sie die Trennungskosten den Kosten für eine Sanierung Ihrer Arbeitsbeziehung vor?
  - Können Sie sich vorstellen, Ihre Emotionalität zurückzuschrauben und alles aus der Distanz heraus nüchtern zu betrachten? Ist das noch möglich?
  - Beachten Sie: Emotionalität verzerrt und bringt Ihnen geschäftlich gesehen einen Nachteil, da Sie blinder handeln als gewöhnlich. Fällen Sie keine schwerwiegenden Entscheidungen aus der Emotion heraus.

10.4 Die rational orientierte Kooperationsstrategie

Sofern Sie Partner haben und mit Verantwortungsträgern gemeinsam ein Geschäft führen, bietet sich die Kooperationsstrategie als Steuerungsinstrument an. Teams können von dieser Strategie ebenfalls profitieren. Diese Strategie kümmert sich um die Aufrechterhaltung einer produktiven zwischenmenschlichen Ebene. Funktioniert das Zwischenmenschliche, dringen sachliche Argumente durch. Ist die zwischenmenschliche Ebene gestört, leidet die Sachlichkeit und damit auch Ihr Urteilsvermögen. Sofern bei Ihnen der Eindruck entsteht, Ihr derzeitiges Problem liege am Verhalten der Person X, Y oder Z, dann mögen Sie vielleicht recht damit haben. Auf der Lösungsebene kommen Sie damit aber leider nicht weit. Sie verlieren den Faktor, der Ihnen die Handlungskraft verleiht. Ihr Gegenüber wird ebenso Kritikpunkte bei Ihnen finden. Das ist normal. Trotz aller Bemühungen werden Sie es nicht hinbekommen, dass sich Ihr Gegenüber verändert, auch mit externer Hilfe nicht.

Das Ziel Ihrer Bemühung sollte immer sein, in einer Zeit des friedlichen und euphorischen Miteinanders Mechanismen sowie Prinzipien zu entwickeln, die den anderen nicht verändern, sondern Ihnen jederzeit Handlungsoptionen eröffnen. Kooperationsstrategien schaffen Automatismen, die den Betroffenen das Denken in Akutsituationen abnehmen, indem Sie ein Leitsystem bilden, das automatisch deeskalierendes Handeln auslöst. Einmal angedacht, gehört diese Strategie zu Ihrem unternehmerischen System. Ihr gemeinsames Denken fließt in die Entwicklung der Strategie ein. Aktiviert wird die Strategie im Falle eines Konflikts.

10.4.1 Aufgaben einer Kooperationsstrategie

Eine Kooperationsstrategie übernimmt die Aufgabe, die unterschiedlichen Emotionen mehrerer zusammenwirkender Menschen zu lenken. Sie setzt sich aus Mechanismen zusammen, die das Störungspotenzial des bestehenden Arbeitsverhältnisses eingrenzt und anschließend ausschaltet.

Führen Sie den Konflikt, ansonsten führt er Sie!

Aufgaben von Kooperationsstrategien:

- Sachprobleme sichtbar machen.

- Regeln einführen, die den Konfliktstoff entschärfen.
- Mechanismen etablieren, die Emotionen befrieden und den Fokus auf die Sachproblematik zurückführen.
- Handlungsmöglichkeiten offenlegen.
- Jedem Beteiligten die Distanz zum Geschehen ermöglichen.
- Automatismen einbauen, die ein wachsendes unternehmerisches System zum gesunden Erhalt aktivieren.

Zusammenfassung

Eine Kooperationsstrategie lenkt Emotionen und schafft Automatismen im täglichen Miteinander. Sie wirkt sich system- und damit unternehmenserhaltend aus. Zusammenarbeit wird gestärkt und förderlich gehalten. Auch verdeutlicht sie, dass keiner der Beteiligten machtlos ist. Aus jeder Position heraus gibt es eine Möglichkeit, deeskalierend zu handeln.

10.4.2 Rationalität versus Emotionalität

Eine Kooperationsstrategie muss in der Lage sein, ein paar zwischenmenschliche „Nüsse" zu knacken. Am besten denken Sie jetzt gleich darüber nach, wie Sie vorhandene Schwachstellen stärken. Innerhalb einer eskalierenden Situation ist es in der Regel zu spät. Ihnen fehlen dann die Zeit, die Kraft und der rationale Fokus, der ausschließlich aus der Distanz heraus gelingt.

Problem Nr. 1: Arbeitsfähigkeit erhalten

Geschäftliche Beziehungen sind einem hohen Druck ausgesetzt. Druck setzt immer Emotionalität frei, die dann zum Problem wird, wenn der Sachverhalt keine Verzerrung verträgt. Sitzen Sie beispielsweise an der Lösung eines Sachproblems und ärgern sich über das inkompetente Verhalten eines Kollegen, steigt die Wahrscheinlichkeit von Fehlern. Manche unternehmerischen Situationen verkraften keine Fehler, insbesondere dann nicht, wenn es finanziell eng wird, Sie einer verantwortungsvollen Aufgabe nachgehen oder Krisensituationen Ihre volle Aufmerksamkeit fordern. Druck führt Menschen auf ihre Automatismen zurück und damit ins Unbewusste. Gerade in Krisensituationen gilt es jedoch, einen kühlen Kopf zu bewahren. Je existenzbedrohender eine Situation erlebt wird, desto präsenter sind unbewusste Verhaltensweisen. Ihr Fühlen, Sehen und Ihre Wahrnehmung sind mit den nicht verarbeiteten Situationen Ihrer Vergangenheit verbunden statt mit der derzeitigen Realität. Krisensituationen fördern Emotionalitäten und belasten das Miteinander und damit auch den Sachverhalt, der dringend gelöst werden sollte.

Verändern können Sie den Automatismus dahin gehend, dass Sie sich bereits im Vorfeld fragen, welche Prozesse installiert werden müssen, um Ihren Kopf in Krisensituationen frei zu halten und die Arbeitssituation als sachliche Angelegenheit zu schützen. Je mehr Verantwortung Sie tragen, desto wichtiger werden diesbezügliche Vorsichtsmaßnahmen. Treffen Sie vorab eine Entscheidung, die verhindert, dass Sie in einen Konflikt hineingehen. Setzen Sie sich Maßstäbe fürs Miteinander, die frei sind von jeglicher emotionalen Befindlichkeit. „Während meiner Arbeitszeit halte ich mich von Wut, Sorge und Kummer fern." Innerhalb eines Konflikts sind Sie in der Regel nicht mehr bereit, so eine Entscheidung zu treffen, da Ihre Emotionalität Sie fest im Griff hat. Der Gedanke der Vorabfestlegung stammt aus dem Leadership-Coaching. Das Führungs-Coaching setzt auf Ihre Selbstbestimmung und geht davon aus, dass Sie in der Lage sind, Ihren Maßstäben auch zu folgen, wenn Sie weniger emotional agieren. Sichern Sie durch eine weitere Vorabfestlegung den Kontakterhalt zu wichtigen Verantwortungsträgern in Ihrem Umfeld ab. Ein im Vorfeld getroffenes, beidseitiges Übereinkommen wäre hier hilfreich. Solche Übereinkommen sollten rational festgelegt werden und als bindend gelten.

Problem Nr. 2: Strukturelle Konflikte in den Griff bekommen

Ein struktureller Konflikt entsteht aus dem System heraus, das schon vor Ausbruch des Konflikts das Problem in sich trug. Strukturelle Konflikte geschehen häufig durch Unachtsamkeit. Leidtragende sind nicht selten diejenigen, die mit der Schaffung des Konflikts nichts zu tun hatten. Stoßen Sie beispielsweise als Teamleiter neu zu einem Team hinzu, nachdem der Posten im Vorfeld zunächst jemandem aus dem Team versprochen worden war, ist das Problem strukturell vorprogrammiert, und Sie als neuer Teamleiter werden es ausbaden müssen. Der übergangene Part wird durch Sie daran erinnert, diesen Posten, trotz Zusage, nicht bekommen zu haben. Nur eine entwickelte Stufe des Bewusstseins verhindert einen derart vorprogrammierten Konflikt. Sind Sie hier als Teamleiter unbewusst, zieht es den übergangenen Mitarbeiter in den Konflikt, da dieser von Ihnen nicht abgeholt wird. Sie müssen erkennen, welche Wirkung das Übergangenwerden haben kann, um sachdienlich zu reagieren. Je nach Beschaffenheit des persönlichen Erfahrungshintergrundes gestaltet sich dann sein aktives Tun gegen Sie als Teamleiter. Liegt ihm beispielsweise die Rolle eines Intriganten, wird er intrigant und hinterhältig vorgehen. Diesen Konflikt mit einer Schlichtungsmaßnahme oder einem Versuch einer kognitiven Klärung zwischen Ihnen als Teamleiter und Ihren Mitarbeitern aus dem Weg zu räumen, wird nicht gelingen. Der strukturell implementierte Konflikt muss zunächst aufgelöst beziehungsweise entstört werden. Damit erübrigt sich der Rest. Sprechen Sie dazu den Mitarbeiter an und zeigen Sie ihm, dass die Situation für alle Seiten schwierig ist. Bieten Sie an, gemeinsam einen gerechten Weg zu finden, in einem dafür vorgesehenen und zeitlich begrenzten Rahmen. Holen Sie also den Mitarbeiter mit ins Boot, was die Lösungsvorschläge betrifft, und ziehen Sie sich bitte keinen Schuldschuh an.

Sind Sie in der Position des Teamleiters, hilft es schon, zu erkennen, dass der Konflikt nicht durch Ihr Verhalten verschuldet wurde. Strukturelle Konflikte sollten Sie nicht persönlich nehmen. Das ist nicht einfach, aber durchaus wirksam. Damit bleibt der Konflikt übersichtlich. Durch Ihre Beteiligung stärken Sie den Konflikt nur. Deshalb sollten Sie vermeiden, den Konflikt durch persönliche Reaktionen zu Ihrem eigenen zu machen.

Ihr Beitrag zur Entstörung ist die Schadenserkennung. Stellen Sie sich folgende klärende Fragen:

- Welche Fehler liegen im unternehmerischen System vor?
- Wer oder welcher Prozess hat diese Fehler verursacht? Wichtig ist, keinen Beteiligten zu verurteilen!
- Die Recherche dient Ihrer Bewusstwerdung und damit dem Verständnis der Situation gegenüber.
- Welche Informationen führten zum Konflikt?
- Welche Standpunkte streiten sich?
- Welche Informationen mildern ihn ab?
- Wie greifen Sie im alltäglichen Miteinander diese Informationen auf, ohne zu problematisieren?
- Was können Sie tun, damit Sie auf Distanz bleiben und dem Problem nüchtern und zugewandt begegnen?
- Alleine Ihr Aufgreifen und Erkennen mildert den Konflikt, da er die Chance hat, auf einem unteren Eskalationsniveau zu bleiben! Er wird durch das Ausbleiben Ihrer Teilhabe lenkbar.

Zusammenfassung

Damit in Geschäftsbeziehungen die Rationalität die Oberhand behalten kann, ohne dass alle Emotionen unterdrückt werden müssen, brauchen Sie eine Strategie. Diese Strategie sollte, bevor es zu einem Konflikt kommt, also in friedlichen Zeiten, erdacht und niedergeschrieben werden, am besten zu Beginn einer Zusammenarbeit. Festgelegte Regeln werden durch Beschlüsse zu Leitplanken Ihres Verhaltens. Achten Sie auch auf das Erkennen von systemisch implementierten Fehlern, aus denen strukturelle Konflikte entstehen. Holen Sie hierzu den Geschädigten sowie den Schädiger an einen Tisch, sofern Sie der Geschädigte sind. Gehen Sie zu keinem Zeitpunkt in die Position des Schuldigen oder des Opfers. Bei strukturellen Konflikten fühlt sich in der Regel der Schädiger wie das Opfer. Helfen Sie, durch gemeinsames Denken die Situation zur Gerechtigkeit aller hinzuführen. Klären Sie keinen Konflikt, sondern entstören Sie die zwischenmenschliche Beziehung.

10.4.3 Strategieentwicklung für ein förderliches Miteinander

Beantworten Sie nun folgende Fragen, die der Bewusstwerdung im Sinne eines Leadership-Coachings dienen. Je bewusster Sie in eine Zusammenarbeit hineingehen, desto besser gehen Sie mit Widrigkeiten um:

- Was sind mögliche emotionale Hauptreibungspunkte zwischen Ihnen und Ihrem Gegenüber?
  - Liegt ein ungeklärter Status vor? Auf dem Blatt sind Sie zwar Chef, doch prozentual gehört Ihnen ein erheblich geringerer Anteil an der Firma als Ihrem Gegenüber. Sie sollen aber gleichberechtigt zusammenarbeiten und die gleiche Verantwortung tragen. In diesem Fall liegt ein Statusproblem vor. Sie sind mit einem strukturellen Konflikt konfrontiert, der, je länger er bestehen bleibt, systemischer wird. Im Falle eines Konflikts in diesem Kontext könnte es im Laufe der Zeit zu Entmachtungsszenarien kommen. Steuern Sie hier mit Transparenz gegen. Was unterstützt Transparenz, ohne anzugreifen? Wo liegt die ausbalancierte Mitte Ihrer Zusammenarbeit?
  - Ist eine persönliche Differenz vorhanden, zum Beispiel ein „Sicherheitsmensch“ trifft auf einen „Risikomenschen“? Wenn ja, wie bringen Sie in diesem Fall Distanz in die Zusammenarbeit? Distanzieren Sie sich nicht, müssen Sie in Stresszeiten einen Anstieg des Stresslevels erwarten, bedingt durch die unterschiedliche Herangehensweise an wichtige Themen.
- Mit welchen Sachproblemen ist Ihre Zusammenarbeit belastet? Ein Beispiel: Sie verfügen über zu wenig räumlichen Platz, um alle kontroversen Persönlichkeiten auseinanderzusetzen. Was können Sie auf der Ebene der minimalen Veränderungen unternehmen, sofern Ihnen das Geld für größere Räumlichkeiten fehlt?
- Wie können Sie zwischenmenschliche Reibungspunkte vermeiden, ohne dass einer von Ihnen sein Verhalten ändern muss?

10.5 Die ersten Schritte zur Entstörung Ihres Konflikts

Wenn Sie einen Konflikt entschärfen wollen, integrieren Sie folgende systemische Gesetzmäßigkeiten und Erkenntnisse in Ihr Denken, die zur Natur von Konflikten gehören:

- Die eigene Betroffenheit macht jeden blind, unabhängig von Intelligenz, Rang und akademischem Grad. Persönliche Bewusstheit hilft, Ihr Betroffenheitsniveau zu senken.

- Betroffenheit schränkt die Souveränität des eigenen Handelns ein und unterdrückt eine rationale Herangehensweise.
- Störungen, die durch Konflikte verursacht werden, binden Kraft und mindern in jedem Fall die Performance des Geschäfts.
- Konflikte haben einen Zyklus von etwa sieben Wochen. Nach dieser Zeit bauen sich nicht entschärfte Konflikte erneut auf, meist in einem neuen Gewand. Sie werden indirekter, der Störungsgrund ist schwerer sichtbar.
- Störungen weichen nie von alleine. Man muss sie entstören, damit sie aus einem unternehmerischen System verschwinden.
- Holen Sie sich das Einverständnis aller Beteiligten. Beginnen Sie mit den Entstörungsarbeiten aber auch dann, wenn nicht jeder mitmacht.
- Verurteilungen anderer sind tabu, da diese Ihr Umfeld ermutigen, ebenfalls zu urteilen. Das fördert den Kampf, nicht seine Klärung.
- Bleiben Sie bei der Klärung auf Ihrer personellen Ebene. Sind Sie Verantwortungsträger und haben einen Konflikt mit Ihrem Geschäftspartner, klären Sie den Konflikt ausschließlich auf dieser Ebene. Veranlassen Sie die Klärungsmaßnahme selbst, nicht einer Ihrer Mitarbeiter. Auch die Klärung von Mitarbeiterkonflikten untereinander sollte in jedem Fall von einer übergeordneten Leitung ausgehen und organisiert werden.
- Beziffern Sie die im Abschwung befindliche Performance Ihres Unternehmens in Euro, damit die ökonomische und rationale Ebene integriert ist. Aus systemischer Sicht geht es um den Erhalt der Firma und weniger um den zwischenmenschlichen Konflikt. Das erklärt sich aus dem Erhaltungsprinzip von Systemen: Die Firma ist den einzelnen Personen übergeordnet, weil sie der Versorger aller Personen in ihr ist.
- Sehen Sie Konflikte immer als Produzenten von Störungen an. Bei der Entstörung arbeiten Sie also stets mit den Folgen nicht aufgeräumter Konflikte.

Diese Gesetzmäßigkeiten zeigen Ihnen, wie ein Konflikt funktioniert und was getan werden muss, um in die Richtung einer Klärung zu gehen. Außerdem erkennen Sie, je länger ein Konflikt wirkt, umso mehr Eigendynamik oder Eigenleben entwickelt er.

Ähnlich wie bei der körperlichen Gesundheit sorgt Prävention für eine verbesserte Ausgangsposition. Entstörende Maßnahmen etablieren nach und nach einen störungsarmen Umgang miteinander. Durch die gemeinsame Beschäftigung mit den Maßstäben einer „gesunden" Organisationsentwicklung entwickeln Sie sich zu einem positiven und förderlichen Unternehmen. Ihre individuelle Situation entscheidet, in welche der drei Entstörungsphasen Sie einsteigen. Jede Phase schafft Bewusstheit, was den besten Schutz gegen die Entstehung neuer Konflikte darstellt, und entemotionalisiert derzeitig vorhandene Konflikte.

1. Phase 1 – Akutmaßnahmen:

   Fragen Sie sich: „Was muss im Sinne der Entstörung sofort getan werden?“ Leiten Sie Akutmaßnahmen ein, die zu einer sofortigen Entspannung der innerbetrieblichen Atmosphäre führen. Diese Phase der Entstörung kümmert sich um eskalierte Störungen und stoppt deren Wirkung unmittelbar. Außerdem setzt sie die Umorientierung Ihrer Umgebung in eine positive Richtung in Gang.

2. Phase 2 – emotionale Intelligenz:

   Arbeiten Sie im Falle einer Neugründung oder im Rahmen eines Change-Management-Prozesses an Ihrer gemeinsamen emotionalen Intelligenz. Das verhindert das Entstehen späterer Störungen. Wenden Sie sich Ihrer Persönlichkeitsentwicklung zu, damit sich Ihr Blickwinkel erweitert. Sollten Sie einer Doppelspitze oder einer Führungsgemeinschaft angehören, freuen Sie sich über Mitstreiter, die sich gemeinsam mit Ihnen entwickeln wollen. Erzwingen sollten Sie dabei nichts, denn die Arbeit am persönlichen Leadership ist Einstellungssache und zeigt eine gewisse Entwicklungsstufe an. Die Phase 2 dient der Prävention, zur Bewältigung akuter Konflikte ist sie nicht geeignet.

3. Phase 3 – Konfliktbewältigungsplan:

   Erstellen Sie gemeinsam einen Konfliktbewältigungsplan, der im Falle eines Konflikts zur Anwendung kommt. Beschreiben Sie Störfaktoren, mögliche Ursachen, Indikatoren und Maßnahmen. Schaffen Sie sich eine gegenseitige Verpflichtung zur Einhaltung des gemeinsamen Plans. Konflikte verschieben Ihren Fokus auf die Zerstörung. Haben Sie sich vorher nicht verpflichtet, sinkt die Wahrscheinlichkeit der Durchführung Ihres Plans.

10.6 Phase 1 – Akutmaßnahmen

10.6.1 Positive Informationen im Umfeld stärken

Bevor Sie eine Systematik erschaffen, die zukünftige Konflikte unmöglich macht, entstören Sie die Jetztsituation. Dabei gehen Sie direkt, klar und unmissverständlich vor. Derjenige, der den Konflikt beenden will, sollte das Ruder in die Hand nehmen. Beginnt eine Person, ihre Haltung zu ändern, reagiert das gesamte unternehmerische System – unabhängig davon, wie groß es ist. Stellen Sie sich ein System als eine Ansammlung von Informationen vor. Konflikte schaffen auf Dauer eine Zunahme negativer Informationen. Für welches System soll das gut sein? Entsprechend dem Resonanzprinzip ziehen Negativinformationen immer mehr Negativinformationen an. Ihre Entscheidung ermöglicht es, den Beginn für ein Gegengewicht zu schaffen. Verpflichten Sie sich mit Ihrer Entscheidung, den positiven

Informationen in Ihrer Umgebung Kraft zu verleihen. Ihre Entscheidung führt dazu, dass sich nun immer mehr positive Informationen ansammeln, die ihre Anhänger finden. Auf Dauer bekommen Sie auf diese sanfte Art geschädigte Systeme wieder in die Balance. Es dauert, aber es funktioniert.

Die positiven Informationen kommen allerdings erst dann an, wenn Ihre Haltung unmissverständlich und deutlich alle Negativinformationen abgrenzt und so entkräftet. Sie erkennen Negativinformationen daran, dass sie in irgendeiner Weise Schaden anrichten und negative Konsequenzen nach sich ziehen. Hier gibt es leider keine Grauzone. Hier gilt ein klares „entweder – oder". Der Grund dafür liegt in der Beschaffenheit von Systemen. Sie brauchen eine klare Haltung, um sich zu verändern. Diejenigen, die schon zu tief auf der Negativseite stehen, werden Sie nicht verstehen. Sie werden Sie angreifen, abwehren oder für „verrückt" erklären. Um diesen Effekt besser nachvollziehen zu können, erinnern Sie sich einmal an jemanden, der gerade mitten in der Wut steckt. Liebevolles Handeln kommt bei dieser Person nicht an, da die gesamte Aufmerksamkeit der Wut gilt. Der Wütende wehrt alle Annäherungen ab. Akzeptieren Sie diesen Umstand und bleiben Sie Ihrer Entscheidung treu.

> Eine klare Kommunikation sollten Sie nicht mit einer autoritären Kommunikationsform verwechseln. Ihre Klarheit gilt der Entscheidung, Konflikte nicht als Normalzustand zu akzeptieren.

10.6.2 Entstörende Regeln etablieren

Bei der Entstörung von Systemen gibt es ein hauptsächliches Prinzip zu beachten:

Insbesondere zwischenmenschlich stattfindender, emotionaler Stress verschlingt Informationen. Zahlreiche Botschaften kommen nicht richtig an. Was ankommt, ist eine verzerrte Information. Der Verzerrer ist die persönliche Emotion. Diese Emotion ist durch eigene Erlebnisse gewachsen, angereichert durch nicht Verarbeitetes der Eltern und Hauptbezugspersonen. Deshalb ist es zwecklos, innerhalb von Verzerrungen um die Wahrheit zu ringen.

Da Konfliktsituationen purer Stress sind, braucht es Regeln, die im Vorfeld eines Konflikts festgesetzt werden. Neigen Sie dazu, impulsiv zu reagieren, sobald der Druck zu groß wird, hilft Ihnen folgende Regel:

Regel 1

Selbst in akuten Streitszenarien und angespannten Situationen gibt es Momente der Übereinstimmung. Achten Sie beim nächsten Konflikt auf Entspannungssignale, wie etwa gemeinsames Nicken, und halten dort für einen Moment inne. Das unterbricht die Eskalation. Erwarten Sie nichts von Ihrem Gegenüber, tun Sie es selbst.

Diese Regel ist zwecklos, sofern Ihr Störungslevel die persönliche Beziehung zueinander bereits in eine Hassbeziehung verwandelt hat. Sie hilft aber, wenn sich die Störung lediglich in Stresssituationen entlädt.

Regel 2

Erinnern Sie sich an die positiven Aspekte der Zusammenarbeit und bitten Sie um Verständnis, wenn Sie einen schwierigen Inhalt aufbringen und damit die Atmosphäre stören. Finden Sie die richtigen Worte, je knapper desto besser, und bleiben Sie dem Sachverhalt treu.

Diese Regel scheint auf den ersten Blick überzogen zu sein, auf den zweiten Blick offenbart sie eine zwischenmenschliche Weisheit. Diese Weisheit erzählt von der Verantwortung eines jeden. Für jede Information, die Sie von sich geben, tragen Sie die Verantwortung. Jede Information beeinflusst Ihr Umfeld in irgendeine Richtung. Beeinflussen Sie Ihre Umgebung in einer förderlichen Weise, ganz und gar unabhängig davon, ob es die anderen auch tun. Bleiben Sie sich und Ihrer Entscheidung treu, mit Ihrem Tun Ihr Umfeld zu stärken, anstatt es zu schwächen.

Regel 3

Um Ihre Konfliktfähigkeit in Stressmomenten zu behalten, erarbeiten Sie eine Konfliktkultur. Diese Konfliktkultur gilt für alle Mitarbeiter. Vereinheitlichen Sie Ihren Umgang mit Konflikten nach einem möglichst simplen Modell.

Vorabregelungen bezüglich des Konfliktumgangs dienen der Distanzierung, die dann einsetzen muss, wenn Sie bemerken, dass Sie in einen Konflikt hineingeraten. Eine denkbar einfache, aber wirksame Vorabregel lautet: In diesem Unternehmen wird nicht gestritten, denn Konflikte führen in die Eskalation statt zu einer Lösung. Sollte es einen zu klärenden Faktor geben, lösen Sie diesen sachlich.

Der klare Ausschluss von Konflikten kann zu einer Gegenreaktion führen. Jede Gegenreaktion erhält von Ihnen eine sachliche Information, weshalb es förderlicher ist, Konflikte erst gar nicht zu beginnen. Personen, die es nicht schaffen, sich mit dieser Regel anzufreunden, sind entweder schon in einem Konflikt oder innerhalb einer Konfliktschleife gefangen. Manche Rollenbilder im Unbewussten können ebenfalls einen Einstieg in diese Regelung verhindern. Ein aktivierter Aggressor, gepaart mit der Rolle des Gepeinigten, tut sich mit dieser Regelung schwer. Die meisten Personen können sich aber gut auf diese Regelung einlassen. Diejenigen, die es nicht können, führen Sie. Führung meint in diesem Fall, dass Sie fortwährend sachlich und freundlich bleiben. Sie gehen nicht auf die Angriffe ein. Damit erhöht sich der Druck auf der Seite des Gegenübers. So ermöglichen Sie Ihrem Gegenüber den Übergang auf die förderliche Seite, die Seite der Kommunikation und Sachlichkeit. Klappt der Wechsel nicht, distanziert sich Ihr Gegenüber. Für das unternehmerische System ist dieser Prozess notwendig und förderlich. Er ermöglicht eine klare Trennung zwischen der förderlichen und der unproduktiven Seite innerhalb Ihres Unternehmens. Das ist eine Voraussetzung für die „Genesung“ des Systems.

10.6.3 Konfliktphasen erkennen und handeln

Konfliktschleifen sind Wiederholungen, die von einem Grundkonflikt ausgehen. Konflikte haben Zyklen. In der Praxis hat sich gezeigt, dass ein Konflikt circa sieben Wochen durch verschiedene Phasen geht. Um Konfliktschleifen ausmachen zu können, ist es erforderlich, diese Phasen in etwa erkennen zu können.

1. Konfliktphase: Schwelender Konflikt. Diese Phase ist nach außen nicht klar erkennbar. Die Körpersignale der Beteiligten zeigen an, dass ein Konflikt schwelt. Die Kommunikation verlässt die Sachebene.
2. Konfliktphase: Kommunikative Ausrutscher sind an der Tagesordnung. Spitzen gegen den jeweils anderen können nur schwer oder gar nicht mehr zurückgehalten werden.
3. Konfliktphase: Aktiver Konflikt mit allen Eskalationsmöglichkeiten.
4. Konfliktphase: Klärung. Wenn nicht geklärt wird, begibt sich der Konflikt in die erste Schleife. Es geht immer noch um das gleiche „Problem“, nur sind mittlerweile Allianzen am Werk, die dem Konflikt neue Informationen liefern.
5. Konfliktphase: Die Informationsdichte nimmt zu. Die Aggressivität ebenso, auch wenn sie indirekt gelebt wird.
6. Konfliktphase: Wird der Konflikt immer noch nicht geklärt, weitet sich der Konflikt aus. Die Zahl der Beteiligten nimmt zu. Gruppenbildungen unter der Mitarbeiterschaft sind deutlich erkennbar.
7. Konfliktphase: Je mehr Beteiligte es gibt, desto mehr Informationen kommen hinzu und verwässern den Grundkonflikt. Mittlerweile sind Schäden entstanden, die den unternehmerischen Prozess beeinflussen, wodurch der Konflikt kompakter wird. Jedes einzelne Thema bildet eine Konfliktschleife aus. Stellen Sie sich den Grundkonflikt in einer Mitte vor, von der lauter Schleifen ausgehen.
8. Konfliktphase: Ist nach sieben Wochen keine Klärung eingetreten, dringt der Konflikt in das vorliegende System ein. Er ist nun Teil des Systems und nicht mehr als eigenständig zu betrachten. Hier baut sich der Konflikt in jeder Konfliktschleife neu auf und wird manifester.

Die Phasen können in der Reihenfolge variieren. Mit einem etwas geschulten Auge, erkennen Sie die Phasen anhand ihrer Unterschiedlichkeit. Verändert sich die Stimmung, hat ein Phasenwechsel stattgefunden.

Nach etwa sieben Wochen beginnt ein neuer Zyklus. Alles beginnt wieder von vorne, nur dass nicht nur ein Konflikt vorliegt, sondern etliche Konfliktschleifen mitlaufen. Dieser Prozess dauert an, bis die Störungen, die durch den Konflikt entstanden sind, entstört wurden. Aus diesem Grund ist eine Kultur ratsam, die Konflikte von Beginn an ausschließt.

So gehen Sie mit den Konfliktschleifen um:

- Sinn und Zweck der Identifizierung von Konfliktschleifen ist es, Handlungsfreiräume zurückzugewinnen. Konflikte engen diese zugunsten von affektgesteuerten Verhaltensweisen ein.
- Achten Sie auf Störungen, die nicht verschwinden, also immer wieder auftauchen. Hier finden Sie eine Konfliktschleife. Dazu grenzen Sie die Störung ein. Geben Sie ihr eine Überschrift. Bei spitzfindiger Kommunikation untereinander heißt die Störung „Spitzfindige Kommunikation". Bleibt aufgrund des Konflikts Arbeit liegen, heißt diese Störung „Produktivitätsverlust". Gibt es vereinzelt Bloßstellungen oder Verhaltensentgleisungen vor Kunden, nennen Sie die Störung „Rufschädigung". Nach diesem Muster benennen Sie nun jeden Störungsherd.
- Sofern Sie Teilbereiche eines Konflikts selbst entstören wollen, kümmern Sie sich nicht um den Konflikt. Im fortgeschrittenen Stadium ist er nicht mehr zu lösen. Zunächst müssen die Schäden, die er verursacht hat, in den Griff bekommen werden. Begegnen Sie den bereits ausgemachten Störungsherden. Jede dieser Störungen braucht eine konkrete Gegenmaßnahme. Der „spitzfindigen Kommunikation" begegnen Sie beispielsweise mit der Maßnahme, eine Verlangsamung der Kommunikationsabläufe durchzuführen. Geben Sie die Anweisung, die Kommunikation an dieser Stelle zu drosseln. Nur noch reine Sachargumente dürfen ausgetauscht werden. Halten Sie sich auch selbst an diese Vorgabe. Rationalisieren Sie die Begründung der Maßnahme, indem Sie darauf hinweisen, dass eine „spitzfindige Kommunikation" sich geschäftsschädigend auswirkt. Überwinden Sie das Gefühl, dass man solche Anweisungen mündigen Mitmenschen nicht geben darf. Konflikte machen blind, insbesondere für Schäden, die das eigene Verhalten für die Firma mit sich bringt. Hier sind klare, eindämmende Maßnahmen vonnöten. Befinden Sie sich mit einem Kollegen im Konflikt, wenden Sie die Entstörungsmaßnahmen bei sich selbst an. Damit entziehen Sie sich dem Konfliktgeschehen.
- Arbeiten Sie sich von außen nach innen vor. Zuerst werden die Schnittstellen zu Ihren Kunden mit ersten Maßnahmen befriedet, dann erst wenden Sie sich dem internen Bereich zu.

- Distanzieren Sie sich fortwährend von Ihrer Betroffenheit, indem Sie aus der Warte Ihres Arbeitsgebiets schauen. Was ist nötig, damit die Arbeit wieder laufen kann? Diese Prämisse ist nun ihr roter Faden.

10.6.4 Beispiele für weitere Akutmaßnahmen

- Arbeiten Sie mit der eigenen Wut, indem Sie deren Führung übernehmen. Führen Sie Ihre Wut, indem Sie nicht in sie hineingehen und sich die Konsequenz vor Augen halten, wenn Sie es dennoch tun. Sollten Sie die Wut aktivieren, mischen sich die Inhalte Ihres persönlichen Prozesses mit dem Konflikt. Er wird unübersichtlich und äußerst anstrengend. Das gilt es zu vermeiden. In hocheskalierten Konflikten, die länger als sieben Wochen andauern, wird Ihnen die Führung Ihrer Wut höchstwahrscheinlich nicht mehr gelingen. In diesem Fall wurde die Wut zu häufig aktiviert. Sie sind in Ihren Kernprozess gerutscht. Hier hilft Ihnen eine einfühlsame Prozessbegleitung, die Wut zu deaktivieren, samt den Rollen, die bei Ihnen vorliegen.
- Stellen Sie eine unumstößliche Regel auf, die besagt, dass Ihr Konflikt nicht über die Mitarbeiter ausgetragen werden darf.
- Entemotionalisieren Sie alle Situationen, in denen Sie sich persönlich betroffen fühlen. Konzentrieren Sie sich auf die Aufrechterhaltung Ihrer Arbeitsfähigkeit und damit auch auf den Schutz Ihrer Gesundheit. Tun Sie alles Mögliche für Ihr Wohlbefinden.
- Etablieren Sie Entspannungssignale nach außen, wie etwa Pflanzen im Eingangsbereich oder kleine Aufmerksamkeiten für das Personal, und arbeiten Sie an einem neutralen Auftreten gegenüber Ihrem Konfliktpartner. Solche Signale gehen direkt ins Hirn und senden Entspannung. Das ist ein unbewusster Prozess, der dabei hilft, Systeme wieder in die Balance zu bringen.
- Sorgen Sie auch in Ihrem Arbeitszimmer und an Ihrem Arbeitsplatz für Entspannungssignale. Wenn Sie emotional angegriffen wurden, ziehen Sie sich für einen Moment zurück. Mit dieser Verhaltensweise verhindern Sie emotionale Reaktionen, die Sie im Endeffekt nur weiter in den Konflikt verstricken.
- Sobald Streit aufflammt, unterbrechen Sie die Unterhaltung mit dem Hinweis auf Klärung im dafür geschaffenen Rahmen. Bieten Sie Ihrem Gegenüber dafür einen zeitnahen Termin an. Auch hier gilt, Prävention ist besser als Nachsorge. Geben Sie Ihre Umgangsweise mit Konflikten bekannt, bevor der Konflikt eskaliert. „Sobald zwischen uns ein Konflikt entflammt, ziehe ich mich zurück. Da mir viel an der Fortsetzung unserer Arbeit liegt, bin ich sofort nach Beruhigung der Lage bereit, unsere sachliche Konversation fortzusetzen.“

Akutmaßnahmen schaffen sofortige Entspannung am Arbeitsplatz und wirken sich damit auch positiv auf das vegetative Nervensystem aus. Akutmaßnahmen etablieren dort deeskalierende Regeln, wo diese verloren gingen.

Zusammenfassung

Konflikte sind wegplanbar. Dazu analysieren Sie zu Beginn kräftezehrender und stressiger Projekte oder am Start einer neuen Zusammenarbeit Ihre Stärken und Ihre Schwachstellen. Legen Sie vor der Stressphase schriftlich fest, wie Sie mit diesen Umständen und schwierigen Sachverhalten umgehen. Eine besondere Aufmerksamkeit gilt dem gemeinsamen Erdenken Ihrer Akutmaßnahmen, die Sie sofort ergreifen, sofern ein Konflikt sichtbar wird. Beachten Sie hierbei drei Ebenen: Kreieren Sie Gegenmaßnahmen, die finanzielle Engpässe auffangen. Weitere Maßnahmen fangen Ihre zwischenmenschliche Beziehung auf, indem Sie für Distanzierungsmöglichkeiten sorgen, die eine Zusammenarbeit im Falle eines Konflikts aufrechterhalten. Die dritte Ebene der Akutmaßnahmen erschafft durch Regeln den Schutz für die Gesundheit und die Außenwirkung des Unternehmens. Diese Ebene hilft, Konfliktschleifen zu entfernen, denn ab der vierten Woche ist ein Konflikt richtig spürbar, ab der siebten Woche verfestigt er sich. Nach der siebten Woche wiederholt sich dieser. Durch das Kennenlernen der acht Konfliktphasen können Sie Konfliktschleifen problemlos erkennen und stoppen.

10.7 Phase 2 – emotionale Intelligenz

Emotionale Intelligenz zu besitzen heißt auch, Verantwortung für die Wirkung eigener Emotionen zu übernehmen. Bewusstwerdungsprozesse arbeiten an der emotionalen Intelligenz und öffnen dem Verstand die Informationen, die Ihnen Ihre körperliche Ebene zur Verfügung stellt. Gerade zwischenmenschliche Konflikte werden über die Signalebene transportiert. Der gesamte Körper reagiert auf Störungen. Oft steht das, was Ihr Körper zeigt, im Gegensatz zu dem, was Ihre Gedanken zur Situation aussprechen. Gedanken, unbewusste Rollen und auch Veränderungen im unternehmerischen Entwicklungsverlauf stellen sich über die Körpersignalebene eines jeden Menschen dar. Der Bewusstwerdungsprozess arbeitet daran, dass Sie diese Signale nicht nur erkennen, sondern auch deuten können. Mit der vorbehaltlosen Deutung haben Sie ein Steuerungsinstrument in der Hand, das ehrlicher nicht sein könnte. Körpersignale lügen nie. Sie zeigen immer die gegenwärtige Situation auf. Sie spiegeln die Realität wider. Erkennen Sie die Störung auf der Signalebene des Gegenübers, können Sie die Störung zeitig aufgreifen und abschwächen. Das gilt für Sie selbst ebenso wie für den Kollegen, mit dem Sie vertrauensvoll zusammenarbeiten müssen, weil Ihre Arbeit es Ihnen abverlangt. Geschäftliche Kooperationen, die unter Druck stehen, sind auf diese Verantwortungsübernahme über emotional schlecht lenkbare Handlungen angewiesen, da dadurch Willkür vermieden wird, die mit eskalierten Situationen zusammenhängt.

In hohen verantwortlichen Positionen ist ein störungsfreies Arbeiten unabdingbar. Unter Verantwortungsträgern, die eng zusammenarbeiten, ist es sinnvoll, sich auf einen gemeinsamen Prozess einzulassen, der an der emotionalen Intelligenz arbeitet und die Wahrnehmungsfähigkeit erweitert. Jedes Unternehmen kann auf dieser Basis harmonischer geführt werden. Die Distanz zueinander kann einfacher gehalten werden, auch wenn der gemeinsame Prozess die Verantwortungsträger näher zusammenbringt. Das Verständnis gegenüber den Abläufen und Verhaltensweisen des Gegenübers steigt. Mit einem fortgeschrittenen Prozess erkennen Sie zunehmend, dass auch unternehmerische Systeme über eine gesonderte Signalebene verfügen. Schlingern Unternehmen in eine Krise hinein, wird das schon lange im Vorfeld signalisiert. Sensible Mitarbeiter und Kollegen schnappen diese Information frühzeitig auf, auch wenn niemand darüber spricht. Die Atmosphäre im Unternehmen transportiert die krisenhaften Informationen.

Die emotionale Intelligenz zu erweitern, bedeutet:

- Rational werden zu können, auch wenn Sie innerlich kochen.
- Das übergeordnete Ziel wieder zu sehen, auch wenn Ihr Gegenüber sich danebenbenimmt.
- Eine Steuerung zu erhalten, sollten Sie in einen persönlichen Prozess hineingeraten, der Ihre Wahrnehmung verzerrt.
- Gemeinsam zu funktionieren, unabhängig von Ereignissen.
- Geschäftliche Entscheidungen unabhängig von der eigenen Emotion und abhängig vom Nutzen für das Unternehmen treffen zu können.
- Eigene Gefühle lenken zu können, ohne dabei krank zu werden.
- Eine Wahrnehmung zu entwickeln, die geschäftsschädigende Störungen schon vor ihrer flächendeckenden Entwicklung bemerkt.
- Ein Auge für den richtigen Zeitpunkt und den passenden Moment zu entwickeln.
- Signale nicht nur zu erkennen, sondern auch deuten zu können.
- Körperliches Wohlbefinden immer im „Blick“ zu behalten.

Zusammenfassung

Je mehr Aufmerksamkeit Sie der emotionalen Intelligenz widmen, desto reibungsloser wird Ihre Beziehung zum Kollegen. Die Entwicklung Ihrer emotionalen Intelligenz entemotionalisiert Kommunikationsabläufe. Das passiert durch die Bewusstwerdung aller Zusammenhänge. Sie können ungestört Ihre Geschäfte führen und Krisen im Vorfeld wahrnehmen. Sie übernehmen die Führung starker Emotionen und gewinnen Abstand zum Konflikteinstieg. Neben dem Gefühlsmanagement entwickeln Sie einen hohen Grad einer Sozial- sowie Systemkompetenz. Sie lernen, wie Sie mit unveränderlichen und für Sie unangenehmen Dingen umgehen können. Sie bauen sich einen Rahmen, der die Willkür, die von tief liegenden Programmen im beruflichen Umfeld ausgeht, auffängt. Sie entwickeln einen Blick dafür, welche Maßnahmen Zusammenarbeit entemotionalisieren.

10.8 Phase 3 – Konfliktbewältigungsplan

Die Erstellung eines **Konfliktbewältigungsplans** strukturiert den Konflikt in die Richtung seiner Entledigung. Er berücksichtigt neben ökonomischen auch zwischenmenschliche Faktoren und lenkt Ihre Gedanken in Richtung einer Lösung. Er veranschaulicht das vorhandene Störungsbild. Halten Sie den Plan so einfach und übersichtlich wie möglich. Seine Einfachheit führt Sie sicherer in die Lösung!

Setzen Sie sich mit Ihren Kollegen zusammen, und zwar außerhalb Ihrer Firma. Der Ort sollte so gewählt sein, dass Sie dort ungestört zusammenarbeiten können und sich wohlfühlen. Versorgen Sie sich mit ausreichend Verpflegung, damit Sie den Prozess nicht unterbrechen müssen.

Wollen Sie die Konfliktentstörung in Ihr unternehmerisches Tun integrieren, bietet es sich an, den Konfliktbewältigungsplan als Strukturhilfe anzuwenden. Die Durchführung des Plans sollten Sie auf etwa sieben Wochen verteilen, da diese Zeitspanne dem Zyklus von Konflikten entspricht.

10.8.1 Die Federführung

Legen Sie fest, wer federführend ist und für die Durchführung und Einhaltung des Plans sorgt. Sind Sie auf einer Hierarchieebene, wählen Sie die Person aus, die die größte Balancekonfiguration besitzt, also ausgleichend und harmonisierend wirkt.

10.8.2 Die Störungsanalyse

Nehmen Sie sich zuerst die Störung vor, die Ihr Unternehmen am meisten beeinträchtigt oder beeinträchtigen könnte. Das ist Ihre Störung Nummer 1. Dann listen Sie fortfolgend die weiteren Störungen auf.

Beschreiben Sie kurz die Störung. Drücken Sie sich dabei einfach aus.

Störung 1: Gespannte Atmosphäre zwischen Frau X und Herrn Y.

Störung 2: Ausbleibende Aufträge.

Störung 3: Mehr Arbeit, als zu bewerkstelligen ist. Dadurch gereizte Stimmung.

...

10.8.3 Maßnahmen zur Entstörung

In dieser Phase bestimmen Sie auch, was Sie intern bewältigen wollen und wo Sie externe Unterstützung in Anspruch nehmen werden.

Störung 1: Externe Hilfe.

Störung 2: Fokussierung der Geschäftsbereiche, Neupositionierung von Herrn L., da er dem Druck auf seinem derzeitigen Posten nicht gewachsen ist.

Störung 3: Entstressen des Unternehmens. Burn-out-Faktoren aus dem unternehmerischen System entfernen. Interne und externe Hilfe.

...

10.8.4 Gewünschter Zustand bei Konfliktende

Störung 1: Gute Atmosphäre.

Störung 2: Auftragsauslastung stimmt.

Störung 3: Fokussierung auf die Arbeit funktioniert wieder, ohne das Gefühl zu haben, unter der Last zusammenzubrechen oder sie nicht bewältigen zu können.

...

10.8.5 Dauer der Maßnahmen

Störung 1: Zwei Monate.

Störung 2: Drei Monate.

Störung 3: Sechs Monate.

...

Burn-out-Strukturen aus einer Firma zu entfernen, ist eine komplexe Aufgabe. Hier bedarf es einer externen Hilfe, die gezielt an die Störungen herangeht und die Muster, die zur Überhitzung des Systems führen, sanft entfernt. Für all diejenigen, die das Phänomen Burn-out nicht so recht greifen können, da der Begriff in der Presse überstrapaziert wurde: Ein Burn-out zeigt den Verlust der Regenerationsfähigkeit an. Schafft es eine Person nicht mehr, sich auszuruhen, ist sie im Vollbild des Burn-outs. Was Schlafentzug mit Menschen anstellen kann, können Sie sich vielleicht vorstellen. Der Betroffene erscheint überreizt und kann sich persönlich nicht mehr ausbalancieren. Sein Arbeitsumfeld leidet mit und verliert ebenso einen Großteil seiner Leistungsfähigkeit. Der Stresspegel steigt und verursacht negative Folgen.

10.8.6 Gemeinsame Idealvorstellung einer geschäftsförderlichen Arbeitsbeziehung

Um zu wissen, wohin Ihre Konfliktbewältigung langfristig führen soll, brauchen Sie eine Idealvorstellung. Stecken Sie hierbei Ihre Ziele hoch. Formulieren Sie Ihre gemeinsame Vorstellung in Stichpunkten. Helfen können Ihnen dabei Markierungspunkte. Wie soll Ihre Firma idealerweise in fünf, in zehn und in 15 Jahren aussehen? Visualisieren Sie sich diese Entwicklungspläne, zum Beispiel in Form eines Pfeils, der nach oben zeigt. Seitlich zum Pfeil zeigen Sie, welche Ziele Sie im ersten, im zweiten, im dritten Jahr und so weiter erreicht haben wollen. Dieser Plan sollte an einem repräsentativen Ort Ihres Büros aufgehangen sein. Er inspiriert Sie, den geschäftlichen Zielen zu folgen und nicht einer Störung.

Die Analyse können Sie vertiefen: Sollten Sie einen Überblick über die Entwicklung der Störungen haben wollen, sammeln Sie Daten über den derzeitigen und den erwünschten Zustand Ihrer Arbeitsbeziehung. Dieser Schritt ist für die akute Entstörung nur bedingt notwendig. Achten Sie auch hier auf eine simple Darstellung, denn Konflikte rauben Ihnen Zeit, die Sie nicht haben. Deswegen sollte eine Entstörung übersichtlich strukturiert sein. Dokumentieren Sie bei Bedarf ab der dritten Woche (Tabelle 10.1), denn ab diesem Zeitpunkt sind die ersten Erfolge schon messbar. Zur Woche können Sie auch das aktuelle Datum hinzufügen.

Tabelle 10.1 Beispiel für die Dokumentation einer Entstörung

Datum	Ist-Zustand	Zielzustand	Entwicklung	Korrektivmaßnahme
Woche 3	Hohe Anspannung	Gesunde Partner, entspannte Atmosphäre	Stagnierend	Entspannungssignale verstärken
Woche 4	Atmosphäre leicht verbessert	Gesunde Partner, entspannte Atmosphäre	Leichte Verbesserung	Positive Anerkennung stärken
Woche 5	Gute Laune	Positiv	Gut	Momentan nicht nötig

Durch die Nebeneinanderstellung aller Daten erreichen Sie eine sichtbare Messbarkeit Ihrer entstörenden Maßnahmen. Sie erhalten einen Gesamtüberblick und sehen, ob Ihre Maßnahme greift oder ob eine Nachjustierung stattfinden sollte.

10.8.7 Erprobungs- und Testphase

Verteilen Sie die selbst durchgeführte Teilentstörung auf sieben Wochen. Ab der fünften Woche setzt dann Ihre Erprobungs- und Testphase ein. In dieser Phase analysieren Sie, was sich verbessert hat und was nicht.

- Läuft es gut?
- Welche Regeln könnten zusätzlich deeskalieren?
- Welche Konfliktschleifen gibt es noch?
- Wo wiederholt sich der Konflikt?
- Was hat sich verändert? Positiv sowie negativ?
- Welche weiteren Maßnahmen könnten erfolgreich sein?
- Was fehlt noch bis zur Erreichung des Idealzustands?
- Welche Maßnahmen führen Sie zur Erreichung Ihres Zielzustands?
- Wie wollen Sie Ihren gemeinsamen Erfolg feiern?

Ist eine Wiederholung der Etappe notwendig, beginnen Sie erneut mit Punkt 1 (Federführung). Doch diesmal wird es reibungsloser funktionieren, schließlich kennen Sie das Prinzip einer selbst durchgeführten Entstörung schon.

Tipp

Schreiben Sie eine Woche lang Ihre Ideen stichpunktartig auf und setzen Sie diese Veränderungen in der siebten Woche um.

Sollten Störungsherde hartnäckig weiter bestehen bleiben, holen Sie sich eine kompetente Unterstützung ins Haus, noch bevor die sieben Wochen des Zyklus abgelaufen sind.

Zusammenfassung

Ein Konfliktbewältigungsplan gibt Ihnen eine Struktur vor und verleiht Ihnen einen Überblick über alle entscheidenden Konflikte und die Machbarkeit der Lösung. Sie sehen, welche Ihrer Handlungen Priorität besitzen sollten und wohin die Bearbeitung der Konflikte führen soll. Je einfacher er gestaltet ist, desto wirksamer können Sie ihn im Alltag anwenden.

11

23 Regeln für eine erfolgreiche und förderliche geschäftliche Beziehung

Mit den folgenden Tipps können Sie Ihre Arbeitsbeziehungen verträglicher gestalten. Folgen Sie den Tipps, die Sie am meisten berühren. Jeder Tipp wird durch eine Regel abgerundet, die in Ihr Arbeitsleben integriert werden kann. Viel Spaß beim Anwenden!

1. Ungenutzte Ressourcen finden

Wenn Sie gesondert auf Ihre eigenen Kompetenzen schauen, fallen Ihnen dann ungenutzte Kompetenzen auf? Inwiefern können Sie diese zu einem gegenseitigen Nutzen einsetzen? Setzen Sie diese dort ein, wo die Schwäche des anderen liegt.

Vernetzen Sie Ihre Stärken dort, wo der andere „schwach" ist. Finden Sie Ihre größte Stärke heraus. Dort, wo sich alle Stärken verbinden lassen, liegt Ihr Spezialgebiet. Mittelmäßigkeit ist hier nicht gefragt.

2. Geschäft und Beziehung separat behandeln

Wenn Sie geschäftlich zusammenarbeiten, können Sie auch privat gemeinsam etwas unternehmen, je nach Sympathie. Doch wenn Sie das tun, dann beachten Sie Folgendes:

Trennen Sie Ihre Privathandlungen weitgehend von geschäftlichen Handlungen. Im Business geht es rein um das Geschäft, und im Privaten steht das Private vorne. Vermischungen der beiden Bereiche sollten Sie meiden. Beide Handlungen brauchen ihre Zeit und ihren Ort. Das gilt insbesondere für Beziehungen, die im Privaten wie im Geschäftlichen geführt werden.

3. Machtverhältnisse regeln und Loyalität leben

Bei einer funktionstüchtigen Zusammenarbeit sind die Machtverhältnisse ausgewogen. Je mehr die Macht dem Nutzen aller dient, desto weniger Probleme löst sie aus.

In einer Kooperation mit gleichrangigen Partnern an der Spitze trifft jeder dort die Entscheidungen, wo er die größere Kompetenz und Erfahrung besitzt. Dies ist ein Gewinn für alle. Drei Partner stehen somit für drei Entscheidungsträger in unterschiedlichen Bereichen. An diese Zuständigkeiten wird nicht mehr gerührt. Jeder Partner ist dem Amt des anderen gegenüber loyal und wirbt für dieses, als wäre es sein eigenes.

4. Klärung statt Konflikt

Klären Sie die Sachverhalte und nicht den Konflikt. Klärungen sind notwendig, um Dinge am Laufen zu halten. Aber auch Klärungen brauchen einen Rahmen. Klären Sie nach festen Regeln und Zeiten. Ihre Klärung braucht ein Zeitfenster, Ihre Arbeit auch. Klärungen können „süchtig machen". Lassen Sie deshalb die Klärung nach den Treffen ruhen. Achten Sie nach jeder Klärung darauf, dass Sie wieder in ein Nebeneinander kommen. Fördern und unterstützen Sie Ihre Kollegen auf der fachlichen Ebene, auch wenn Sie zwischenmenschlich mit diesen nicht übereinstimmen.

Machen Sie feste Termine für Diskussionen und Klärungsbedarf aus. Diese können in verschiedenen Rhythmen stattfinden. Wichtig ist, dass sie eingehalten werden und nie ausfallen.

Hier geht es, neben fachlichen Differenzen, auch um Ihr Wohlbefinden. Sprechen Sie an, was Sie stört. Beschränken Sie sich dabei auf die Ebene der Konsequenzen, die dabei für Sie entstehen. Werden Sie nicht persönlich und bleiben Sie bei der Beschreibung der jeweiligen Konsequenz. Beschränken Sie diese Art von Gesprächen ausschließlich auf diesen Rahmen. Das gilt für jeden und hilft Ihnen, sich die übrige Zeit ungestört Ihrer Arbeit widmen zu können.

5. Mit den Eigenheiten des anderen umgehen

Behalten Sie immer im Hinterkopf: Sie werden den anderen nicht verändern können. Besitzt Ihr Gegenüber schwierige Verhaltensweisen, schauen Sie sich die Konsequenz für das Arbeitsgebiet an und kümmern sich ausschließlich um das Auffangen der Konsequenz dieser schwierigen Verhaltensweise. So schaffen Sie es, sich nicht in den Konflikt mit hineinziehen zu lassen und doch Ihr Anliegen zu äußern:

- Unterstützen Sie Ihren Kollegen, anstatt ihn zu kritisieren.
- Treten Sie einen Schritt zurück, wenn bei Ihnen das Gefühl, „genervt zu sein", auftritt.
- Sehen Sie dieses Gefühl als eine Information an, die Störung langsam zu verlassen.
- Gönnen Sie sich dann eine kleine Pause.

6. Bleiben Sie offen für Veränderungen

Mit Flexibilität auf Veränderungen zu reagieren heißt, zu überleben und im richtigen Moment Anpassungen vorzunehmen.

Scheuen Sie sich nicht, Ihr Unternehmen gemeinsam zu verändern, wenn der Markt dies verlangt. Tun Sie das nicht, zieht die wirtschaftliche Entwicklung an Ihnen vorbei.

Diesen Blick brauchen Sie nicht nur in Bezug auf wirtschaftliche Veränderungen in Ihrem Umfeld, sondern auch für Ihre interne Entwicklung. Jeder neue Partner oder Mitarbeiter bringt eine interne Veränderung mit sich und beeinflusst die Kommunikation. Ignorieren Sie permanent diese Veränderungen, überrascht Sie später die Entwicklung, die diese Neuerungen auslösen. Flexibel auf diese Veränderungen zu reagieren heißt, zu erkennen, welche Veränderungen stattfinden, um dann darauf angemessen zu reagieren.

7. Übernehmen Sie die Merkmale erfolgreicher Systeme

Genetische Informationen werden weitergegeben. Was die Evolution als Erfolgsfaktor bereithält, gilt auch für gute Zusammenarbeit.

Unternehmen, die gut funktionieren und dabei förderlich sind, tragen Erfolgsgaranten mit sich, die weder unterdrücken noch ausnützen. Das gilt für das Geschäftliche wie auch für den Umgang im Miteinander. Erfinden Sie das Rad nicht neu, sondern übernehmen Sie die Erfolgsgaranten gut laufender Unternehmen und übertragen Sie diese auf Ihre Firma. Denken Sie in Erfolgsgemeinschaften, ohne einen idealistischen Hintergrund aufzubauen.

8. Verdrängung erkennen und sofort stoppen

Sind Machtverhältnisse nicht geklärt, kommt es zu Verdrängungskämpfen. Wo ein Verdrängungskampf stattfindet, herrscht Ungleichgewicht. Erkennen Sie Ihre unbewusste Beteiligung. Sind Sie der Verdrängte, liegt nicht nur im geschäftlichen Umfeld ein Ungleichgewicht vor, sondern auch bei Ihnen persönlich. Ein Ungleichgewicht ist das systemische Signal für eine vorliegende Schwächung. Wo eine Schwächung ist, sind Störungen vorhanden. Greifen Sie Ihr persönliches Ungleichgewicht auf. Werden Sie sich darüber bewusst, welche Ihrer alten, unbewussten Muster zum Missstand führen.

Achten Sie auf die Signale von Verdrängung innerhalb Ihrer Firma. Eine Verdrängung bedeutet einen Angriff auf die Existenz des Verdrängten. Sind Sie der Verdrängte, fragen Sie sich, was bei Ihnen persönlich im Ungleichgewicht ist. Tragen Sie nicht den Missstand mit, sondern treffen Sie die Entscheidung, was Sie als Erstes an sich selbst verändern. Machen Sie das unabhängig von Art und Weise und Inhalt des Verdrängungskampfes. Kümmern Sie sich ausschließlich um Ihre fehlende Balance. Schauen Sie auf die Vorgänge aus dem Blickwinkel dessen, dem Unrecht geschehen ist, geraten Sie in die Opferfalle und leiden unter dem, was Ihnen angetan wird. Ihre Aufmerksamkeit dafür stärkt das Opferdasein. Lenken Sie Ihre Aufmerksamkeit ins Positive, indem Sie auf sich schauen: Wie kommt es dazu, dass ich mich als Opfer sehe?

9. Ein gemeinsames Ideal zeigt Zugehörigkeit

Wenn Ihre Abteilung, Ihr Team oder Ihr Unternehmen weitgehend positiv funktioniert, stärken Sie ein ganzheitliches Idealbild, ohne zu idealisieren. Um perfekt gestalten zu können, brauchen Sie ein gemeinsames Ideal. Räumen Sie sich die Zeit für einen gemeinsamen Prozess ein, in dem Sie dieses Ideal vereinbaren. Eine Klausurtagung eignet sich hervorragend dafür. Lassen Sie diesen Prozess von einem Profi begleiten, der sich mit den symbiotischen Merkmalen einer Organisation auskennt. Der externe Blick bereichert Sie. Bedenken Sie, jeder Neuzugang verändert das Unternehmen. Integrieren Sie die Neuen.

Ideale können positiv sein, wenn sie die Realität nicht verzerren. Ideale sind Zugpferde, die die Richtung der Entwicklung vorgeben. Arbeiten Sie an einem gesunden, harmonischen und tatkräftigen Ideal, das alle verbindet. Füllen Sie Ihr Ideal mit einem Nutzen für alle. Als Verantwortungsträger schlüpfen Sie dafür in die Rolle des Alphas, das am besten weiß, was der Gemeinschaft den größten Nutzen bringt. Füllen Sie diese Prämisse mit Leben.

10. Wettkampfgeist zum gemeinsamen Gewinn nutzen

Treten Sie bewusst in einen positiven und sich gegenseitig anstachelnden Wettstreit. Machen Sie das jedoch nur, wenn Sie ein Wettkampftyp sind. Sie kämpfen mit Ihrem eigenen letzten guten Ergebnis. Übertrumpfen Sie sich in Sachen Leistung und Qualität. Seien Sie der Ansporn für eine gesunde Entwicklung nach vorne. Das Ergebnis dient dem Nutzen der Gemeinschaft.

Richten Sie alle Ihre Konfliktkräfte in Richtung Kräftemessen. Arbeiten Sie hier nach dem Motto „Besser, schneller, höher und gesund". Alles, was Sie mit dieser Strategie gewinnen, wird nachher geteilt. Geschieht dieser Wettstreit mit einem Gefühl von Spaß und Freude und ohne den Anspruch auf Belohnung, schenkt Ihnen die Organisation ganz von alleine Aufmerksamkeit und Achtung. Gesunde und funktionierende Organisationen belohnen instinktiv den Nutzenbringer. In gestörten Arbeitsumfeldern stellt sich dieser gesunde Effekt nicht ein. Dieses Prinzip funktioniert ausschließlich in positiv orientierten Unternehmen. In einem gestörten Arbeitsumfeld können Sie diese Regelung nicht anwenden.

11. Mit persönlichen Angriffen umgehen

Mit der persönlichen Betroffenheit umzugehen, die persönliche Angriffe nach sich ziehen, bis Sie den Grund der Betroffenheit in sich überwunden haben, stellt innerhalb von Arbeitsbeziehungen eine besondere Herausforderung dar. Arbeitsbeziehungen konfrontieren Sie im schlechtesten Fall mit Verhaltensnormen, die zur Unterdrückung von natürlichen Reaktionen verleiten. Die Persönlichkeitsentwicklung arbeitet an der Weiterentwicklung Ihrer Reaktion auf schädigende Einflüsse. Statt innerlich wund zu werden, greifen Sie zur Selbstveränderung. Sie verändern Ihre Reaktion und bleiben handlungsfähig. Das führt Sie zu einem natürlichen Selbstschutz.

Reagieren Sie auf Verletzungen, die unter die Gürtellinie gehen, so schnell wie möglich. Und zwar nicht mit Gegenwehr, sondern mit Distanz zum Angreifer.

12. Autonom handeln und klug vernetzen

Eine gesunde Zusammenarbeit braucht autonome Mitglieder, die wissen, was ihr Zuständigkeitsgebiet ist, und dort eigenständig arbeiten. Jeder für sich bringt seinen Bereich nach vorne und trägt dort auch die volle Verantwortung.

Arbeiten Sie an einer vernetzten Autonomie. Je autonomer die Arbeit dort funktioniert, desto größer ist der Gewinn für alle. Je besser Sie die Arbeitsbereiche miteinander verknüpfen, desto mehr können Sie gegenseitig voneinander profitieren. Erfolgreiche Systeme freuen sich über interne wie externe Kooperationen. Binden Sie Ihre Umgebung in Ihren Erfolg mit ein. Betreiben Sie ein erfolgreiches Geschäft, überlegen Sie, wie Ihre Nachbarn, der Umkreis um Sie herum, an Ihrem Erfolg partizipieren können. Lassen Sie sich nicht vom Günstigsten beliefern, sondern von Ihren Nachbarn.

13. Konflikte sind keine Kavaliersdelikte, sondern Chefsache

Gibt es innerhalb Ihres Verantwortungsgebiets Konflikte, die älter als vier Wochen sind, ernennen Sie diesen zur Chefsache. Das gilt für **alle** Konflikte im Bereich Ihres Verantwortungsgebietes, egal auf welcher Ebene – auch für Konflikte zwischen den Hierarchieebenen.

Für solche Konflikte haben Sie immer Zeit. Das ist Ihre Grundregel, an die Sie sich halten müssen! Nicht aufgegriffene Konflikte produzieren Störungen, und diese kontaminieren die geschäftliche Substanz. Konflikte werden von Ihnen nicht mehr ignoriert, sondern mit Maßnahmen beantwortet. Gehen Sie hierbei unpersönlich, aber freundlich und wertschätzend vor. Erklären Sie Konflikte niemals zum Kinderkram oder Kindergartentheater. Sehen Sie nicht die Personen als Störer, sondern die Dynamik, die dahintersteckt. Überlegen Sie, wie Sie diese Dynamik entkräften können.

14. Signale als Handlungsaufforderung ansehen

Beobachten Sie innerhalb Ihrer Mitarbeiter eine Häufung von körperlichen Signalen, dann sehen Sie dieses Phänomen als Handlungsaufforderung an. Die Signale verdichten sich zu Symptomen, je länger sie nicht aufgegriffen werden. Beobachten Sie, was die Atmosphäre Ihres Arbeitsplatzes über den Symptomträger aussagt. Wer oder was produziert die Signale? Wie gehen Sie darauf ein, ohne persönlich und angreifend zu werden?

Die Atmosphäre eines Betriebs ist wie die Haut eines Menschen. Ist die Atmosphäre „erkrankt“, dann behandeln Sie diese. Wenden Sie sich den Signalen zu, Ihren eigenen eingeschlossen. Kümmern Sie sich um die Krankmacher. Schaffen Sie Handlungen, die diese Missstände bereinigen. Dabei steht nicht die psychologische Betrachtung im Vordergrund, sondern die soziologische. Die Soziologie ist die Wissenschaft von den Voraussetzungen, Abläufen und Folgen des Zusammenwirkens, -lebens und -arbeitens von Menschen. Ist die Atmosphäre gut, geht es auch der Arbeitsgemeinschaft gut. Dieser Pragmatismus hilft Ihnen, eine Störung zu sehen und auszuschalten, ohne sich zu tief in sie hineinzubegeben.

15. Reaktionsrichtung verändern

„Verhindern Sie, dass die Störung Fahrrad fährt“: Oben wird getreten und unten dreht es sich weiter. Druck wird auf diese Weise ebenfalls gerne weitergegeben. Burn-out-Systeme zeugen eindrucksvoll davon. Herrscht im Unternehmen der Geist vor, wer nicht genügend Performance bringt, der muss gehen, kursiert diese Botschaft im ganzen Unternehmen und vergiftet die Atmosphäre. Die Botschaft wird von der Spitze gesendet und nach unten durchgereicht. Konfliktverschiebungen treten auf und verhindern, dass der Missstand aufgelöst wird. Autoritäre Verhaltensweisen werden mit dem Radfahrprinzip in andere Ebenen transportiert. Ein autoritärer Führungsstil verstärkt das Radfahrprinzip.

Sind Sie in der Rolle des Chefs oder der Chefin und beobachten das Radfahrprinzip in Ihrem Schaffenskreis, können Sie das Prinzip unterbrechen, indem Sie Ihre Reaktionsrichtung verändern. Werden Sie getreten, neutralisieren Sie den „Tritt“. Geben Sie ihn nicht weiter. Gewinnen Sie Zeit zwischen dem Tritt und Ihrer Reaktion. Befreien Sie sich von der Wirkung des Tritts. Distanzieren Sie sich davon. Die Distanz hilft Ihnen, den Tritt nicht zu verdrängen, aber auch nicht anzunehmen und vor allem nicht weiterzugeben.

16. Alles sehen

Erhöhte Anforderungen, die eigentlich nicht zu schaffen sind, sowie Arbeitsdruck und Anspannung lenken unseren Fokus auf die problembehafteten Dinge des alltäglichen Lebens. Wenn etwas glatt läuft, wird das in der Regel nicht einmal kommentiert. Dabei kommt das Positive zu kurz. Dieser Umstand schafft über kurz oder lang eine Basis für Störungen. Sie geraten immer tiefer hinein, wenn Ihre Aufmerksamkeit negativ gepolt bleibt. Am Schluss sehen Sie nur noch das, was nicht läuft.

Nehmen Sie alles um Sie herum wahr. Die Realität ist „Ihr Freund“. Üben Sie sich darin, die jeweilige Realität so genau wie möglich wahrzunehmen, und loben Sie sich für Dinge, die funktioniert haben.

17. Umgang mit der Kritik anderer

Wie gekonnt Ihr Umgang mit der Kritik anderer ist, entscheidet mit über die Störanfälligkeit Ihrer Arbeitsbeziehung.

Kritik, die geschäftliche Sachverhalte betrifft, ist jederzeit willkommen, solange sie konstruktiv ist. Konstruktiv bedeutet, dass in der Kritik ein Lösungsvorschlag integriert ist. Wenn Sie etwas fachlich kritisieren, dann überlegen Sie sich im Vorfeld Ihrer Kritik einen Lösungsvorschlag. Das lenkt die Aufmerksamkeit von der Kritik auf die Lösung des Problems.

Geht es um eine Kritik an einer persönlichen Verhaltensweise eines anderen, die das Geschäftliche beeinträchtigt, äußern Sie diese nicht. Hierbei ist es egal, ob Sie die Kritik indirekt oder direkt äußern wollen! Auch hier gilt folgende Erfolgsregel: Formulieren Sie ausschließlich die Konsequenz, die aus dem Verhalten entsteht, das Sie kritisieren. Damit bleiben Sie bei der Sache, um die es geschäftlich geht, und vermeiden, dass Sie persönlich werden! Persönlich gewordene Kritiken rauben Zeit, Geld und Kraft.

Werden Sie selbst persönlich kritisiert, versachlichen Sie die Kritik, anstatt auf den Angriff einzugehen.

18. Was ist das Ziel eines Sachkonflikts?

Wie alle zielführenden Handlungen sollte Ihr Konflikt auch ein Ziel haben. Sachkonflikte können, sofern Sie konstruktiv und sachlich ausgetragen werden, die Arbeit voranbringen, ohne zwischenmenschliche Störungen zu verursachen.

Lenken Sie jeden Konflikt auf die Sache, um die es geht. Fragen Sie nach dem Ziel des vorliegenden Konflikts sowie nach dem Wunsch aller Beteiligten, was sie sich vom Konflikt erhoffen. Damit hat Ihr Konflikt ein konstruktives Ziel. Finden Sie ein gemeinsames Ziel. Dann ist der Konsens schon im Konflikt mit eingeschlossen. „Für die gute Sache ‚zu streiten' ist in Ordnung, sofern der ‚Streit' nicht zum Machtkampf wird und ein Ende im Kompromiss findet."

19. Das Verhältnis Mann und Frau

Was Störungen betrifft, sind gemischtgeschlechtliche Arbeitsbeziehungen besonders störungsanfällig. Die weibliche Seite ist hier mehr belastet als die männliche. Je klarer Ihre Positionierung als Frau zu fachlichen Belangen ist, desto unumstrittener wird Ihr Stand im geschäftlichen Umfeld. Gehen Sie Ihren eigenen Weg, nimmt das Konfliktpotenzial ab. Eine Störungshäufung finden Sie zum Beispiel

- innerhalb der Machtthematik,
- der fehlenden Gleichberechtigung, aus Sicht der Frau,
- im Bereich der Sexualität – sofern Sie als Frau auf Ihr Äußeres reduziert werden,
- in nicht aufgearbeiteten, negativen zwischengeschlechtlichen Erfahrungen, die sich im Arbeitsleben übertragen, sowie
- im Themenkomplex Emotionalität versus Rationalität.

Auch wenn Ihr Unternehmen hier vorbildlich agiert, sind diese Themen aus der Warte der Prozessarbeit in Unternehmen störungsbelastet. Informationen von Gewalt und Unterdrückung, die in vergangenen Zeiten sehr häufig auftraten, brauchen erfahrungsgemäß viel Bewusstheit, um in den Hintergrund treten zu können. All diejenigen, deren Eltern noch den Krieg erlebt haben, sind stärker mit dem Themenbereich Mann und Frau konfrontiert als die nachfolgenden Generationen.

Das liegt am Gehalt der Gewaltinformationen, die im Geschlechterverhältnis vergangener Zeiten eingeschrieben sind.

Seien Sie bewusster. Lösen Sie sich von Vorurteilen wie zum Beispiel: Nur „männliche“ Frauen könnten beruflich Erfolg haben. Oder: Eine Frau wäre grundsätzlich benachteiligt. Denken Sie so, sitzen Sie schon in einer Denkfalle. Diese Annahmen beeinflussen Ihr Verhalten im Umgang mit solchen Situationen. Je älter Sie sind, desto feinfühliger sollte Ihr Umgang hiermit sein, da Sie mit mehr Gewaltinformationen belastet sind als nachfolgende Generationen. Arbeiten Sie mit Ihrer Enttäuschung, falls Sie in einer Ungerechtigkeitsfalle sitzen, in der ein Mann aufgrund seines Geschlechts bevorzugt wird. Enttäuschungen machen Ihre Gefühle sehr persönlich, und Sie beziehen Ungerechtigkeiten direkt auf sich, die im System verwurzelt sind und nichts mit Ihnen als Person zu tun haben. Je sachlicher Sie ein solches System betrachten, desto unabhängiger werden Sie in Ihrem Agieren. Kämpfen Sie nie einen Kampf, den Sie nicht gewinnen können. Dieser Kampf isoliert, macht krank und entfernt Sie von sich selbst. Mit Ihrem Kampf willigen Sie, so paradox das auch klingt, in die Ungerechtigkeit ein. Gehen Sie Ihren eigenen Weg. Bemessen Sie sachlich den Wert und den Nutzen Ihres Tuns für Ihr Unternehmen und stellen Sie diesbezüglich Ihre Gehaltsforderungen. Entwickeln Sie sich weiter und konzentrieren Sie sich auf Ihre Stärken.

20. Umgang mit Rache

Rachlust ist eine der stärksten Emotionen, die es gibt. Wo Rache ist, ist auch Wut. Wo Sie Wut entdecken, lauern Rollen wie „der Aggressor“, „der Tyrann“ oder „der Peiniger“. Das macht den Umgang mit dieser Emotion schwieriger als das Management anderer Emotionen. Rache hat immer eine Geschichte. Die gesammelte Erfahrung beeinflusst die Intensität dieses Gefühls. Menschen, die einen heimlichen Rachewunsch hegen, gehen in den „Untergrund“, wenn Sie darauf angesprochen werden. Doch glauben Sie nicht, dass der Ursprung des Rachegedankens innerhalb Ihres Konfliktgeschehens liegen muss. Rachegefühle sind meistens sehr alt. Sie werden im jeweiligen Konflikt nur von Neuem ausgelöst. Es trifft dabei die Person, die der alten ungeklärten Situation am meisten entspricht.

Typische Auslöser von Rachegefühlen in Arbeitskontexten sind eine Häufung von Gefühlen der Benachteiligung. Erfahrene Ungerechtigkeiten und gekränkte Gefühle können Rachegedanken ebenso füttern wie nicht geklärte Demütigungen aus früheren Zeiten.

Glauben Sie Ihren Gefühlen und Wahrnehmungen lieber einmal zu viel als zu wenig, wenn Sie ein ungutes Gefühl bekommen, sofern Sie sich einer Person nähern. Gefährliche Situationen sind meistens spürbar, bevor Handlungen die Gefahr offenbaren. Betroffene haben übereinstimmend berichtet, dass Sie schon vor der Eskalation ein komisches Gefühl hatten. Daher braucht es Ihre Offenheit und auch

Ihre Sensibilität, wenn Konflikte am Eskalieren sind. Rache kann hinterrücks daherkommen und viele Opfer fordern. Die Rachegedanken eines anderen können Sie schlecht besänftigen. Hier hilft nur, den Konflikt zu beschwichtigen. Distanzieren Sie sich von der akuten Situation, reagieren Sie nicht aus Angst. Angst ist eine Emotion, die sich verstärkend auswirkt und Sie für die reale Situation blind macht.

21. Eskalationen entschärfen

Der Umgangston und die Umgangsweise im Geschäftlichen setzen sich jeweils aus der Summe aller herausstechenden Kommunikationsmerkmale und Handlungen zusammen. Das Dominanteste, das Resistenteste sowie das Verabscheuungswürdigste werden daher schleichend zum Maßstab des Umgangs miteinander. So ungefähr integrieren sich Störungen in die alltägliche Kommunikation und Umgangsweise des beruflichen Miteinanders. Einzelne Vorfälle, wie Handgreiflichkeiten gegen einen Kollegen und ständiges Bloßstellen eines Mitarbeiters, weil der sich ja ach so blöd verhält, motivieren zum Aufrüsten eigener Verhaltensweisen. Was Sie normalerweise nie tun würden, kann im Arbeitsverhältnis zur täglichen Übung werden, da es ja „alle" machen. Besonders in gestressten Organisationen tritt dieses Phänomen auf.

Eskalationen und demütigende Umgangsweisen am Arbeitsplatz sind die am besten verborgenen „offenen Geheimnisse" in Unternehmen. Alle reden darüber, aber kaum jemand steht dazu, selbst wenn sie in den eigenen Reihen stattfinden. Enttabuisieren Sie diese Vorfälle völlig emotionslos. Denn auch wenn Sie versuchen sollten, sie geheim zu halten, diese Ereignisse werden die Runde machen! Gehen Sie im Fall einer Fehlhandlung professionell mit den Folgen um. Damit sind Sie ein Vorbild für die Mitarbeiter und Kollegen. Spielen Sie kein Theater mit, sondern nennen Sie das „Kind" beim Namen, ohne zu verurteilen: „Ich sehe, in dieser Abteilung ist Mobbing an der Tagesordnung. Diesem Problem werden wir uns stellen, denn in unserem Unternehmen akzeptieren wir kein Mobbing."

Sollte es eine Handgreiflichkeit geben, reagieren Sie innerhalb der ersten fünf Minuten nach dem Aneinandergeraten. Reagieren Sie erst dann, wenn die Emotionsspitze gerade am Abnehmen ist. Dann aber laut, klar und deutlich. Mischen Sie sich also nicht körperlich in einen akuten Vorfall ein, nur verbal. Ein kurzes, aber stark und dominant ausgesprochenes „Stopp" tut hier seine Wunder. Treten Sie erst dann in die Handlung ein, aber vermeiden Sie Zuschreibungen von Opfer und Täter. Schaffen Sie einen Rahmen, der dem Erhalt der Würde der Kontrahenten dient. Helfen Sie Ihren Kollegen, Gesichtsverlust zu vermeiden. Lassen Sie Gefühle bei den Beteiligten zu, aber dulden Sie diese nicht länger als etwa drei Minuten als Auswirkung der Eskalation. Dann entemotionalisieren Sie die Situation durch die Trennung der Beteiligten. Stärken Sie beide Seiten.

Gehen Sie wieder zur Normalität über und setzen Sie einen Termin für die Wiederaufnahme des Vorfalls. Hier wird der Umstand schließlich sachlich geklärt, indem die Folgen des Vorfalls aufgegriffen werden. Die Fragen „Wie geht's jetzt weiter?" und „Was hat der Vorfall bei wem angerichtet?" stehen im Mittelpunkt. Die Umgangsweise mit dem Sachverhalt der Grenzverletzung wird festgelegt. Die Eskalation als solche kann – wenn überhaupt – nur durch externe Unterstützung entstört werden. Vermeiden Sie jegliche Psychologisierung. Sehen Sie die Eskalation stattdessen als Informationsträger an.

22. Machen Sie sich eine Checkliste

Ihre persönliche Beteiligung an Konfliktsituationen zu erkennen fällt schwer, sofern Ihre Beteiligung unbewusst geschieht. Deshalb helfen Sie sich hier selbst. Machen Sie sich eine Checkliste, die Sie stetig mit sich führen. Auf dieser Checkliste schreiben Sie Ihre Verhaltensweisen und die Ihres Umfelds auf, die eintreten, sofern Sie im alten Muster festhängen. Wissen Sie zum Beispiel, dass Ihr Kopf nach vorne geht und sich Ihr Blick nach unten senkt, sobald es konfliktär wird, dann steht auf Ihrer Liste: „Haltungscheck. Den Kopf anheben und den Blick nach vorne richten." Überprüfen Sie sich selbst mit Selfies, also Schnappschüssen, die Sie selbst zeigen. Hier erkennen Sie Ihre Signale ganz einfach. Decken Sie mit Ihrer Checkliste auch Ihre Gedanken und Ihr Körpergefühl ab. Machen Sie sich zum Beispiel Geldsorgen, sofern Sie nicht in Ihrer Balance sind, steht auf Ihrer Liste: „Mache ich mir gerade Geldsorgen?" Wenn ja, dann wissen Sie, dass Sie sich im alten Muster befinden, und korrigieren sich sofort. Wenden Sie Ihren Fokus wieder in Richtung, sich freudig den Herausforderungen zu stellen. Fühlen Sie sich beispielsweise schwer und unattraktiv, sobald Sie ins Negativmuster geraten, oder haben Sie typische Schmerzen, die Teil des alten Musters sind, überprüfen Sie diese Faktoren ebenso: „Fühle ich mich gerade schwer; sind meine Beine dick? Tut meine Schulter weh?" Auf dieser Liste stehen lediglich Faktoren, die Ihren Zustand auflisten, den Sie im Negativfall aufweisen. Die Checkliste dient Ihrer Selbstüberprüfung und verhindert, dass Sie in der Gewalt alter Muster bleiben.

23. Finden Sie den Ausgang schädigender Verhaltensweisen

In der Persönlichkeitsentwicklung ist die Überwindung des Unbewussten das Schwierigste überhaupt. Haben Sie es geschafft, Unbewusstes aufzustöbern, ist es auf dem Weg, bewusst zu werden. In diesem Moment verändern Sie sich. Sie legen alte und destruktive Verhaltensweisen ab. Der Inhalt vieler unbewusster Verhaltensweisen entfernt Sie aus der Nähe zu anderen Menschen. So schafft Ihr Unbewusstes eine Distanz zu anderen Menschen genau dort, wo es in Ihrer Vergangenheit und der Vergangenheit Ihrer Angehörigen Konflikte gab. Sie streben in die Geborgenheit, ernten aber Ablehnung und Streit. Sie wollen anerkannt werden, aber entwerten sich dabei stetig. Ihr unbewusstes Verhalten führt Sie in destruktive Situationen hinein, die auch Zusammenarbeit belasten. Die einen fühlen nicht, sofern Sie sich schädigend verhalten, die anderen nehmen es wahr, aber finden keinen Weg aus negativen Verhaltensweisen heraus. Die Grundregel lautet: Wo der Eingang in destruktive Verhaltensweisen ist, befindet sich auch der Ausgang. Haben Sie beispielsweise immer wieder Befürchtungen, Ihren Liebsten passiert etwas Schlimmes, so ist es auch die Befürchtung, die Sie aus dem Negativkreislauf wieder herauslässt. Ihr Anstreben muss sein, in den positiven Verhaltensmodus herüberzuwechseln. Stecken Sie gerade im negativen Kreislauf drin, laufen Sie nun buchstäblich in die andere Richtung. Dort ist das Positive. Sie machen das Gegenteil. Macht die Befürchtung Ihren Atem flach, atmen Sie tief. Lässt diese Befürchtung Sie müde und träge werden, bewegen Sie Ihre Hände, greifen in die Luft und stehen auf. Verengt sich Ihr Sichtfeld, steigen Sie aus der Befürchtung aus, indem Sie den Gedanken unterbinden und stattdessen Musik hören. So einfach wie es klingt, so schwer ist es auch. Lassen Sie sich nicht von dem Weg abbringen, sich verändern zu wollen, sofern Sie von hinderlichen Verhaltensmustern beengt werden. Denn auch Ihre Befürchtung hat nur eine Folge. Sie lenkt Sie von Ihrer Schaffenskraft ab und isoliert Sie in sich kreisenden Gedanken.

12 Die Autorin

Fotograf: Louis Stein

Anke Sommer ist die Inhaberin des INSTITUTs SOMMER. Das INSTITUT SOMMER bietet passend zum Buch in Berlin und im Umland eine etwa alle zwei Monate stattfindende LEADERSHIP-Coaching Workshopreihe an, zu der bundesweit Teilnehmer anreisen. Hier findet die Persönlichkeitsentwicklung statt, die über unbewusste Grenzen hinüberhilft und in die eigene Kraft und Handlung führt. LEADERSHIP-Reisen ermöglichen, Entwicklungen im Stück vorzunehmen, immer zu unterschiedlichen Themen. Einmal die Woche findet ebenso in Berlin ein fünfstündiges LEADERSHIP-Coaching in der Gruppe statt, deren Termine auf der Website zu sehen sind. Auch ist das Institut für Sie da, sofern Sie Unterstützung bei der Behebung Ihrer Konflikte brauchen. Hier arbeiten wir ebenfalls bundesweit, sowohl vor Ort als auch online oder telefonisch. Innerhalb des Businesscoachings bietet das Institut Konfliktmanagement sowie Change Management an, was auf Grundlage der im Buch abgebildeten Entstörungsprinzipien abläuft.

Parallel dazu bildet das INSTITUT SOMMER systemische Coaches auf Grundlage der LEADERSHIP- und Körpersignalarbeit aus. Unsere angehenden Coaches entwickeln einen systemischen Blick, um ihrerseits Konflikte im beruflichen und privaten Kontext schon im Vorfeld erkennen zu können. Personaler, Führungskräfte und Unternehmer ergänzen durch ihre Ausbildung zum systemischen LEADERSHIP-Coach ihr berufliches Portfolio. Die Körpersignalarbeit in der Ausbildung schult die Wahrnehmungsgabe unserer Coaches dahin gehend, bereits kleinste Anzeichen von Unstimmigkeiten zu erkennen. Dadurch können Sie sehr frühzeitig reagieren, Teams auffangen, Projekte erfolgreich managen und die bestmöglichen Entscheidungen für alle Beteiligten treffen. Hierzu gibt es weiterführende Vorträge und Weiterbildungen, die für Ihr Anliegen maßgeschneidert werden. Ebenso führt das INSTITUT SOMMER diese Vorträge und Weiterbildungen auch firmenintern durch und geht damit auf individuelle Veränderungswünsche der Firmen ein.

www.institut-sommer.de

INSTITUT SOMMER, Inh. Anke Sommer, Berliner Allee 81, 13088 Berlin

Tel.: 030-500 14 036

Fax: 030-500 14 037

Mail: info@institut-sommer.de

13 Über dieses Buch

Ganz bewusst hat Anke Sommer keine wissenschaftliche Arbeit verfasst, sondern viel mehr Wert auf die möglichst einfach strukturierte Weitergabe ihrer langjährigen Erfahrung gelegt. Alles, was sie im Beruf erlebte und verarbeitete, integrierte sie in ihr Wissen um Konflikte im Arbeitsgeschehen. „Das doppelte Lottchen, Lebensprägung auf der Basis von symbiotischen Zwillingsbeziehungen", Berlin 1994, ist ihre Diplomarbeit. Die Recherchen, die damals im Rahmen der Arbeit stattfanden, gaben den Anlass, sich umfassender mit symbiotischen Phänomenen zu befassen. Die Columbia University in New York City sowie das Hunter College verhalfen Anke Sommer zu einer hervorragenden interdisziplinären Auseinandersetzung mit dem Thema. Ihr eigener Erfahrungshorizont als eineiiger Zwilling trug viel hierzu bei, wie auch ihre Affinität zu einer genauen Beobachtung ihres Umfeldes. Die Gründlichkeit ihrer Beobachtungen von Phänomenen, die innerhalb zwischenmenschlicher Beziehungen auftreten, prägt das Buch ebenso wie ihre Arbeit mit Verantwortungsträgern aller Couleur.

Anke Sommer legt großen Wert auf Verantwortungsübernahme beim positiven Ausgestalten des eigenen Umfelds. Sie ist davon überzeugt, dass ein erfülltes und selbstbestimmtes Leben nicht auf Kosten anderer gelingt. Schon das Ausüben der eigenen größten Begabung birgt einen hohen Nutzen für andere. Dieses Prinzip lebt sie und gibt es innerhalb ihrer Arbeit weiter. Unternehmen können sich entfalten und einen positiven Weg einschlagen. Verantwortungsträger entwickeln innerhalb ihrer regelmäßig stattfindenden Workshopreihe LEADERSHIP-Coaching ihre Persönlichkeit und wachsen dadurch in ein förderliches Leben hinein. Ihre Vorliebe für systemische Phänomene entstand in ihrer Kindheit und wurde noch einmal verstärkt, als sie in der Krisenintervention vielen vermeintlich ausweglosen Situationen gegenüberstand. Schon damals war ihr klar, welcher Nutzen entsteht, wenn sie dieses Wissen auf unternehmerische Systeme anwendet. So entschloss sich Anke Sommer, ihre ganze Schaffenskraft der Arbeit im Businessbereich zu widmen, und die Persönlichkeitsentwicklung ist ein wichtiger Teil davon.

Dieses Buch entstand in jahrelanger Arbeit. Orte wie La Calera im Valle Gran Rey auf La Gomera, ihre Büroräume und das Hotel Döllnsee in der Schorfheide bei Berlin schenkten ihr ein wunderschönes Umfeld für ein konzentriertes Arbeiten.

Index